网络空间安全系列教材

# 信息安全技术的数学基础

张焕炯　编著

U0290870

电子工业出版社
Publishing House of Electronics Industry
北京·BEIJING

## 内 容 简 介

本书系统地介绍了加密算法和认证等信息安全技术需要的数学基础知识,涉及布尔代数、线性代数、数论、抽象代数、椭圆曲线和格理论等内容,并就这些数学基础知识在加密算法与认证等技术中的应用进行了简要的分析介绍。本书在对包括多个数学难解问题在内的、面向单钥制和双钥制加密算法及相关认证技术的数学基础知识进行完整梳理的同时,给出了密码学等新的发展所需的数学基础知识,构成了相对完备的数学知识体系。

本书注重思想方法的培养和技能的训练,可作为高等学校信息安全、通信工程、信息工程及计算机专业等本科生及研究生的教材,也可作为从事相关专业科研、工程技术等人员的参考书。

**图书在版编目(CIP)数据**

信息安全技术的数学基础 / 张焕炯编著. —北京:电子工业出版社,2022.9

ISBN 978-7-121-44201-8

Ⅰ. ①信… Ⅱ. ①张… Ⅲ. ①信息安全-应用数学-高等学校-教材 Ⅳ. ①TP309②O29

中国版本图书馆 CIP 数据核字(2022)第 156007 号

责任编辑:孟　宇　　　　　　特约编辑:田学清
印　　刷:三河市鑫金马印装有限公司
装　　订:三河市鑫金马印装有限公司
出版发行:电子工业出版社
　　　　　北京市海淀区万寿路 173 信箱　　邮编:100036
开　　本:787×1092　1/16　印张:11.75　字数:257 千字
版　　次:2022 年 9 月第 1 版
印　　次:2023 年 9 月第 2 次印刷
定　　价:49.80 元

凡所购买电子工业出版社图书有缺损问题,请向购买书店调换。若书店售缺,请与本社发行部联系,联系及邮购电话:(010)88254888,88258888。

质量投诉请发邮件至 zlts@phei.com.cn,盗版侵权举报请发邮件至 dbqq@phei.com.cn。

本书咨询联系方式:mengyu@phei.com.cn。

前言

　　本书主要介绍支撑信息安全技术的数学基础知识，为了佐证介绍的数学基础知识的有用性，也简要地涉及信息安全技术中的加密算法和认证技术本身的相关内容，实现数学基础知识与信息安全技术之间较好地关联、融合，以便更好地促进基础课程与后续的专业课程之间的无缝衔接。

　　在信息安全成为研究和应用热点的当下，提供完备而又紧致的数学基础知识，使信息安全中的基本理论和方法成为自我完备的知识体系，这不仅是信息安全知识体系自身的迫切需要，也是信息安全学科的一种内在要求，更是信息安全专业人才培养中一个最基本的前提条件。

　　分析信息安全的相关知识体系结构，不难发现，加密算法和认证技术是其中最主要的部分，信息安全的理论发展和技术创新都以这两部分为基础，所以加密算法和认证技术的支撑理论自然成了不折不扣的基础知识。因此，把在加密算法和认证技术中用到的数学基础知识进行系统的归纳梳理，并辑录成一个整体，就构成了本书。相较于其他相关的图书，本书有一些基本的特点：其一，聚焦重要的加密算法和认证技术，并把数学基础知识与相应的加密算法和认证技术等进行了具体的知识链接，不仅实现了抽象知识与具体应用的较好汇融，更把相关的数学理论与加密算法和认证技术中的知识进行了互相印证，既顾及了相关数学的抽象性，又尽可能地展现了这些知识所具有的明确的应用性，使学生在学习这些知识时能最大限度地减少认知上的抽象性观感和畏难情绪，并尽可能地激发他们学好该课程的内在动力；其二，在介绍知识点时，在尽可能地体现知识的严谨性和紧致性的同时，努力使用诸如举例、类比等手法来透彻地介绍实质内容和相应背景；其三，本着"授人以渔"的想法，强调基本的思路、技巧和方法的训练，培养更好地解决问题的能力；其四，在具体的编写方法上，通过充分应用"推出符号"等数学语言，展现文本的简约之美，同时，强调了具体思路的脉络，对于深入理解具体内容，提供了深层次的帮助，等等。

　　本书共分 9 章，除第 1 章绪言外，具体的章节介绍的内容分别是，第 2 章介绍布尔代数理论中的异或运算等相关知识；第 3 章介绍线性代数中的向量与矩阵等基本内容；第 4 章介绍数论中的整数及整除运算等基本性质；第 5 章着重介绍同余式的求解，分别介绍一次同余式、二次同余式及高次同余式的解的存在性、解的个数及相关同余式解的具体解法等；第 6 章讨论素性检验问题，对主要的几种素性检验方法进行了深入探讨；第 7 章介绍抽象代数的相关内容，分别介绍群、环、域和模的相关知识；第 8 章介绍椭圆曲线及基于椭圆曲线离散对数难解问题的密码体制；第 9 章除结合当前信息安全技术的发展对比较主要的发展趋势等做分析外，还介绍了近年来相对热门的格理论，以及以其难解问题为基础的密码体制。这样，把现今主要的加密算法和认证技术所需的数学基础知识进行了比较完备的辑录，构成的内容既体现了知识的基础性和完备性，又较好地体现了与时俱进的特性。

因为某种机缘，我被要求讲授"信息安全数学基础"这门基础课程，所以时时思考如何把这门课程讲好，让学生在接受相应知识的同时，更有思想方法、技能训练和相应能力的提升。多年来，我积累了较多的心得体会，在试着把这些心得体会用到具体授课中的同时，希望把它们记录下来形成文字，集腋成裘，这便成了编写这本书的最深层的一个因由。

本书是在学习其他优秀教材等资料的基础上编写而成的，在此对提供相关优质资料的专家表示真挚的谢意。虽然对书稿的结构布局、具体编写和相关结论的推演，其过程相对枯燥且进展缓慢，但也不乏乐在其中的真切体验，度过了很多快乐的好时光。此外，感谢家人的支持和鼓励，他们对我的帮助让我忘记背后、努力向前，向着标杆直跑。

张焕炯

2022 年 3 月于杭州

# 第1章

## 绪言

## 1.1 信息安全技术

现今，信息安全不仅涉及传统的通信、政治、军事、经济等相关的领域，还在 IT 行业蓬勃发展的大背景下有了非常广泛的拓展，几乎到了无所不在的（Ubiquitous）程度，在生物信息学、医学信息、图书信息管理、市场、金融等方面都离不开信息安全；信息安全作为一种个体的人身保护的有效手段进入了普通人的日常生活中，与此同时，它更是国家战略安全中的重要内容，是确保国家安全的一个重要支柱，其应用是如此广泛而深入，当之无愧地成为研究和应用的热点。

信息安全是一个相对宽泛的概念，它既可以被看作是一个学科，又可以被看作是一个方向，更可以被看作是一种理论或技术，但它的实质可以归纳为通过一定的信息处理，达到信息不被窃听并分辨出伪造信息等目的，保障信息在具体的传输等过程中，实现安全性、有效性、完整性、可用性和不可抵赖性等的统一。信息的安全处理既包含技术层面的，又包含非技术层面的，在非技术层面上，诸如法令、法规、需要共同遵守的准则等都可以起到一定的作用；而在技术层面上，主要通过加密算法和认证技术来有效实现信息安全。此外，从某种意义上来看，也可把协议等看作以技术层面为基础，结合非技术层面等因素的一种综合性的安全举措。

加密算法和认证技术是实施信息安全的主要手段，对加密算法来说，它可用来防窃听；在出现数字认证技术后，使用认证技术可以有效地防伪造。加密算法是密码学的核心，其发展历史非常悠久，可以说，自从有了人类族群，相应的密码等就运用到了人类的交流之中。在凯撒时代，就有一种以替换的方式实现的密码出现，据历史记载，凯撒有效地使用了这种密码技术，使得他的军事活动大获全胜。随后，随着历史的发展，以保密为目的的新技术也不断出现。到了现代，形成了以对称密钥为主的单钥密码体制。经典的单钥密码体制的主要代表是流密码和块密码，流密码通过明文（Plaintext）与密钥（Key）的逐位异或运算获得相对安全的密文（Ciphertext），然后，在同步的要求下，密文与相同的密钥再次进行异或运算，得到相应的明文，实现一个完整的加密与解密过程；块密码的实质就是用一个个类似向量的明文块与密钥块进行线性变换等方式的处理，从而获得相应的密文。Claude Shannon 曾经总结过相关的处理方式，认为替代（Substitution）、扩散（Extensive）和混淆（Complex）是最主要的手段。20 世纪 70 年代，以美国发布的数据加密标准（Data Encryption Standard，DES）为代表的块密码以具体的加密标准的形式出现，极大地促进了块密码技术的发展，虽然 DES 已经被废弃，但其好的构思及相关理念被很好地传承下来，由此催生了诸如 AES 和多重 DES 等新标准。同样在 20 世纪 70 年代，Whitfield Diffie 和 Martin Hellman 等人提出了非对称加密的新概念，认为加密密钥与解密密钥可以分开，这使得加密过程与解密过程更加互相独立。根据这个理论，以 RSA 密码体制为代表的双钥密码体制也随之出现，由此开启了双钥密码体制的时代。现今，RSA 密码体制，基于离散对数难解问题的公钥体制、椭圆曲线密码体制（ECC，Elliptical Curve Crytosystem）等相继出现，它们在加密等方面表现出来的优越性能越来越为人们所认识。

同样，数字认证（Digital Certification）技术也得到了长足的发展，其作为传统的认证技术的延伸和拓展，有效地实现了防伪造的功能。现今，出现的认证技术已经有很多，有基于 RSA 密码体制的认证技术，基于大数分解难解问题的 Fiat-Schamir 签名体制，以离散对数难解问题为基础的 ElGamal 签名体制、Okamoto 签名体制、Neberg-Rueppel 签名体制等。除此以外，还有基于 ECC 的签名体制及 Diffie-Hellman 密钥协商体制等。这些认证技术既具有严谨的理论依据，又展现了灵活多样的应用前景，尤其在计算机网络技术迅猛发展的当下，先进的认证技术应用到了各个以通信为媒介的相关领域中，实现了信息在每一个环节中的安全，形成了很具活力的发展态势。

## 1.2　信息安全技术的数学基础

在信息安全领域中，加密算法和认证技术的发展离不开相关数学的支撑，在很多时候，一种加密算法或认证方法是否可行，从原理上要归结于它的数学基础是否牢固或先进，从最深的层面上来看，其实质就是相关数学本身。

但是加密算法和认证技术的数学基础并不完全等同于一般性学科的数学基础，它涉及诸如逻辑函数、线性代数、门限函数、数论中的素数等相关理论和抽象代数中的群、环、域、有限域、有限域上的曲线等基本的数学理论，以及有关计算复杂度、NP 问题，等等。随着相关技术的进一步发展，相应地，所需的数学基础知识不仅会越来越多，而且会越来越复杂。

分析针对加密算法和认证技术的相关数学内容，不难发现，与公钥密码体制及数字认证技术相关的内容占了绝大部分，而这些数学涉及比较抽象的数论、近世代数（Modem Algebra）中构造性代数结构等的相关理论。迄今为止，公钥密码体制及数字认证技术都是依据某些单向函数（One-way Function）的逆向求解为难解问题的相关理论设计的，这些难解问题具体包括大整数因数分解的难解问题、离散对数难解问题、椭圆曲线和超椭圆曲线上的离散对数难解问题及格理论中的难解问题等。大整数因数分解的难解问题具体涉及相关的数论，其基本描述是在已知两个大素数时，求它们的乘积运算相对简单，但反过来，对一个大整数进行因数分解就很难，RSA 公钥密码体制就是基于这个难解问题设计的密码体制；同样的，在一个具有有限循环群结构的代数中，由它的生成元及给定的整数可以很容易地得到有限循环群中的相关元素，但反过来，在有限循环群中，由给定的元素及生成元来求出相关的整数就非常困难；同样的道理，只要用在椭圆曲线上的点所构成的交换群代替有限循环群，就可以得到椭圆曲线上的离散对数难解问题，随着研究的深入，在诸如超椭圆等曲线上的代数结构中分析离散对数难解问题的相关结论也已经出现，成为加密算法和认证技术发展的一个新方向，引起许多人的注意等。

所以，不难发现，这些支撑加密算法和认证技术的数学理论成为不折不扣的基础知识。每个想要了解加密算法和认证技术的人，都必须了解这些知识，这不仅是必要的条件，而且对想在这个领域中有所创新的人来说，熟练掌握这些知识，更有利于开展他们的创新性工作。由此可见，把在加密算法和认证技术中用到的数学知识进行归纳，进而辑录成一个针对信息安全技术的整体，是非常有必要的。

本书把加密算法和认证技术为核心的信息安全技术中需要用到的数学基础知识进行了系统地梳理和归纳，使之成为一个相对完备的知识体系。全书共9章，除第1章绪言外，其他的章节都较为详细地介绍了具体的数学内容。其中，第2章主要介绍布尔代数理论中的异或运算等相关知识，除此之外，还介绍了随机数和单向函数等概念，以及流密码的基本概念。第3章主要介绍线性代数中的向量与矩阵等基本内容，块密码的基本概念及提升安全性所采用的替代、扩散及混淆等概念，其中，替代等运算要用到矩阵和向量的初等变换等理论。第4章介绍了数论中的整数整除运算等基础内容，重点介绍了欧几里得除法及最大公因数、最小公倍数的概念和有关性质；第5章着重介绍同余式的求解问题，分别介绍了一次同余式、二次同余式及高次同余式的解的存在性、解的个数及相关同余式的具体求解方法等，还包括中国剩余定理、Euler 判别定理、Gauss 引理及二次互反定律、指数、原根和指标等概念；第6章着重讨论了素数论中的素性检验问题，对主要的几种素性检验方法进行了深入探讨；第7章介绍抽象代数的相关内容，分别介绍了群、环、域和模的相关知识；第8章则介绍了椭圆曲线及基于椭圆曲线离散对数难解问题的密码体制，尤其指出，在某些曲线上构建代数结构，对解决一些重大数学难题来说是一种可行的方法，Andrew Wiles 对 Fermat 大定理的完美解决可谓是一个成功的范例；第9章结合当前信息安全技术的新进展，除对比较主要的发展趋势做了分析外，还介绍了近年来相对热门的格理论，以及以其难解问题为基础的密码体制。这样就把现今最主要的加密算法和认证技术需要的数学基础知识进行了比较完备的辑录，使之具有鲜明的基础性的同时，较好地展现与时俱进的特性。

## 思考题

（1）加密算法和认证技术各有何种特别的目的？

（2）加密算法和认证技术的数学基础有何特点？

（3）加密算法和认证技术的创新需要哪些条件？

# 第 2 章

## 布尔代数基础

在密码学中，流密码等密码体制是以逐位加密运算为基本着力点的，它的理论基础就是布尔代数。布尔代数是用具体的符号来进行逻辑推演的一套工具，在遵循一定规律的条件下，它是对相关事件进行合乎逻辑的推演运算的数学表述，因此，它的实质就是数理逻辑代数。布尔代数在很多领域有广泛的应用。

本章就与流密码体制有关的布尔代数中的异或运算及随机数等内容进行介绍。

## 2.1　布尔代数中的逻辑变量（值）

布尔代数又称为逻辑代数，是实现逻辑推理而形成的一种数学表述的理论体系，因此需要有用来表示逻辑状态的逻辑变量。逻辑状态不同，所取的逻辑变量也不同，一般有三值逻辑、四值逻辑等多值逻辑，但最常用的还是二值逻辑。

二值逻辑，就是布尔代数中的逻辑值仅取两种数值，它实际上是两种不同的甚至相反的逻辑表示，通常记为 0 和 1，这两个值几乎可囊括相反的事物的逻辑状态表示，如数量的大与小，变量的增与减，开关的开与关，事物的肯定与否定，以及二电平的电信号的数字表述等。

更需要指出的是，因为 0 和 1 可看作整数被 2 除后的可能余数，所以二值逻辑与模 2 运算之间存在内在联系。此外，由于通信信号在二进制条件下总是表示为 0 与 1 的信息比特流，它们之间的逐位运算可看作布尔代数的相关运算，因此可揭示二值逻辑与模 2 运算之间的内在联系。

## 2.2　二值条件下的布尔代数的基本运算

对于布尔代数的基本运算的界定不尽相同，虽然在有些场合中，以"并""交"和"补"等运算作为基本布尔运算，但在很多时候，基本的布尔运算主要指"与""或"和"非"等逻辑运算。

逻辑"与"运算，可用"缺一不可，全是才是"来概括，它可定义为，若在给定变量中存在0，则运算结果就是0；当且仅当给定变量都是1时，运算结果才是1。逻辑"与"运算用"×"作为运算符号，称为逻辑乘，运算结果可称为"积"，具体可表示为

$$1 \times 0 = 0$$
$$1 \times 1 = 1$$
$$0 \times 1 = 0$$
$$0 \times 0 = 0$$

逻辑"与"的运算规则如表2.1所示。

表2.1　逻辑"与"的运算规则

| 给定变量 A | 给定变量 B | 运算结果 E |
| --- | --- | --- |
| 0 | 0 | 0 |
| 0 | 1 | 0 |
| 1 | 0 | 0 |
| 1 | 1 | 1 |

逻辑"或"运算，可用"有一即为有，全无才是无"来概括，定义为，如果在给定变量中存在1，那么运算结果就是1；只有当给定变量全为0时，运算结果才为0。逻辑"或"运算可以用"＋"作为运算符号，称为逻辑加，运算结果可称为"和"，具体可表示为

$$1 + 0 = 1$$
$$1 + 1 = 1$$
$$0 + 1 = 1$$
$$0 + 0 = 0$$

逻辑"或"的运算规则如表2.2所示。

表2.2　逻辑"或"的运算规则

| 给定变量 A | 给定变量 B | 运算结果 E |
| --- | --- | --- |
| 0 | 0 | 0 |
| 0 | 1 | 1 |
| 1 | 0 | 1 |
| 1 | 1 | 1 |

还有一种基本运算被叫作逻辑"非"，也就是反演，它的定义为，运算结果值是给定变量的否定，具体可表示为

$$\bar{1} = 0$$
$$\bar{0} = 1$$

逻辑"非"的运算规则如表2.3所示。

表 2.3　逻辑"非"的运算规则

| 给定变量 A | 运算结果 E |
|---|---|
| 1 | 0 |
| 0 | 1 |

这三种运算是其他相关布尔运算的基础，也就是说，其他的运算可由这三者具体表示，相关的规律也可由这些基本的运算推导证明。

## 2.3　二值布尔代数中的异或运算

在密码学中，需要用到一种叫作"异或"的布尔代数运算，用"$\oplus$"的符号表示两个变量之间的运算，记作 $a \oplus b$, $a \in \{0,1\}$, $b \in \{0,1\}$ ，其具体运算规则可由基本的布尔运算定义为

$$a \oplus b = a \times \bar{b} + \bar{a} \times b, \ a \in \{0,1\}, \ b \in \{0,1\}$$

根据该定义，可以得到

$$1 \oplus 0 = 1 \times 1 + 0 \times 0 = 1 + 0 = 1$$
$$1 \oplus 1 = 1 \times 0 + 0 \times 1 = 0 + 0 = 0$$
$$0 \oplus 1 = 0 \times 0 + 1 \times 1 = 0 + 1 = 1$$
$$0 \oplus 0 = 0 \times 1 + 1 \times 0 = 0 + 0 = 0$$

这些就构成二值布尔代数中的异或运算的规则，一般地，把异或运算记为 XOR 运算，它的运算结果与整数做模 2 加运算所得的结果是一致的，但需要明确的是，异或运算中的变量含义完全不同于求模运算的变量含义。

异或运算的具体规则如表 2.4 所示。

表 2.4　异或运算的具体规则

| 输入变量 A | 输入变量 I | 输出结果 E |
|---|---|---|
| 0 | 0 | 0 |
| 0 | 1 | 1 |
| 1 | 0 | 1 |
| 1 | 1 | 0 |

它具有一些基本的性质，若设变量 $a$、$b$、$c$ 有 $a \in \{0,1\}$, $b \in \{0,1\}$, $c \in \{0,1\}$ ，则有以下结论。

（1）交换律：$a \oplus b = b \oplus a$ 。

（2）结合律：$a \oplus (b \oplus c) = (a \oplus b) \oplus c$ 。

（3）分配律：$a \times (b \oplus c) = (a \times b) \oplus (a \times c)$ 。

（4）$a \oplus 1 = \bar{a}$ 。

（5）$a \oplus 0 = a$。

（6）$a \oplus a = 0$。

（7）$a \oplus \overline{a} = 1$。

（8）$\overline{a} \oplus \overline{b} = a \oplus b$。

这些性质都可以根据布尔代数的基本运算及相关定义证明。

在密码学中，把这种异或运算看作一种信号信息流的逐位处理，这样它实际上就构成了一个信息处理器，具有如图 2.1 所示的结构。

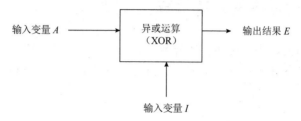

图 2.1　异或运算的实现图示

由此可得到异或运算的运算规则，具体如表 2.5 所示。

表 2.5　异或运算结果的运算规则

| 输入变量 $A$ | 输入变量 $I$ | 输出结果 $E$ |
|:---:|:---:|:---:|
| 0 | 0 | 0 |
| 0 | 1 | 1 |
| 1 | 0 | 1 |
| 1 | 1 | 0 |

## 2.4　单向函数

运用布尔代数中的基本运算，可以构建逻辑的单向阈门，其实质就是一种单向函数（One-way Function），简单地说，设 $y = f(x)$，$x \in D$，其中 $D$ 为定义域，$f(x)$ 是一个单向函数，那么在已知 $x_0 \in D$ 的条件下，由 $f(x_0)$ 求得函数值 $y_0$ 是容易实现的；但反过来，由 $y_0$ 通过 $y_0 = f(x_0)$ 而求得具体的 $x_0$ 就很难。除这种较简单的形式之外，还有迭代型的单向函数，一般定义为

$$\begin{cases} H_0 = \text{IV} \\ H_i = f(H_{i-1}, Y_{i-1}), \quad i = 1, 2, \cdots, k \\ H(x) = H_k \end{cases}$$

其中，IV 是初始值，可以随机选取。把输入的 $x$ 分成 $k$ 个分组，分别记为 $Y_0, Y_1, \cdots, Y_{k-1}$；函数 $f$ 满足一定的压缩等条件，它有两项输入，一项是上一轮迭代的输出，另一项是分组

后对应的一部分，如此一轮轮进行直到最后一轮，实际上把原来的 $x$ 的所有部分都进行了运算，其输出就构成了单向函数的值，即 $H(x) = H_k = f(H_{k-1}, Y_{k-1})$。

总结单向函数的特性，大致可归纳为如下几条。

（1）函数可公开的。

（2）函数的输入可以任意长，但输出是固定长度的。

（3）给定函数 $H(\cdot)$ 和 $x$，很容易计算 $H(x)$。

（4）给定 $y$，根据 $y = H(x)$，计算 $x$ 很难，甚至是不可行的。

（5）给出 $x$，寻找 $x_1 (x_1 \neq x)$，使得 $H(x_1) = H(x)$ 在计算上是不可行的，即单向函数具有很强的单一性。进一步，输入任意的两个不同的 $x_i$ 和 $x_j$，$H(x_i) = H(x_j)$ 在计算上是不可行的，这就建立了输入与单向函数值之间的一一对应，可以成为输入的一个表征元素。这种具体的特性也被看作是一种指纹（Fingerprint），用它可对相关数据进行认证，进而可鉴别其具体的"身份"。

单向函数除具有以上这些特性外，还具有很强的构造性，也就是可以通过具体的设计构造获得，易于实现，因此在加密算法和认证技术等领域有很广泛的应用。

## 2.5　流密码简介

在称为流密码（Stream Cipher）的逐位加密的对称密钥体制中，需要用到具体的异或运算，记明文源集合为 $M = \{a_1, a_2, \cdots, a_n, \cdots\}$，密文源集合为 $C = \{c_1, c_2, \cdots, c_n, \cdots\}$，而相应的密钥集合为 $T_1 = \{b_1, b_2, \cdots, b_n, \cdots\}$，在发送端实现加密（Encryption）的过程可描述为

$$c_i = a_i \oplus b_i, \quad i = 1, 2, \cdots, n, \cdots$$

同样的，记明文宿集合（接收端的明文集）为 $M' = \{y_1, y_2, \cdots, y_n, \cdots\}$，密钥集合 $T_2 = \{b_1', b_2', \cdots, b_n', \cdots\}$，在接收端实现解密（Decryption）的过程可描述为

$$y_i = c_i \oplus b_i', \quad i = 1, 2, \cdots, n, \cdots$$

当满足 $b_i = b_i'$，$i = 1, 2, \cdots, n, \cdots$ 时，则解密的过程可进一步描述为

$$y_i = c_i \oplus b_i' = a_i \oplus b_i \oplus b_i' = a_i \oplus 0 = a_i, \quad i = 1, 2, \cdots, n, \cdots$$

这样就达到了完全解密的目的。

用流密码实现加密和解密的过程如图 2.2 所示。

图 2.2　用流密码实现加密和解密的过程

流密码中涉及具体的密钥流，密钥流的生成也需要用到逐位异或运算。通常，密钥流由移位寄存器产生，移位寄存器是由若干个互相时延的存储器的串联而成的，它的结构如图 2.3 所示。

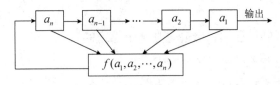

图 2.3　移位寄存器结构

$n$ 级移位寄存器的工作进程可归纳如下。设在某时刻，这 $n$ 个存储器中的元素的状态 $(a_1, a_2, \cdots, a_i, \cdots, a_n)$ 构成一个 $n$ 维的向量，称为状态向量，在这里确定为初始状态向量。首先由 $f(a_1, a_2, \cdots, a_n)$ 这一关系式，可得到一个新的值，然后把获得的新值反馈给第 $n$ 个存储器 $a_n$，并把第 $n$ 个存储器中原来的值移到前一个存储器 $a_{n-1}$ 中，如此逐一前移，以此类推，直至 $a_2$ 位置上的值移到最后一个寄存器 $a_1$ 中，而原 $a_1$ 位置上的值则直接输出。这样重复进行即可由 $a_1$ 源源不断地输出相应的值，形成一个序列流，这一输出序列流就构成相应的密钥流。在这个过程中 $f(a_1, a_2, \cdots, a_n)$ 称为反馈函数，它决定了生成的反馈值的具体形式，当反馈函数 $f(a_1, a_2, \cdots, a_n)$ 是关于 $a_1, a_2, \cdots, a_i, \cdots, a_n$ 的线性函数时，移位寄存器被称为 LFSR（Linear Feedback Shift Register）。此时反馈函数可写成

$$f(a_1, a_2, \cdots, a_n) = c_n a_1 \oplus c_{n-1} a_2 \oplus \cdots \oplus c_1 a_n \triangleq \sum_{i=1}^{n} {}^{\oplus} c_i a_{n-i}$$

其中 $c_i \in \{0,1\}$，符号 $\oplus$ 为异或运算，符号 $\sum {}^{\oplus}$ 表示多个异或运算。

$n$ 级线性移位寄存器的结构和工作原理如图 2.4 所示。

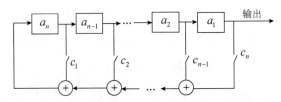

图 2.4　$n$ 级线性移位寄存器的结构和工作原理

**例**：设 4 级线性移位寄存器的反馈函数为

$$f(a_1, a_2, a_3, a_4) = a_1 \oplus a_3 \oplus a_4$$

而初始值为

$$(a_1, a_2, a_3, a_4) = (0,1,0,1)$$

则相应的移位寄存器可得到相应的状态向量分别为

$$(a_1, a_2, a_3, a_4) = (0,1,0,1)$$
$$(a_1, a_2, a_3, a_4) = (1,0,1,1)$$
$$(a_1, a_2, a_3, a_4) = (0,1,1,1)$$
$$(a_1, a_2, a_3, a_4) = (1,1,1,0)$$
$$(a_1, a_2, a_3, a_4) = (1,1,0,0)$$
$$(a_1, a_2, a_3, a_4) = (1,0,0,1)$$
$$(a_1, a_2, a_3, a_4) = (0,0,1,0)$$
$$(a_1, a_2, a_3, a_4) = (0,1,0,1)$$

对应的输出序列流为…|0111010|0111010，它可以构成密钥流，然后与明文（Plaintext）流一起进行逐位异或运算，就可以得到密文（Ciphertext）；同样，用移位寄存器生成的相同（位数相同，且同步）的密钥流与密文进行逐位异或运算，实施解密过程，最终得到相应的明文。

## 2.6 随机数及伪随机数

随机数可理解为随机（Random）产生的数字或序列，它具有两个显著的特性，分别是随机性与不可预测性，而随机性可由如下两个具体的准则来描述。

（1）均匀分布。序列中每一个数出现的频率至少是近似相等的，此时每一个数所对应的先验概率几乎相等。由最大熵原理可知，此时达到最大熵，也就是出现某一个数是最不确定的。

（2）独立性。独立性体现在后一个出现的数 $a_i$ 与前面已经出现的数 $a_{i-1}, a_{i-2}, \cdots, a_1$ 之间满足 $P(a_i | a_{i-1}, a_{i-2}, \cdots, a_1) = P(a_i)$ ，由此，对应的互信息 $I(a_i; a_{i-1}, a_{i-2}, \cdots, a_1) = 0$ 。

不可预测性实际上也反映了后面生成的数不受前面已经生成的数的影响的特质，它从随机数生成的角度来反映其特性。

随机数在很多加密算法和认证技术中都需要用到，但是具体生成又非常困难。在现实世界中，仅物理噪声（Noise）发生器、气体放电管、宇宙射线等可产生真正的随机数，但这些都难以为网络等所用，由此，需要用一种伪随机数来替代真正的随机数。

伪随机序列的本质是一种依据相关规律生成的序列，但它遵循 Golomb 的三个随机性公设，即

（1）在序列中，一个周期长的符号，0 与 1 的个数之差至多为 1。

（2）在一个周期内的符号，长度为 $m$ 的游程的个数占总游程个数的 $\dfrac{1}{2^m}$ ， $m = 1, 2, \cdots$ ，且等长的游程中，0 与 1 各自的游程数相同。

（3）异相自相关函数是常数。

在 Golomb 随机性公设中，提到了"流程"这个概念，它是指在序列中连着的相同符号

串，若相同符号串的符号个数为 $m$，则称该符号的流程为 $m$，它反映了序列中的符号之间的关系；另外，还需定义序列的自相关函数，设序列 $\{a_i\}$，$a_i \in \{0,1\}$，则序列的自相关函数为

$$R(\tau) = \frac{1}{T}\sum_{i=1}^{T} a_i \oplus a_{i+\tau}, \quad 0 \leqslant \tau \leqslant T-1$$

其中 $T$ 为序列的周期，当 $\tau = 0$ 时，自相关函数值为 1；当 $\tau \neq 0$ 时，$R(\tau)$ 称为异相自相关函数。对伪随机序列 $\{a_i\}$ 来说，它的周期是一个具体的有限数，当周期 $T \to \infty$ 时，对应的伪随机序列就转化为随机数序列。因此，为了让伪随机序列尽可能地接近随机数序列，不妨取周期 $T$ 足够大。

伪随机序列产生的方式有很多，其中一种是由线性移位寄存器（LFSR）所生成的 $m$ 序列，对 $n$ 级 LFSR 来说，当它的输出序列的周期为最大值 $2^n - 1$ 时，此时的序列就是 $m$ 序列。由相关理论分析得到，产生 $m$ 序列的条件是 $n$ 级 LFSR 输出序列的特征多项式为本原多项式，它是指 $n$ 次的不可约多项式的阶为 $2^n - 1$，相关结论可在多项式理论分析的文献中找到。

在流密码中常选择 $m$ 序列作为密钥流，$m$ 序列因为周期较大，所以在任意截取比周期小的一段序列符号后，难以由此推测出后续的序列符号，进而难以分析得到序列的具体周期，并获取进一步的信息。

$m$ 序列的自相关函数为

$$R(\tau) = \begin{cases} 1 & \tau = 0 \\ \dfrac{1}{1-2^n} & 0 < \tau \leqslant 2^n - 2 \end{cases}$$

所以用 $m$ 序列做密钥流，能够满足序列周期大、易实现和难破译等具体要求。

此外，较典型的伪随机数发生器还有 ANSI X9.17 伪随机数发生器，BBS（Blum-Blum-Shub）伪随机数发生器等。前者已经有广泛的应用，后者由于是以大整数分解难解问题为基础设计的，因此被认为是密码强度最强的伪随机数产生器。

## 思考题

（1）布尔代数的实质是什么？

（2）布尔代数有哪些基本的运算？

（3）异或运算的规则是什么？

（4）请叙述如何实现逐位的异或运算，并分析流密码的加密、解密过程。

（5）单向函数的实质是什么，它有哪些具体的应用？

（6）请进行随机数与伪随机数的概念分析。

（7）分析一个线性移位寄存器的工作流程。

（8）异或运算还可以用在何处？

# 第3章

## 线性代数基础

线性代数是加密算法等理论的重要数学基础，在很多时候，以加密算法等为核心的密码体系的设计需要用到代换、替换等形式的线性变换。在块密码体系中，这种形式的线性变换更是主要的运算手段，而线性变换等的理论基础就是线性代数。

这里主要介绍与块密码相关的线性变换等理论。

### 3.1 行列式的概念

设有 $n^2$ 个元 $a_{ij} \in \mathbb{R}$，$i, j = 1, 2, \cdots, n$，把它们排列成 $n$ 行 $n$ 列，构成如下形式：

$$\begin{vmatrix} a_{11} & a_{12} & \cdots & a_{1n} \\ a_{21} & a_{22} & \cdots & a_{2n} \\ \vdots & \vdots & & \vdots \\ a_{n1} & a_{n2} & \cdots & a_{nn} \end{vmatrix}$$

该式称为 $n$ 阶行列式，记为 $|A|$ 或 $\det A$，其中，处于第 $i$ 行第 $j$ 列位置上的元为 $a_{ij}$，在原来的行列式中，删除 $a_{ij}$ 所处的第 $i$ 行和第 $j$ 列的元素，将余下的元素按照原来的顺序排列，就得到一个 $n-1$ 阶的行列式，称为关于 $a_{ij}$ 的余子式，记为 $M_{ij}$。进一步，将 $(-1)^{i+j} M_{ij}$ 称为关于 $a_{ij}$ 的代数余子式，记为 $A_{ij}$，这样逐一进行下去，直到余子式和代数余子式的最后表述为一个具体的数字。

$n$ 阶行列式是一个包含运算的式子，其结果为一个具体的数值，对 $|A|$ 来说，其具体数值为

$$|A| = \sum_{j=1}^{n} a_{ij} A_{ij} = \sum_{i=1}^{n} a_{ij} A_{ij}$$

行列式运算具有一定的性质，比较显然的性质如下。

（1）行列式中若有一行或一列的元素全为 0，则该行列式的值为 0。

（2）若行列式的任意两行或两列相等，则行列式的值为 0。

（3）若交换行列式的两行或两列，则行列式的值的符号相反。

（4）行列式中的元素满足

$$\begin{cases} \sum_{j=1}^{n} a_{kj} A_{ij} = 0, & i \neq k \\ \sum_{i=1}^{n} a_{il} A_{ij} = 0, & l \neq j \end{cases}$$

表明行列式中某一行的元素与另一行的元素所对应的代数余子式的乘积之和为零；同样，某一列的元素与另一列的元素所对应的代数余子式的乘积之和也为零。

行列式的一个重要应用是求解线性方程组，它不仅可以判别方程组是否有唯一解，还可以具体求出相应的唯一解，这就是著名的 Cramer（克拉默）法则。

Cramer 法则：若含有 $n$ 个未知数 $x_1, x_2, \cdots, x_n$ 的线性方程组

$$\begin{cases} \sum_{i=1}^{n} a_{1i} x_i = b_1 \\ \sum_{i=1}^{n} a_{2i} x_i = b_2 \\ \vdots \\ \sum_{i=1}^{n} a_{ni} x_i = b_n \end{cases}$$

的系数行列式

$$D = \begin{vmatrix} a_{11} & a_{12} & \cdots & a_{1n} \\ a_{21} & a_{22} & \cdots & a_{2n} \\ \vdots & \vdots & & \vdots \\ a_{n1} & a_{n2} & \cdots & a_{nn} \end{vmatrix} \neq 0$$

则方程组有唯一解，且解为 $x_i = \dfrac{D_i}{D}, \quad i = 1, 2, \cdots, n$。

其中，$D_i$ 是指行列式 $D$ 中的第 $i$ 列元素被常数项 $b_1, b_2, \cdots, b_n$ 代替后得到的行列式，即

$$D_1 = \begin{vmatrix} b_1 & a_{12} & \cdots & a_{1n} \\ b_2 & a_{22} & \cdots & a_{2n} \\ \vdots & \vdots & & \vdots \\ b_n & a_{n2} & \cdots & a_{nn} \end{vmatrix}, D_2 = \begin{vmatrix} a_{11} & b_1 & \cdots & a_{1n} \\ a_{21} & b_2 & \cdots & a_{2n} \\ \vdots & \vdots & & \vdots \\ a_{n1} & b_n & \cdots & a_{nn} \end{vmatrix}, \cdots, D_n = \begin{vmatrix} a_{11} & a_{12} & \cdots & b_1 \\ a_{21} & a_{22} & \cdots & b_2 \\ \vdots & \vdots & & \vdots \\ a_{n1} & a_{n2} & \cdots & b_n \end{vmatrix}$$

## 3.2　向量和矩阵及其基本运算

设 $a_i \in \mathbb{R}$，$i = 1, 2, \cdots, n$，则一个有序的数组 $(a_1, a_2, \cdots, a_n)$ 被看作一个维数为 $n$ 的向量（Vector）$\boldsymbol{a}$。特别地，$(0, 0, \cdots, 0)$ 称为 $\boldsymbol{0}$ 向量，这些具有相同维数的数组的全体构成一个 $n$

维的向量集合，称为 $n$ 维的向量空间 $\boldsymbol{v}$，在其中可定义相关的加法和数乘运算。

设 $\boldsymbol{a} = (a_1, a_2, \cdots, a_n) \in \boldsymbol{v}$，$\boldsymbol{b} = (b_1, b_2, \cdots, b_n) \in \boldsymbol{v}$，$\lambda \in \mathbb{R}$，定义

$$\boldsymbol{a} + \boldsymbol{b} = (a_1 + b_1, a_2 + b_2, \cdots, a_n + b_n)$$

$$\lambda \boldsymbol{a} = (\lambda a_1, \lambda a_2, \cdots, \lambda a_n)$$

在这种运算规则下，不难发现，向量运算满足交换律、结合律和分配律。此外，对向量 $\boldsymbol{a}$ 来说，存在负向量 $-\boldsymbol{a} = (-a_1, -a_2, \cdots, -a_n)$，满足

$$\boldsymbol{a} + (-\boldsymbol{a}) = \boldsymbol{0}$$

设 $\boldsymbol{a}_1, \boldsymbol{a}_2, \cdots, \boldsymbol{a}_n$ 是一组 $k$ 维的向量组，对这些向量进行线性组合，就可以构成新的向量。设有 $\lambda_i \in \mathbb{R}$，$i = 1, 2, \cdots, n$，以及 $\boldsymbol{a}_i \in \boldsymbol{v}$，$i = 1, 2, \cdots, n$，则有

$$\boldsymbol{a} = \sum_{i=1}^{n} \lambda_i \boldsymbol{a}_i \in \boldsymbol{v}$$

向量 $\boldsymbol{a}$ 被称为向量组 $\boldsymbol{a}_1, \boldsymbol{a}_2, \cdots, \boldsymbol{a}_n$ 的线性组合。

此外，在 $n$ 维的向量空间中，还有一种称为内积的运算。设向量 $\boldsymbol{a}$ 和 $\boldsymbol{b}$ 分别为

$$\boldsymbol{a} = (a_1, a_2, \cdots, a_n), \quad \boldsymbol{b} = (b_1, b_2, \cdots, b_n)$$

则定义它们之间的内积 $<\boldsymbol{a}, \boldsymbol{b}>$ 为

$$<\boldsymbol{a}, \boldsymbol{b}> = a_1 b_1 + a_2 b_2 + \cdots + a_n b_n = \sum_{i=1}^{n} a_i b_i$$

对于两个向量 $\boldsymbol{a}$ 和 $\boldsymbol{b}$，若满足

$$<\boldsymbol{a}, \boldsymbol{b}> = a_1 b_1 + a_2 b_2 + \cdots + a_n b_n = 0$$

则称它们之间是正交的，而当 $\boldsymbol{a} = \boldsymbol{b}$ 时，有

$$<\boldsymbol{a}, \boldsymbol{a}> = a_1 a_1 + a_2 a_2 + \cdots + a_n a_n = \sum_{i=1}^{n} a_i^2$$

定义 $\sqrt{<\boldsymbol{a}, \boldsymbol{a}>} = \sqrt{\sum_{i=1}^{n} a_i^2}$ 为向量 $\boldsymbol{a}$ 的长度，记为 $\|\boldsymbol{a}\|$。

进一步，由 $a_{ij} \in \mathbb{R}$，$i = 1, 2, \cdots, k$，$j = 1, 2, \cdots, n$ 排列成一个 $k$ 行 $n$ 列的矩形数阵

$$\begin{pmatrix} a_{11} & a_{12} & \cdots & a_{1n} \\ a_{21} & a_{22} & \cdots & a_{2n} \\ \vdots & \vdots & & \vdots \\ a_{k1} & a_{k2} & \cdots & a_{kn} \end{pmatrix}$$

这样的矩形数阵称为矩阵（Matrix），记为 $\boldsymbol{A} = (a_{ij})$ 或 $\boldsymbol{A} = (a_{ij})_{k \times n}$，其中 $a_{ij}$ 表示第 $i$ 行第 $j$ 列的元素，有时为表明矩阵的行数和列数，也将矩阵记作 $\boldsymbol{A}_{k \times n}$。当 $n = k$ 时，矩阵称为方阵，其中

$$\begin{pmatrix} 1 & 0 & \cdots & 0 \\ 0 & 1 & \cdots & 0 \\ \vdots & \vdots & & \vdots \\ 0 & 0 & \cdots & 1 \end{pmatrix}_{n \times n}$$

称为单位方阵，记为 $\boldsymbol{E}$ 。

所有具有 $k$ 行 $n$ 列的矩阵构成一个集合，记为 $F^{k \times n}$，在 $F^{k \times n}$ 的元素之间，可定义相关的加法与数乘运算。

设 $\boldsymbol{A} \in F^{k \times n}$，$\boldsymbol{B} \in F^{k \times n}$，$\lambda \in \mathbb{R}$，则有

$$\boldsymbol{A} + \boldsymbol{B} = \begin{pmatrix} a_{11} & a_{12} & \cdots & a_{1n} \\ a_{21} & a_{22} & \cdots & a_{2n} \\ \vdots & \vdots & & \vdots \\ a_{k1} & a_{k2} & \cdots & a_{kn} \end{pmatrix} + \begin{pmatrix} b_{11} & b_{12} & \cdots & b_{1n} \\ b_{21} & b_{22} & \cdots & b_{2n} \\ \vdots & \vdots & & \vdots \\ b_{k1} & b_{k2} & \cdots & b_{kn} \end{pmatrix} \triangleq \begin{pmatrix} a_{11}+b_{11} & a_{12}+b_{12} & \cdots & a_{1n}+b_{1n} \\ a_{21}+b_{21} & a_{22}+b_{22} & \cdots & a_{2n}+b_{2n} \\ \vdots & \vdots & & \vdots \\ a_{k1}+b_{k1} & a_{k2}+b_{k2} & \cdots & a_{kn}+b_{kn} \end{pmatrix}$$

$$\lambda \boldsymbol{A} \triangleq \begin{pmatrix} \lambda a_{11} & \lambda a_{12} & \cdots & \lambda a_{1n} \\ \lambda a_{21} & \lambda a_{22} & \cdots & \lambda a_{2n} \\ \vdots & \vdots & & \vdots \\ \lambda a_{k1} & \lambda a_{k2} & \cdots & \lambda a_{kn} \end{pmatrix}$$

不难验证，它们在定义的运算规则下，满足交换率、结合律和分配律。

对 $k \times n$ 的矩阵 $\boldsymbol{A}$ 来说，当其行与列互换时，就构成一个转置（Transpose），记为 $\boldsymbol{A}^{\mathrm{T}}$，即设

$$\boldsymbol{A} = \begin{pmatrix} a_{11} & a_{12} & \cdots & a_{1n} \\ a_{21} & a_{22} & \cdots & a_{2n} \\ \vdots & \vdots & & \vdots \\ a_{k1} & a_{k2} & \cdots & a_{kn} \end{pmatrix}$$

则有

$$\boldsymbol{A}^{\mathrm{T}} = \begin{pmatrix} a_{11} & a_{21} & \cdots & a_{k1} \\ a_{12} & a_{22} & \cdots & a_{k2} \\ \vdots & \vdots & & \vdots \\ a_{1n} & a_{2n} & \cdots & a_{kn} \end{pmatrix}$$

设矩阵 $\boldsymbol{A}$ 为

$$\boldsymbol{A}_{k \times n} = \begin{pmatrix} a_{11} & a_{12} & \cdots & a_{1n} \\ a_{21} & a_{22} & \cdots & a_{2n} \\ \vdots & \vdots & & \vdots \\ a_{k1} & a_{k2} & \cdots & a_{kn} \end{pmatrix}$$

它的元素排列为 $k$ 行 $n$ 列；设矩阵 $B$ 为

$$B_{n \times m} = \begin{pmatrix} b_{11} & b_{12} & \cdots & b_{1m} \\ b_{21} & b_{22} & \cdots & b_{2m} \\ \vdots & \vdots & & \vdots \\ b_{n1} & b_{n2} & \cdots & b_{nm} \end{pmatrix}$$

它的元素排列为 $n$ 行 $m$ 列，则可定义这两个矩阵的乘积 $A \times B$，具体的乘积规则为，矩阵 $A$ 的第 $i$（$i = 1, 2, \cdots, k$）行的元素与矩阵 $B$ 的第 $j$（$j = 1, 2, \cdots, m$）列中对应的元素相乘后求和，构成新的矩阵中的第 $i$ 行第 $j$ 列的元素。根据这个规则，两个矩阵能进行乘法运算的前提条件是前一个矩阵的列数与后一个矩阵的行数要相等，若做不到这一点，则对应的元素因无法对齐而不能进行乘法运算。具体地说，在这里 $A \times B$ 就构成一个 $k$ 行 $m$ 列的矩阵，即

$$A \times B = \begin{pmatrix} a_{11} & a_{12} & \cdots & a_{1n} \\ a_{21} & a_{22} & \cdots & a_{2n} \\ \vdots & \vdots & & \vdots \\ a_{k1} & a_{k2} & \cdots & a_{kn} \end{pmatrix} \cdot \begin{pmatrix} b_{11} & b_{12} & \cdots & b_{1m} \\ b_{21} & b_{22} & \cdots & b_{2m} \\ \vdots & \vdots & & \vdots \\ b_{n1} & b_{n2} & \cdots & b_{nm} \end{pmatrix} = \begin{pmatrix} \sum_{j=1}^{n} a_{1j} b_{j1} & \sum_{j=1}^{n} a_{1j} b_{j2} & \cdots & \sum_{j=1}^{n} a_{1j} b_{jm} \\ \sum_{j=1}^{n} a_{2j} b_{j1} & \sum_{j=1}^{n} a_{2j} b_{j2} & \cdots & \sum_{j=1}^{n} a_{2j} b_{jm} \\ \vdots & \vdots & & \vdots \\ \sum_{j=1}^{n} a_{kj} b_{j1} & \sum_{j=1}^{n} a_{kj} b_{j2} & \cdots & \sum_{j=1}^{n} a_{kj} b_{jm} \end{pmatrix}$$

从矩阵乘法运算的规则可知，一般情况下 $A \times B$ 是不满足交换律的，即虽然可以进行 $A \times B$ 的乘积运算，但不能保证满足 $B \times A$ 成立，这是第一层意思；第二层意思是，即使可以进行 $B \times A$ 运算，也不能保证这两者相等。当 $A \times B = B \times A$ 时，则称矩阵 $A$ 与 $B$ 是可交换的。矩阵的乘法运算满足如下的运算规律。

（1）$(AB)C = A(BC)$。

（2）$(A + B) \times C = A \times C + B \times C$，$C \times (A + B) = C \times A + C \times B$。

（3）$\forall \lambda \in \mathbb{R}$，$\lambda(A \times B) = (\lambda A) \times B = A \times (\lambda B)$。

特别地，当 $n$ 维向量 $\boldsymbol{a} = (a_1, a_2, \cdots, a_n)$ 时，$\boldsymbol{a}^\mathrm{T} = (a_1, a_2, \cdots, a_n)^\mathrm{T}$，有

$$\boldsymbol{a}\boldsymbol{a}^\mathrm{T} = (a_1, a_2, \cdots, a_n)(a_1, a_2, \cdots, a_n)^\mathrm{T} = (a_1, a_2, \cdots, a_n) \begin{pmatrix} a_1 \\ a_2 \\ \vdots \\ a_n \end{pmatrix} = \sum_{i=1}^{n} a_i^2 = <\boldsymbol{a}, \boldsymbol{a}> = \|\boldsymbol{a}\|^2$$

除以上罗列的矩阵运算之外，$A_{n \times n}$ 矩阵还可以进行行列式运算，即按照矩阵排列的顺序构成行列式，将得到的值记为 $|A|$ 或 $\det A$。

设 $A_{n \times n}$ 和 $B_{n \times n}$ 是两个方阵，则可得到 $A_{n \times n}{}^\mathrm{T}$ 也是方阵，同时满足 $\left| A_{n \times n}{}^\mathrm{T} \right| = \left| A_{n \times n} \right|$，除此之外，还满足 $\left| \lambda A_{n \times n} \right| = \lambda^n \left| A_{n \times n} \right|$ 和 $\left| A_{n \times n} \times B_{n \times n} \right| = \left| A_{n \times n} \right| \cdot \left| B_{n \times n} \right|$，这些性质均可由矩阵的乘法运算及行列式的运算定义直接证明。

对于方阵 $A_{n \times n}$，若 $\left| A_{n \times n} \right| \neq 0$，则称方阵 $A_{n \times n}$ 是可逆的，也就是一定存在方阵 $B_{n \times n}$，有

$$A_{n \times n} \times B_{n \times n} = E = B_{n \times n} \times A_{n \times n}$$

其中，方阵 $B_{n \times n}$ 称为方阵 $A_{n \times n}$ 的逆元。结合矩阵的乘法与求逆运算，有如下的特性。

设方阵 $A$ 与 $B$ 都是可逆的，则 $(A \times B)^{-1} = B^{-1} \times A^{-1}$，这是因为

$$\left. \begin{array}{c} (A \times B)^{-1} \times (A \times B) = E \\ B^{-1} \times A^{-1} \times A \times B = E \end{array} \right\} \Rightarrow (A \times B)^{-1} = B^{-1} \times A^{-1}$$

进一步，以 $n$ 阶方阵为对象可以定义相关的矩阵多项式。实际上，若设多项式为

$$f(x) = \sum_{i=0}^{k} a_i x^i$$

则对应的 $f(A) = \sum_{i=0}^{k} a_i A^i$ 称为关于方阵 $A$ 的多项式，其中 $A^0 = E$。

此外，对阶数很高的矩阵还可以进行分块，使大矩阵的运算转化为小矩阵的运算，这些可在专门介绍矩阵的相关文献中找到。

向量与矩阵之间存在内在的联系。对向量来说，它可被看作一个一行多列的矩阵；同样的，对矩阵 $A_{k \times n}$ 来说，若将其每一行的元素 $(a_{i1}, a_{i2}, \cdots, a_{ij}, \cdots, a_{in})$，$i = 1, 2, \cdots, k$ 看作一个向量 $a_i$（$i = 1, 2, \cdots, k$），则 $A_{k \times n}$ 可以改写为

$$A_{k \times n} = \begin{pmatrix} a_1 \\ a_2 \\ \vdots \\ a_k \end{pmatrix}$$

若把每一列数组看作向量 $b_j = \begin{pmatrix} a_{1j} \\ a_{2j} \\ \vdots \\ a_{ij} \\ \vdots \\ a_{kj} \end{pmatrix}$，$j = 1, 2, \cdots, n$，那么矩阵可写为

$$A = (b_1, b_2, \cdots, b_j, \cdots, b_n), \quad i = 1, 2, \cdots, n$$

由此得到了向量与矩阵的内在统一。在很多时候，可以把向量组与矩阵等同看待。

## 3.3  向量组的线性相关及线性无关

设有一组 $k$ 维的向量 $a_1, a_2, \cdots, a_n$，若另有一个 $k$ 维的向量 $b$，可以被表示为

$$b = \sum_{i=1}^{n} c_i a_i$$

其中 $c_i \in \mathbb{R}$，$i = 1, 2, \cdots, n$，则说明向量 $b$ 被向量组 $a_1, a_2, \cdots, a_n$ 线性表示。

由此需要考虑向量组 $a_1, a_2, \cdots, a_n$ 的性质，对于向量组 $a_1, a_2, \cdots, a_n$，若存在不全为零的数 $\lambda_i(i=1,2,\cdots,n)$，使得 $\sum_{i=1}^{n} \lambda_i a_i = 0$ 成立，则称该向量组是线性相关的。它实际的意义就是至少存在一个向量能够被该组的其他向量线性表示，因为 $\lambda_i(i=1,2,\cdots,n)$ 不全为零，所以不妨设 $\lambda_1 \neq 0$，则由 $\sum_{i=1}^{n} \lambda_i a_i = 0$ 可得

$$a_1 = -(\sum_{i=2}^{n} \frac{\lambda_i}{\lambda_1} a_i)$$

由此得到，向量 $a_1$ 可由其他向量线性表示。

对于向量组 $a_1, a_2, \cdots, a_n$，若 $\sum_{i=1}^{n} \lambda_i a_i = 0$ 成立的重要条件为当且仅当 $\sum_{i=1}^{n} \lambda_i^2 = 0$，则称该向量组是线性无关的。在一个向量组中，个数最多的线性无关组构成极大线性无关组，其个数称作该向量组的秩。

若另有一个向量组 $b_1, b_2, \cdots, b_n$，它的每一个向量都可由向量组 $a_1, a_2, \cdots, a_n$ 线性表示，同样的，向量组 $a_1, a_2, \cdots, a_n$ 的每一个向量也都可由向量组 $b_1, b_2, \cdots, b_n$ 线性表示，则称这两个向量组是彼此等价的。由此可以得到，一个向量组与其极大线性无关向量组是彼此等价的。

获得向量组的极大线性无关组对于了解向量组的特性有重要作用，对于 $k$ 维向量，一定有 $k$ 个向量构成极大线性无关组，它们实际上构成 $k$ 维向量空间的一个基系，也就是任一个 $k$ 维向量，总可以由这一组基线性表示。

## 3.4　矩阵的相似关系

矩阵可以进行一系列的初等变换，在这些变换中，有一种叫作相似变换。若矩阵 $B$ 可由矩阵 $A$ 进行一系列的相似变换得到，则称矩阵 $B$ 与矩阵 $A$ 彼此相似，或称它们之间具有相似关系。两个矩阵的相似定义如下。

**定义**：设 $A$ 和 $B$ 是两个 $n$ 阶方阵，若存在一个可逆的方阵 $P$（满足 $|P| \neq 0$），有

$$B = P^{-1}AP \quad 或 \quad PB = AP$$

成立，则称两个矩阵 $A$ 与 $B$ 相似，记为 $A \sim B$。

相似是一种等价关系，具备自反性、对称性和传递性等性质，现证明如下。

矩阵 $A$ 满足自反性，即满足 $A \sim A$，这是由于 $A = E^{-1}AE$ 总是成立；而若 $A \sim B$，则存在 $|P| \neq 0$，由于 $A = P^{-1}BP \Rightarrow PAP^{-1} = B$，故令 $Q = P^{-1}$，则有 $B = Q^{-1}AQ$，进而有 $B \sim A$，这说明对称性也成立；若 $A \sim B$ 和 $A \sim C$ 同时成立，则一定存在可逆矩阵 $P$ 和 $Q$，有 $A = P^{-1}BP$ 和 $A = Q^{-1}BQ$，故有 $B = PAP^{-1} = P(Q^{-1}CQ)P^{-1} = (QP^{-1})^{-1}C(QP^{-1})$，这就说明 $B \sim C$，即传递性也成立。

两个相似的矩阵除具有相同的阶以外，还具有公共的特征值和特征向量。

$n$ 阶方阵的特征值和特征向量的定义如下。

设 $B$ 为 $n$ 阶方阵，若存在一个数 $\lambda$，以及 $n$ 维的非零向量 $X$，使得

$$BX = \lambda X$$

成立，则称数 $\lambda$ 为 $n$ 阶方阵 $B$ 的一个特征值，非零向量 $X$ 为 $n$ 阶方阵 $B$ 的属于特征值 $\lambda$ 的一个特征向量。

根据 $BX = \lambda X$，可以得到 $(B - \lambda E)X = 0$。这样的齐次方程组，当且仅当 $|B - \lambda E| = 0$ 时存在非零解，根据 Cramer 法则容易知道。

由 $|B - \lambda E| = 0$ 可求解具体的 $\lambda$ 值。

当两个矩阵相似时，它们的特征值是相等的，这是因为，若矩阵 $A$ 与 $B$ 相似，则存在可逆矩阵 $P$，有 $A = P^{-1}BP$，故有

$$|A - \lambda E| = |P^{-1}BP - \lambda E| = |P^{-1}(B - \lambda E)P| = |P^{-1}| \cdot |P| \cdot |B - \lambda E|$$
$$= |P^{-1}P| \cdot |B - \lambda E| = |E| \cdot |B - \lambda E| = |B - \lambda E|$$

根据矩阵的相似性可知，对于具有相同特征值的矩阵，它们在相似的意义下可看作同一个矩阵。因此，可根据不同的特征值来对方阵进行分类。一般地，若一个 $n$ 阶方阵是可逆的，则它的所有特征值（重根以重数计算）$\lambda_i \neq 0$，$i = 1, 2, \cdots, n$，而且它一定与 $E_{n \times n}$ 相似。

根据矩阵的相似关系，任何形式的矩阵都可以进行相似变换趋于对角化。

特别地，对于方阵 $P$，当满足 $P^T P = PP^T = E$ 时，则称 $P$ 为正交矩阵，它满足 $|P| = \mp 1$。

对于实对称的 $n$ 阶方阵 $A$，即在满足 $A^T = A$ 的条件下，对 $A$ 进行相似变换，可以实现对角化，即一定存在一个正交矩阵 $P$，使得

$$P^{-1}AP = \text{diag}(\lambda_1, \lambda_2, \cdots, \lambda_n) = \begin{pmatrix} \lambda_1 & 0 & \cdots & 0 \\ 0 & \lambda_2 & \cdots & 0 \\ \vdots & \vdots & & \vdots \\ 0 & 0 & \cdots & \lambda_n \end{pmatrix}$$

## 3.5 矩阵的合同变换

除了相似变换，矩阵之间还可以进行合同变换，这被看作是矩阵理论在解决二次型问题中的一种具体应用。因其具有广泛的应用，所以这里进行简要介绍。

定义 1：设含有 $x_1, x_2, \cdots, x_n$ 的一个二次齐次函数

$$f(x_1, x_2, \cdots, x_n) = \sum_{j=1}^{n} \sum_{i=1}^{n} a_{ij} x_i x_j$$

称为 $n$ 元的二次型，其中若系数 $a_{ij}$ 是实数，则构成实二次型；若系数 $a_{ij}$ 是复数，则构成复二次型。

对上式做适当的处理，记

$$A = \begin{pmatrix} a_{11} & a_{12} & \cdots & a_{1n} \\ a_{21} & a_{22} & \cdots & a_{2n} \\ \vdots & \vdots & & \vdots \\ a_{n1} & a_{n2} & \cdots & a_{nn} \end{pmatrix}, \quad X = \begin{pmatrix} x_1 \\ x_2 \\ \vdots \\ x_n \end{pmatrix}$$

则上式可表示为

$$f(x_1, x_2, \cdots, x_n) = X^{\mathrm{T}} A X = (x_1, x_2, \cdots, x_n) \begin{pmatrix} a_{11} & a_{12} & \cdots & a_{1n} \\ a_{21} & a_{22} & \cdots & a_{2n} \\ \vdots & \vdots & & \vdots \\ a_{n1} & a_{n2} & \cdots & a_{nn} \end{pmatrix} \begin{pmatrix} x_1 \\ x_2 \\ \vdots \\ x_n \end{pmatrix}$$

特别地，当 $a_{ij} = a_{ji}$ 时，有 $A^{\mathrm{T}} = A$。

令 $f(x_1, x_2, \cdots, x_n) = \sum_{j=1}^{n} \sum_{i=1}^{n} a_{ij} x_i x_j$ 进行一系列的初等可逆的线性变换，反映在矩阵中是一系列的合同变换，由此可引出合同变换的定义如下。

**定义 2：** 方阵 $A$ 与 $B$ 是合同的，当且仅当存在可逆的矩阵 $Q$，满足 $B = Q^{\mathrm{T}} A Q$。

矩阵的合同关系实际上也是一种等价关系，证明如下。首先，由于 $B = E^{\mathrm{T}} B E$，因此自反性是成立的；其次，由于 $B = Q^{\mathrm{T}} A Q \Rightarrow (Q^{\mathrm{T}})^{-1} B Q^{-1} = (Q^{\mathrm{T}})^{-1} Q^{\mathrm{T}} A Q Q^{-1} \Rightarrow A = (Q^{-1})^{\mathrm{T}} B Q^{-1}$，因此对称性也成立；最后，设 $B = Q^{\mathrm{T}} A Q$，$C = M^{\mathrm{T}} A M$，则可以得到

$$\left. \begin{array}{l} C = M^{\mathrm{T}} A M \\ A = (Q^{-1})^{\mathrm{T}} B Q^{-1} \end{array} \right\} \Rightarrow C = M^{\mathrm{T}} (Q^{-1})^{\mathrm{T}} B Q^{-1} M = (Q^{-1} M)^{\mathrm{T}} B (Q^{-1} M)$$

说明它的传递性也是成立的。

对对称矩阵来说，通过合同变换，它总可以化成标准二次型 $\mathrm{diag}(k_1, k_2, \cdots, k_n)$，由此

$$f(x_1, x_2, \cdots, x_n) = \sum_{j=1}^{n} \sum_{i=1}^{n} a_{ij} x_i x_j \rightarrow f(y_1, y_2, \cdots, y_n) = (y_1, y_2, \cdots, y_n) \mathrm{diag}(k_1, k_2, \cdots, k_n) \begin{pmatrix} y_1 \\ y_2 \\ \vdots \\ y_n \end{pmatrix}$$

在二次型中，有正定二次型、负定二次型、非正定二次型、非负定二次型和不定二次型等不同的类型。所谓的正定二次型，就是当向量 $X$ 取任意不全为零的实数数组时，对应的函数 $f(x_1, x_2, \cdots, x_n) > 0$ 恒成立；同样的道理，当向量 $X$ 取任意不全为零的实数数组时，对应的函数 $f(x_1, x_2, \cdots, x_n) < 0$ 恒成立，这样的二次型就是负定二次型；当向量 $X$ 为不全为零的实数时，对应的 $f(x_1, x_2, \cdots, x_n)$ 的值是不确定的，这样的二次型称为不定二次型。当一个二次型通过合同变换化为标准型时，可以根据其对角线上的元素的特性，容易地判别出是何种类型的二次型。

实际上，由于任一个对称二次型总可以通过可逆的线性变换转化为

$$\text{diag}(k_1, k_2, \cdots, k_n) = \begin{pmatrix} k_1 & 0 & \cdots & 0 \\ 0 & k_2 & \cdots & 0 \\ \vdots & \vdots & & \vdots \\ 0 & 0 & \cdots & k_n \end{pmatrix}$$

因此当 $k_i > 0$，$i = 1, 2, \cdots, n$ 时，二次型一定是正定的；当 $k_i < 0$，$i = 1, 2, \cdots, n$ 时，二次型是负定的，相关的分类可以如此依次讨论。

这里仅对线性代数的相关基础知识予以梳理，更深入的内容可以参看其他专门介绍线性代数的资料。

## 3.6 块密码简介

块密码（Block Cipher）是将明文序列划分成具有固定长度的组，各组分别在密钥控制下进行加密后构成的密文。显然，分组过程中每组的长度是一个重要的参数，一般是 64 或 64 的倍数。

块密码将编码后的明文源序列

$$x_1, x_2, \cdots, x_n, x_{n+1}, x_{n+2}, \cdots, x_{2n}, x_{2n+1}, \cdots, x_{kn}, x_{kn+1}, \cdots$$

划分成固定长度为 $n$ 的 $M_1, M_2, \cdots, M_k, \cdots$，并把每一组看作一个 $n$ 维向量，划分后的明文序列可表示为

$$M_1 = (x_1, x_2, \cdots, x_n), M_2 = (x_{n+1}, x_{n+2}, \cdots, x_{2n}), \cdots, M_k = (x_{kn-k+1}, x_{kn-k+2}, \cdots, x_{kn}), \cdots$$

同时对应于每一组的明文，用长度为 $t$ 的密钥组

$$K_1 = (k_1, k_2, \cdots, k_t), K_2 = (k_2, k_3, \cdots, k_{t+1}), \cdots, K_k = (k_{kt-k+1}, k_{kt-k+2}, \cdots, k_{kt}), \cdots$$

进行控制，把原来的明文变换成等长的密文序列并输出

$$C_1 = (y_1, y_2, \cdots, y_m), C_2 = (y_2, y_3, \cdots, y_{m+1}), \cdots, C_k = (y_{km-k+1}, y_{km-k+2}, \cdots, y_{km}), \cdots$$

设加密函数为 $E$，则这个过程可写为

$$E : V_n \times K_t \to V_m$$

其中，$V_n$ 为明文源空间，$n$ 为明文源分组长度，$V_m$ 为密文源空间，$m$ 为密文源分组长度，$K_t$ 为密钥空间，$t$ 为密钥长度。

需要指出的是，由于在密钥相同的条件下，块密码对长度为 $n$ 的输入明文源实施的变换是相同的，因此，一旦某一组明文变换的规律已经通过分析被获得，相应的全部密钥也就被获知。

这里还需要分析 $n$ 和 $m$ 的大小关系，当 $n > m$ 时，对应的块密码称为有数据压缩的块密

码；当 $n < m$ 时，该密码被称为有数据扩展的块密码；当 $n = m$ 且为一一映射时，对应的运算就是一个置换变换，它被称为等长的块密码，由此就可把块密码分成三类。通常取当 $n = m$ 时的等长块密码作为研究的对象。

设计一个块密码的关键在于找到一种算法，该算法能在密钥控制下，从一个置换子集中，快速地获取一个置换，并对输入的明文进行加密变换。

选择怎样的算法，既能满足相当的复杂性，又能满足相对的简易性，这是一个具体的矛盾。但是，迄今已有的代换、扩散和混淆这三种方法，作为块密码设计中的常用手段能够满足这些要求；而代换、扩散和混淆等的实质就是基本的矩阵运算、相似变换和合同变换，由此，了解矩阵理论等线性代数的基本理论，对于了解块密码的理论及设计切实可行的块密码，具有重要的现实意义。

## 思考题

（1）分析行列式与矩阵的区别。

（2）行列式的具体计算规则是什么？

（3）理解向量与矩阵的运算规则。

（4）向量组与矩阵之间有何联系？

（5）线性相关性与线性无关性的定义如何，何为极大线性无关组？

（6）方阵求逆运算如何进行？

（7）在矩阵的相似变换中，哪些量是不变的？

（8）矩阵的合同变换的物理含义是什么？

（9）分析合同变换与相似变换之间的差异，并分析在何种情况下合同变换与相似变换一致。

（10）分析块密码中的相关矩阵运算。

# 第4章

## 整数及其除运算的基本性质

数论是构建相关密码体制的重要理论依据，如第一个公钥密码体制 RSA 就是根据数论中大整数因数分解的难解问题所构造的，它们构思精妙，深得数学的简约之美。在数论中，除运算是因数分解等的基础。

### 4.1 整数的整除关系、基本属性及表述形式

整数是相对小数而言的，所有整数构成一个集合，称为整数集，记为 $\mathbb{Z}$；其中 0 也是整数，大于 0 的整数称为自然数，记为 $\mathbb{N}$。

任意两个整数之间存在某种关系，这种关系可定义如下。

**定义 1**：设 $a$ 和 $b$ 为两个任意的整数，且 $b \neq 0$，若存在一个整数 $q$，满足下面的等式

$$a = bq$$

则称 $b$ 整除 $a$，记作 $b|a$，并把 $b$ 叫作 $a$ 的因数或因子，$a$ 为 $b$ 的倍数；同样的，把整数 $q$ 也叫作 $a$ 的因数或因子，记为 $a/b$ 或 $\frac{a}{b}$。若上面的等式不成立，则称这两个整数没有整除关系，即 $b$ 不能整除 $a$ 或 $a$ 不能被 $b$ 整除，记为 $b \nmid a$。此外，若 $b|a$，则 $(-b)|a$、$b|(-a)$ 和 $(-b)|(-a)$ 也同样成立。此外，还有两个基本结论叙述如下。

（1）0 是所有非零整数的倍数。

（2）1 是所有整数的因数。

整除虽然是一种运算，但它建立了整数之间的关系。对于一个确定的整数 $a$，对任意整数 $b \in \mathbb{Z}$ 来说，它与 $a$ 的关系可分为两类，即整除关系和非整除关系。整除运算可以用来作为整数的特性分类的依据，根据是否可被其他的整数整除的特性，整数可分成若干类。

**定义 2**：质数（Prime Number）。若一个整数除 1 和它本身是它的因数外，没有其他的因数，则称该整数为质数，质数也被称为素数。不是质数的整数称为合数。

**定义 3**：奇数（Odd）。不能被 2 整除的整数称为奇数，不是奇数的整数称为偶数。

奇数仅不能被 2 整除，它既可能是合数，又可能是质数（素数），但一般来说，不为 2 的素数一定是奇数。

与数的分类相关的知识还有很多，作为补充，这里介绍两种数的概念。

梅森数（Mersenne Number）。记梅森数为 $M_n$，满足 $M_n = 2^n - 1$，其中，$n$ 为素数。梅森数有的是素数，有的是合数。一直以来，人们对于梅森素数的探索持续进行，尤其借助计算机的计算能力，迄今已发现了 50 个左右的梅森素数，随着时间的推移和计算机的计算能力，尤其是超算等的发展，新的梅森素数还将被不断发现。

费马数（Fermat Number）。记费马数为 $F_n$，满足 $F_n = 2^{2^n} + 1$，其中，整数 $n \geqslant 0$。这种形式的费马数有的是素数，有的是合数。

两个整数的整除关系具有如下的相关性质。

**定理 1**：设整数 $a$，$b$，$c$ 满足 $b \neq 0$，$c \neq 0$，若 $b|a$，$c|b$，则有 $c|a$。

证明：由 $b|a$ 可知存在整数 $q_1$，有 $a = bq_1$；由 $c|b$ 可知存在整数 $q_2$，有 $b = cq_2$，可得到 $a = bq_1 = (cq_2)q_1 = c(q_1 q_2)$，根据整除的定义，有 $c|a$。

这个定理说明了整除的传递性，即若一个整数是另一个整数的因数，则它的因数也是另一个整数的因数。

**定理 2**：设整数 $a$，$b$，$c$，$c \neq 0$，若 $c|a$，$c|b$，则存在整数 $s$，$t$，有 $c|(sa + tb)$。特别地，当 $s = 1$，$t = -1$ 时，有 $c|(a - b)$。

证明：因为 $c|a$，所以存在整数 $q_1$，有 $a = cq_1$；又因为 $c|b$，所以存在整数 $q_2$，有 $b = cq_2$，则 $sa + tb = scq_1 + tcq_2 = c(sq_1 + tq_2)$，就可以得到 $c|(sa + tb)$。

特别地，当 $s = 1$，$t = -1$ 时，有 $c|(a - b)$。

定理 2 可以推广到有限多个整数的情形，这就是推论 1。

**推论 1**：设整数 $c \neq 0$，且整数 $a_1, a_2, \cdots, a_n$ 为 $c$ 的倍数，则任意给定 $n$ 个整数 $t_1, t_2, \cdots, t_n$，其构成的整数 $\sum_{i=1}^{n} t_i a_i$ 也为 $c$ 的倍数。

该推论可以用数学归纳法证明。

**例 1**：因为 $9|18$，$9|27$，$9|54$，$9|918$，$9|189$，所以 $9|(18 + 918 + 189 - 2 \times 54 - 7 \times 27)$。

**定理 3**：设 $a$ 和 $b$ 都是非零整数，若 $a|b$ 和 $b|a$ 同时成立，则 $a = \pm b$。

证明：因为 $a|b$，所以存在整数 $q_1$，使得 $b = q_1 a$；又因为 $b|a$，所以存在整数 $q_2$，有 $a = q_2 b$，则有 $a = q_2 b = q_2 q_1 a$，得到 $q_1 q_2 = 1$，故 $q_1 = q_2 = \pm 1$，由此得到 $a = \pm b$。

**定理 4**：设 $n$ 为大于 0 的合数，若 $p$ 为大于 1 的关于 $n$ 的最小正因数，则 $p$ 为素数。

证明：假设 $p$ 不是素数，则 $p$ 为合数，因此存在 $p$ 的因数 $q$，$p > q > 1$，有 $q|p$，又因为 $p|n$，所以有 $q|n$，这与 $p$ 是最小的正因数矛盾，假设不能成立。

**定理 5**：设 $n$ 为一个正整数，若对于所有的素数 $p \leq \sqrt{n}$，都有 $p$ 不能整除 $n$，则 $n$ 为素数。

证明：假设 $n$ 不是素数，则 $n$ 为合数，此时一定存在比它小的两个数 $p$ 和 $q$，使得 $n = pq$，不妨设 $p \leq q$，则有 $p^2 \leq pq = n$，故存在 $p$，有 $p \leq \sqrt{n}$，且 $p|n$，这与题设矛盾，故原结论成立。

以这个定理为依据，可以设计一种用来验证给定正整数是否是素数的方法，称为 Eratosthenes 筛选法，具体可表述如下。

问题：如何寻找小于或等于某个正整数 $N$ 的素数。

具体的解决步骤如下。

第一步，根据 $N$，求出 $\lfloor \sqrt{N} \rfloor$，其中符号"$\lfloor \bullet \rfloor$"表示比该数小的最大整数。

第二步，求得小于或等于 $\lfloor \sqrt{N} \rfloor$ 的所有素数 $p_1, p_2, \cdots, p_k$。

第三步，以 $p_1, p_2, \cdots, p_k$ 为基准，把比 $N$ 小的且是这些素数的倍数的整数逐一删去。

第四步，获得不比 $N$ 大的所有素数。也就是除 $p_1, p_2, \cdots, p_k$ 外，其他的素数的大小满足 $\sqrt{N} \leq p_j \leq N$，$j = k+1, k+2, \cdots, m$。

**例 2**：求小于或等于 169 的素数。

根据 Eratosthenes 筛选法，首先求出 $\lfloor \sqrt{169} \rfloor \geq 13$。

得到不大于 13 的素数为 2,3,5,7,11,13。

然后在介于 13 与 169 之间的整数中分别删去 2 的倍数、3 的倍数、5 的倍数、7 的倍数、11 的倍数和 13 的倍数，剩下的整数有 17,19,23,29,31,37,41,43,47,53,59,61,67,71,73,79,83,89,97,101,103,107,109,113,127,131,137,139,149,151,157,163,167。

最终，小于或等于 169 的素数为 2,3,5,7,11,13,17,19,23,29,31,37,41,43,47,53,59,61,67,71,73,79,83,89,97,101,103,107,109,113,127,131,137,139,149,151,157,163,167。

**定理 6**：素数有无穷多个。

这是一个重要的定理，有多种证明方法，这里先用反证法给出证明，其他证明方法以后再介绍。

证明：假设素数为有限多个，不妨设为 $p_1, p_2, \cdots, p_k$，则设计一个新的数 $n$，$n = \prod_{i=1}^{k} p_i + 1$，根据假设可知，得到的 $n$ 为合数，它存在因数。不妨设它最小的因数为 $p$，由定理 4 知，若 $p$ 为素数，则它一定是 $p_1, p_2, \cdots, p_k$ 中的某一个，不妨设 $p = p_1$，则有 $p_1|n$，同样有 $p_1 \Big| \left( \prod_{i=1}^{k} p_i \right)$，故得到 $p_1 \Big| \left( n - \prod_{i=1}^{k} p_i \right)$，由此得到 $p_1|1$，但这是不可能的，由此假设不能成立，故素数有无穷多个。

Euclid 除法或带余除法能够把整数之间的整除关系进行推广，当两个整数不存在整除关系时，它们的具体差异可根据 Euclid 除法得到。从这层意思上来看，它确实进一步解决了两个整数相除后的定量关系。

Euclid 除法定义如下。

**定理 7**：设 $a$ 为任意整数，$b$ 为正整数，则存在唯一的整数 $q$ 和 $r$，满足 $a = bq + r$，$0 \leqslant r < b$。若记 $\Phi = \{0, 1, 2, \cdots, b-1\}$，则有 $r \in \Phi$，当 $r = 0$ 时，$a$ 和 $b$ 的关系为整除关系。

**证明**：在整数轴上，以整数 $b$ 为单位进行划分，这样整数轴的表述可以采用的形式为

$$\cdots, -kb, -(k-1)b, \cdots, -b, 0, b, 2b, \cdots, kb, \cdots, \quad k > 0$$

对于任意整数，其与整数轴上的某一点一一对应。也就是整数 $a$，一定对应整数轴上的某一点，则在以 $b$ 为单位划分的整数轴上，满足 $qb \leqslant a < (q+1)b$，从而令 $r = a - qb$，则 $0 \leqslant r = a - qb < b$，故得到 $a = bq + r$。

这样，存在性得到证明，下面证明唯一性。

设另有整数 $q_1$ 和 $r_1$ 满足 $a = bq_1 + r_1$，则有 $a = bq + r = bq_1 + r_1$。从而得到 $b(q - q_1) = r_1 - r$。若 $q \neq q_1$，则 $|q - q_1| \geqslant 1$，故 $|b(q - q_1)| \geqslant b$，而等式右边因为 $0 \leqslant r < b$，$0 \leqslant r_1 < b$，所以 $|r - r_1| < b$，故等式能成立的条件是当且仅当 $q = q_1$ 时，进而有 $r = r_1$，这样唯一性也得到证明。

Euclid 除法可以推广，结论如下。

**推论 2**：设 $a$ 为任意整数，$b$ 为正整数，则对于任意的整数 $c$，存在唯一的整数 $q$ 和 $r$，满足 $a = bq + r$，且 $c \leqslant r < c + b$。

**证明**：具体证明的关键是如何划分整数轴，对整数轴来说，如果以任意选定的 $c$ 为原点，$b$ 为划分的长度单位，那么整数轴可以与如下的一组数列一一对应起来：

$$\cdots, -kb + c, -(k-1)b + c, \cdots, -b + c, c, b + c, 2b + c, \cdots, kb + c, \cdots, \quad k > 0$$

此时整数 $a$ 必落在某一点上，有 $qb + c \leqslant a < (q+1)b + c$，同样，若 $r = a - qb$，则 $c \leqslant r < b + c$。

唯一性的证明可以采用相同的方法。

因此，把整数 $r$ 定义为两个整数整除后的余数，$r \in \{r \in \mathbb{Z} \mid c + 0 \leqslant r < c + b, \forall c \in \mathbb{Z}\}$，当且仅当 $r = 0$ 时，两个整数存在整除关系。

特别地，有以下这样的一些概念。

最小非负余数：满足 $c = 0$，$0 \leqslant r < b$。

最小正余数：满足 $c = 1$，$1 \leqslant r \leqslant b$。

最大非正余数：满足 $c = -b + 1$，$-b + 1 \leqslant r \leqslant 0$。

最大负余数：满足 $c = -b$，$-b \leqslant r < 0$。

绝对值最小余数：满足余数距离原点最近的条件，这需要分两种情况讨论：一种情况是 $b = 2k$，即 $b$ 为偶数，当 $c = -k + 1$ 时，有 $-k = \dfrac{-b}{2} < r \leqslant \dfrac{b}{2} = k$；当 $c = -k$ 时，有 $-k = \dfrac{-b}{2} \leqslant r < \dfrac{b}{2} = k$；

另一种情况是 $b = 2k + 1$，即 $b$ 为奇数，当 $c = -k$ 时，有 $-k = \dfrac{-(b-1)}{2} \leq r < \dfrac{(b+1)}{2} = k+1$，或者当 $c = k+1$ 时，有 $-k = \dfrac{-(b-1)}{2} \leq r \leq \dfrac{b-1}{2}$。

**例 3**：设 $b = 13$，则有以下结论。

最小非负余数：$0,1,2,3,4,5,6,7,8,9,10,11,12$。

最小正余数：$1,2,3,4,5,6,7,8,9,10,11,12,13$。

最大非正余数：$-12,-11,-10,-9,-8,-7,-6,-5,-4,-3,-2,-1,0$。

最大负余数：$-13,-12,-11,-10,-9,-8,-7,-6,-5,-4,-3,-2,-1$。

绝对值最小余数：$-6,-5,-4,-3,-2,-1,0,1,2,3,4,5,6$。

Euclid 除法不仅可以推导出两个整数的整除关系，还可以确定整数的表示。这里先给出一般形式的整数表示：选定一个正整数 $b > 1$，建构一个数列 $\{b^i | i = 0,1,2,\cdots,k,\cdots,\infty\}$，它构成坐标系，对任何的正整数总可以用其唯一地表示。

首先要证明由 $\{b^0, b^1, b^2, \cdots, b^i\}$，$i = 0,1,2,\cdots,k,\cdots,\infty$ 组成的基底是线性无关的，这一点由线性代数的基本知识容易证明；其次，证明任何正整数可以由这组基底唯一地表示，其中系数 $a_k$ 满足 $0 \leq a_k < b$。

这里先来说明唯一性问题，设任意正整数 $n$，它可以表示为

$$n = \sum_{i=0}^{k} a_{i+1} b^i \text{ 和 } n = \sum_{i=0}^{k} \hat{a}_{i+1} b^i$$

则由

$$n = \sum_{i=0}^{k} a_{i+1} b^i = \sum_{i=0}^{k} \hat{a}_{i+1} b^i$$

可得到

$$\sum_{i=0}^{k} a_{i+1} b^i - \sum_{i=0}^{k} \hat{a}_{i+1} b^i = 0$$

进而得到

$$\sum_{i=0}^{k} (a_{i+1} - \hat{a}_{i+1}) b^i = 0$$

因为这组基底是线性无关的，所以要使上式成立，当且仅当 $(a_{i+1} - \hat{a}_{i+1}) = 0$ 成立，这就说明表达式是唯一的。

下面给出定理形式的表述。

**定理 8**：设 $b \in \mathbb{Z}$，$b > 1$，则存在这样的基底 $\{b^i | i = 0,1,2,\cdots,k,\cdots,\infty\}$，对于任何的正整数 $n$，总可以表示成 $n = \sum_{i=0}^{k} a_{i+1} b^i$ 的形式，其中 $0 \leq a_i < b$，而且表达式是唯一的。

下面仅证明存在性。因为在正整数 $n$ 和 $b$ 之间存在 Euclid 除法关系，所以有 $n = bq_1 + a_1$，其中 $(q_1, a_1)$ 是唯一的，且 $a_1$ 满足 $0 \leq a_1 < b$；同时对 $q_1$ 和 $b$ 再次使用 Euclid 除法，得到 $q_1 = bq_2 + a_2$，$0 \leq a_2 < b$，这样进行下去，到第 $i$ 步，得到 $q_{i-1} = bq_i + a_i$，$0 \leq a_i < b$，因为整数中满足 $0 \leq q_i \leq \cdots \leq q_1 \leq n$，则有 $k$ 为正整数，有 $q_k = 0$，这样有

$$q_{k-1} = a_k$$

$$q_{k-2} = bq_{k-1} + a_{k-1} = br_k + a_{k-1}$$

$$q_{k-3} = bq_{k-2} + a_{k-2} = b(br_k + a_{k-1}) + a_{k-2} = b^2 a_k + ba_{k-1} + a_{k-2}$$

如此一直进行下去，最终得到

$$n = bq_1 + a_1 = b(bq_2 + a_2) + a_1 = b(b(bq_3 + a_3) + a_2) + a_1 = \cdots = a_{k+1}b^k + a_k b^{k-1} + \cdots + a_1 b^0$$

这就证明了存在性。

对于任何正整数 $n$，总可以用不等于 1 的正整数 $b$ 来表示，即

$$n = \sum_{i=0}^{k} a_{i+1} b^i$$

而且对应于 $\{b^0, b^1, b^2, \cdots, b^i\}$，$i = 0, 1, 2, \cdots, k, \cdots, \infty$，其系数是唯一确定的，因此 $n$ 与这样的序列一一对应。$\{a_{k+1} a_k \cdots a_1 a_0\}_b$ 就是 $n$ 用 $b$ 进制的具体表示。进一步，还可以推广到任意整数，即当 $n$ 为负整数时也同样成立，这时的 $a_i$ 应该满足的条件为 $-b < a_i \leq 0$，$i = 0, 1, 2, \cdots, k$。特别地，当取 $b = 2$ 时，$a_i = 0$ 或 $a_i = 1$，这就是二进制的表示。

若采用二进制表示，将余数用 "—" 和 "— —" 进行具体表示，位数不用左右结构而用上下结构，如采用 "≡" 这种形式来表示具体的数字，则它的表示就成为中国传统文化中的八卦图。它实际上是 3 位数的二进制表示，而 64 卦限则是 6 位数的二进制表示。3 位数的二进制表示如图 4.1 所示。

图 4.1  3 位数的二进制表示

图 4.1 所示的 3 位数的具体的数值分别为 7、0、1、5、4、2、3、6（"— —" 表示 0，"—" 表示 1）。当人们看到上述图形时，应该把它看作数字，而不是看作某种特殊的图形，这体现了中国传统文化中的 "象" "数" 统一。它包含了朴素的 "数" 与 "形" 的统一，实际上就是 Descrete 的解析几何的先声，当然也可看作朴素的数论。

当 $b = 10$ 时，就是常见的十进制。一般情况下，整数通常用十进制数来表示。

更进一步，任何数都可以用大于 1 的整数 $b$ 来确定具体的表达式。也就是把整数的范围扩大到实数，具体的结论为，任何数 $n$ 总可以表示为 $n = \sum_{i=-\infty}^{\infty} a_i b^i$，$b \in \mathbb{N}/\{1\}$，$0 \leq a_i < b$。

例：在中国有一种进制为十六进制，其中的半斤就是指 8 两，所以有谚语 "半斤八两，

一式一样"。十六进制与十进制的关系如表 4.1 所示。

表 4.1　十六进制与十进制的关系

| 十进制 | 十六进制 | 十进制 | 十六进制 |
|---|---|---|---|
| 0 | 0 | 8 | 8 |
| 1 | 1 | 9 | 9 |
| 2 | 2 | 10 | A |
| 3 | 3 | 11 | B |
| 4 | 4 | 12 | C |
| 5 | 5 | 13 | D |
| 6 | 6 | 14 | E |
| 7 | 7 | 15 | F |

设有十六进制表示的数 $(ABC8)_{16}$，则转换成十进制表示为

$$(ABC8)_{16} = A \times 16^3 + B \times 16^2 + C \times 16^1 + 8 \times 16^0 = 10 \times 16^3 + 11 \times 16^2 + 12 \times 16 + 8$$

进一步，其二进制表示为

$$10 \times 16^3 + 11 \times 16^2 + 12 \times 16 + 8 = (1010101111001000)_2$$

此外，根据欧几里得除法和素数的特性，任意一个整数不仅可以由具体确定的进制唯一表示，还可以由相应的素数通过乘积来唯一表示，这可用著名的算术基本定理来描述。

**定理 9（算术基本定理）**：任意一个大于 1 的正整数总可以表示成素数的乘积，当不考虑素数在乘积中的位置时，该表达式是唯一的。

证明：因为对于大于 1 的正整数 $n$，它本身若是素数，则显然满足结论，而且表达式也是唯一的，所以只需要证明当 $n$ 为合数时，结论也同样成立。采用数学归纳法证明如下。

当 $n = 4$ 时，因为 $4 = 2 \times 2$，而 2 为素数，所以结论成立（由于最小的正合数为 4，故假设的第一步取值为 4）。

假设对于所有小于 $n$ 的正合数，结论都成立，则对合数来说，总存在大于 1 而小于 $n$ 的数 $a$ 和 $b$，有 $n = ab$，根据假设，$a$ 总可以写成素数的乘积，同样，$b$ 也可以写成素数的乘积，则对 $n$ 来说结论也成立。这是因为 $a = \prod\limits_{i=1}^{l} p_i$，$b = \prod\limits_{i=l+1}^{L} p_i$，其中 $p_i$，$i = 1, 2, \cdots, L$ 为素数。

由此得到

$$n = ab = (\prod\limits_{i=1}^{l} p_i)(\prod\limits_{i=l+1}^{L} p_i) = \prod\limits_{i=1}^{L} p_i$$

结合以上几步，定理得证。

进一步，对于大于 1 的正整数 $n$，若其有两种用素数相乘的表达式，分别为

$$n = \prod\limits_{i=1}^{s} p_i, \quad p_i \leqslant p_{i+1}$$

$$n = \prod_{j=1}^{t} q_j, \quad q_j \le q_{j+1}$$

则得到 $n = \prod_{i=1}^{s} p_i = \prod_{j=1}^{t} q_j$，因为 $p_i$ 和 $q_j$ 都是素数，所以下面来证明 $p_1 = q_1, p_2 = q_2, \cdots, p_s = q_t$，以及 $s = t$。

因为 $n = \prod_{i=1}^{s} p_i = \prod_{j=1}^{t} q_j \Rightarrow p_1 p_2 \cdots p_s = q_1 q_2 \cdots q_t \Rightarrow p_1 | q_1 q_2 \cdots q_t$，所以一定存在 $q_l$，有 $p_1 | q_l$，又因为 $p_1$ 和 $q_l$ 都是素数，所以可以得到 $p_1 = q_l$；同样的道理，对 $q_1$ 来说，也存在 $p_k$，有 $q_1 | p_k$ 和 $q_1 = p_k$，又由于 $p_1 \le p_k = q_1 \le q_l = p_1 \Rightarrow p_1 = q_1$，故下一步有 $p_2 p_3 \cdots p_s = q_2 q_3 \cdots q_t$，同理可得到 $p_2 = q_2$，如此一步步进行下去，最后得到 $p_s = q_t$，以及 $s = t$。

算术基本定理表明了乘法意义下的数的构成，说明了素数是构成整数的"元件"，所以，研究数的性质可以从素数开始，这体现了素数的基础性意义。

算术基本定理中并没有强调连乘的素数是否相同，实际上很多素数是可以相同的，如正整数 $n = 120$，它由算术基本定理可写成 $n = 120 = 2 \times 2 \times 2 \times 3 \times 5 = 2^3 \times 3 \times 5$，鉴于相同的道理，可以得到如下的结论：对于大于 1 的整数 $n$，总可以写成 $n = \prod_{i}^{k} p_i^{\beta_i}$，其中 $\beta_i$ 是非负整数。若以素数的大小次序排列，则它是唯一的，故称为标准分解式。算术基本定理的应用很广泛，在以后的章节中再详细介绍。

## 4.2 整数数组的最大公因数和最小公倍数

整数之间的关系除了整除关系，还有一个是是否拥有共同的公因数，进一步，它们的公因数的最大值是什么。这是界定整数之间是否是互素关系的判别条件。

公因数的定义如下。

**定义 1**：设 $a_1, a_2, \cdots, a_n$ 为 $n$（$n \ge 2$）个整数，若存在不为零的整数 $d$，能整除所有整数，则称 $d$ 为 $a_1, a_2, \cdots, a_n$ 的公因数或公因子。进一步，若 $a_1, a_2, \cdots, a_n$ 不全为零，则它们的公因数中最大的一个被称为最大公因数，记作 $(a_1, a_2, \cdots, a_n)$ 或 $\gcd(a_1, a_2, \cdots, a_n)$。此外，若满足 $(a_1, a_2, \cdots, a_n) = 1$，则称 $a_1, a_2, \cdots, a_n$ 互素或互质。

若某一个正整数是一组整数的最大公因数，则它的具体的数学表达如下。

设 $d \in N$，若 $d$ 为 $a_1, a_2, \cdots, a_n$ 的最大公因数，则它满足如下两条结论。

（1）若 $d$ 为整数数组 $a_1, a_2, \cdots, a_n$ 的最大公因数，则有 $d | a_1, d | a_2, \cdots, d | a_n$。

（2）若另有整数 $b$ 为 $a_1, a_2, \cdots, a_n$ 的公因数，则有 $b | d$。

公因数，顾名思义，就是几个整数的共同因数，因此 1 一定是整数的公因数；而最大公因数则是这些公因数中最大的因数。若一个负整数是几个整数的公因数，则该负整数的相反数也是这些整数的公因数，考虑到所求的公因数为最大公因数，因此规定最大公因数大于零，所以对 $k$ 个不全为零的整数 $a_1, a_2, \cdots, a_k$，无论正负，一定有如下的等式成立：

$$(a_1, a_2, \cdots, a_k) = (-a_1, -a_2, \cdots, -a_k) = (|a_1|, |a_2|, \cdots, |a_k|)$$

下面举几个例子。

（1）两个整数 18 和 9 的最大公因数为 $(18, 9) = 9$。

（2）两个整数 19 与 7 的最大公因数为 $(19, 7) = 1$。

（3）三个整数 15、20、$-25$ 的最大公因数为 $(-25, 20, 15) = 5$。

在最大公因数的性质中，下面几条是显而易见的。

（1）整数 $a$ 和 $b$ 的最大公因数满足 $(a, b) = (b, a)$。

证明：设 $(a, b) = d_1$，$(b, a) = d_2$，则有

$$(a, b) = d_1 \Rightarrow \left. \begin{cases} d_1 | a \\ d_1 | b \end{cases} \right\} \Rightarrow d_1 | d_2$$

同样的道理，可得到 $d_2 | d_1$，又由于最大公因数大于或等于 1，故有 $d_2 = d_1$。

（2）设两个整数 $a$ 和 $b$，且 $b | a$，则 $(a, b) = |b|$。进一步，当 $a = 0$ 时，有 $(a, b) = b$。

（3）若 $p$ 为素数，则任何整数 $a$ 与 $p$ 的最大公因数为

$$(a, p) = \begin{cases} 1 & \text{others} \\ p & p | a \end{cases}$$

这是因为素数 $p$ 只有两个因数，所以有以上的结果。

最大公因数的相关性质如下。

**定理 1**：设不全为 0 的整数 $a$、$b$、$c$ 满足 $a = bq + c$ 且 $q \neq 0$，则有 $(a, b) = (b, c)$。

这个定理给出了两个较大整数的最大公因数的具体求法，即通过欧几里得除法，使得被除数与除数的最大公因数等同于除数与余数的最大公因数，由此给出了一条具体求解的可行的道路。因此它是一个非常重要的定理，下面给出证明。

证明：设 $(a, b) = d_1$，$(b, c) = d_2$，由 $(a, b) = d_1$ 可得到 $d_1 | a$，$d_1 | b$，进而得到 $d_1 | (a - bq) \Rightarrow d_1 | c$，故 $d_1$ 是 $b$ 与 $c$ 的公因数，即 $d_1 | (b, c)$；同理，$d_2 | b$，$d_2 | c$，进而有 $d_2 | (bq + c) \Rightarrow d_2 | a$，从而得到 $d_2 | d_1$，而由此得到 $d_1 = d_2$，定理得到证明。

结合该定理，下面给出具体求解两个不全为零的整数的最大公因数的步骤。设有两个不全为零的整数 $a$ 和 $b$，不妨设 $b \neq 0$，则根据欧几里得除法，存在整数 $q_1$ 和 $r_1$（$b > r_1$），满足

$$a = q_1 b + r_1$$

则有

$$(a, b) = (b, r_1)$$

对于整数 $b$ 和 $r_1$，存在整数 $q_2$ 和 $r_2$（$r_1 > r_2$），满足

$$b = q_2 r_1 + r_2$$

则有

$$(b, r_1) = (r_1, r_2)$$

同样的道理，这样一直做下去，在若干步（不妨设为 $k$ 步）后，就一定有

$$r_{k-2} = q_k r_{k-1} + r_k, \quad r_{k-1} = q_{k+1} r_k + 0$$

由此，可以得到

$$(r_{k-1}, r_k) = (r_k, r_{k+1}) = (r_k, 0) = r_k$$

故得到

$$(a, b) = (b, r_1) = (r_1, r_2) = \cdots = (r_{k-1}, r_k) = (r_k, r_{k+1}) = (r_k, 0) = r_k$$

以上每一步都是欧几里得除法的具体实现，因此是可操作的，更容易编程实现。归纳编程实现的流程如下。

第一步，确定所要求最大公因数的整数 $a$ 和 $b$，根据 $(a, b) = (|a|, |b|)$，把它们转化为求两个正整数的最大公因数。

第二步，先把两个正整数看作被除数和除数，用欧几里得除法得到唯一的商和余数，然后把除数当作被除数、余数当作除数，重复用欧几里得除法，直到得到的余数为零。

第三步，根据以上分析，最后一个非零余数就是两个正整数的最大公因数，也是 $a$ 和 $b$ 的最大公因数。

该求解最大公因数的方法在实际中有重要的应用，下面举几个例子来说明。

**例 1**：求 $(250, -3655)$。

解：因为 $(250, -3655) = (250, 3655)$，而 $(250, 3655)$ 可以通过以下的算式得到：

$$3655 = 250 \times 14 + 155$$
$$250 = 155 \times 1 + 95$$
$$155 = 95 \times 1 + 60$$
$$95 = 60 \times 1 + 35$$
$$60 = 35 \times 1 + 25$$
$$35 = 25 \times 1 + 10$$
$$25 = 10 \times 2 + 5$$
$$10 = 5 \times 2 + 0$$

故得到 $r_k = 5$，进而 $(250, -3655) = (250, 3655) = 5$。

**例 2**：求 $(169, 144)$。

解：显然，$(169,144)=(13^2,12^2)=1$，而采用前面所述的方法求最大公因数，有

$$169=144\times1+25$$
$$144=25\times5+19$$
$$25=19\times1+6$$
$$19=6\times3+1$$
$$6=6\times1+0$$

则 $(169,144)=r_k=1$。

进一步，可以找到两个整数 $s$ 和 $t$，对整数 $a$ 和 $b$ 来说，满足

$$sa+tb=(a,b)$$

要证明上式成立，可以从求解最大公因数的逆过程中得到，下面以一个具体的例子来说明。

**例3**：求整数 $s$ 和 $t$，使其满足 $169t+121s=(121,169)$。

解：因为 $(121,169)=(11^2,13^2)=1$，则

$$1=23-11\times2=23-11\times(25-23)=-11\times25+12\times23$$
$$=-11\times25+12\times(48-25)=12\times48-23\times25$$
$$=12\times48-23\times(121-96)=-23\times121+(12+46)\times(169-121)$$
$$=58\times169-(23+58)\times121=58\times169-81\times121=(169,121)$$

从本例可以看出，一是确实存在满足要求的整数 $s$ 和 $t$；二是提供了求解 $s$ 和 $t$ 的途径，其中的每一步都是确定的，由此可归纳为如下的定理。

**定理2**：设两个任意的正整数 $a$ 和 $b$，总有 $s_k\in\mathbb{Z}$，$t_k\in\mathbb{Z}$，满足

$$s_ka+t_kb=(a,b)$$

其中，$k=0,1,2,\cdots$，对应的 $s_k$ 和 $t_k$ 由下面的定义给出：

$$\begin{cases} s_0=1, & s_1=0, & s_j=s_{j-2}-s_{j-1}q_{j-1} \\ t_0=0, & t_1=1, & t_j=t_{j-2}-q_{j-1}t_{j-1} \end{cases} \quad j=2,3,\cdots,k$$

此外，$q_j$ 是辗转相除运算中的不完全商。

证明：当 $k=0$ 时，上式为 $s_0a+t_0b=a+0=(a,b)=r_0$；同理，当 $k=1$ 时，上式为 $s_1a+t_1b=b+0=(a,b)=r_1$。假设，当 $j\leq k-1$ 时仍旧成立，即有

$$s_{k-1}a+t_{k-1}b=(a,b)=(s_{k-1-2}-q_{k-1-1}s_{k-1-1})a+(t_{k-1-2}-q_{k-1-1}t_{j-1-1})b$$
$$=(s_{k-1-2}a+t_{k-1-2}b)-q_{k-1-1}(s_{k-1-1}a+t_{j-1-1}b)$$
$$=(1-q_{k-1-1})(a,b)=(a,b)=r_{k-1}$$

则当 $j=k$ 时，有

$$s_k=s_{k-2}-q_{k-1}s_{k-1}, \quad t_k=t_{k-2}-q_{k-1}t_{k-1}$$

$$r_k = r_{k-2} + q_{k-1}r_{k-1} = (s_{k-2}a + t_{k-2}b) - (s_{k-1}a + t_{k-1}b)q_{k-1}$$
$$= (s_{k-2} - s_{k-1}q_{k-1})a + (t_{k-2} + t_{k-1}q_{k-1})b$$
$$= s_k a + t_k b = (a,b)$$

故结论同样成立。

用数学归纳法证明该定理的过程实际上就是一个寻找整数对 $(s_n, t_n)$ 的过程，也是由余数 $r_n$ 求得 $(s_n, t_n)$ 的过程。

当整数 $a$ 和 $b$ 互素时，有 $s_k a + t_k b = (a,b) = 1$，进一步可得到整数互素的充要条件。

**定理 3**：整数 $a$ 和 $b$ 互素的充要条件为存在整数 $s$ 和 $t$，有 $sa + tb = 1$。

证明：若 $a$ 和 $b$ 互素，则有 $(a,b) = 1$，又由定理 2 可得，存在整数 $s_k$ 和 $t_k$，有 $s_k a + t_k b = (a,b)$，进而取 $s = s_k$ 和 $t = t_k$，有 $sa + tb = (a,b) = 1$，则充分性得到证明。

反之，若设 $(a,b) = d \geqslant 1$，则得到 $\begin{cases} d|a \\ d|b \end{cases}$，进而存在整数 $s$ 和 $t$，有 $d|(sa + tb)$，又由于 $sa + tb = 1$，可得

$$\left. \begin{array}{r} d|(sa+tb) \Rightarrow d|1 \\ d \geqslant 1 \end{array} \right\} \Rightarrow d = 1 \Rightarrow (a,b) = 1$$

故定理得证。

对于四个不同的整数 $a$、$b$、$c$、$d$，若它们满足 $ac + bd = 1$，则根据上述定理，可以得到如下的一些结论。

$$(a,b) = 1, \quad (a,d) = 1, \quad (c,d) = 1, \quad (c,b) = 1$$

对于公因数，还有一些相关的结论如下。

**定理 4**：设有不全为零的整数 $a$ 和 $b$。

（1）若另有一正整数 $m$，则 $(ma, mb) = (a,b)m$。

（2）若有非零整数 $d$，且有 $d|a$，$d|b$，则有 $\left(\dfrac{a}{d}, \dfrac{b}{d}\right) = \dfrac{(a,b)}{d}$。

证明：设 $(ma, mb) = d_1$，$(a,b) = d_2$，则存在整数 $s$ 和 $t$，有 $sma + tmb = d_1$，则

$$(a,b) = d_2 \Rightarrow \left. \begin{array}{l} \left. \begin{array}{l} d_2|b \Rightarrow d_2 m|mb \\ d_2|a \Rightarrow d_2 m|ma \end{array} \right\} \Rightarrow d_2 m|d_1 \\ sma + tmb = d_1 \end{array} \right.$$

反之，因为 $(a,b) = d_2$，所以存在 $s_1 \in \mathbb{Z}$，$t_1 \in \mathbb{Z}$，有 $s_1 a + t_1 b = d_2$，又因为 $m \in \mathbb{N}$，所以有

$$\left. \begin{array}{l} s_1 am + t_1 bm = d_2 m \\ d_1|ma \\ d_1|mb \end{array} \right\} \Rightarrow d_1|d_2 m$$

由此得到 $d_2m=d_1$，进而结论（1）得到证明。

至于结论（2），当 $d$ 是 $a$ 和 $b$ 的公因数时，因为 $(a,b)=(\dfrac{a}{|d|}|d|,\dfrac{b}{|d|}|d|)$，应用结论（1），有

$$(\frac{a}{|d|}|d|,\frac{b}{|d|}|d|)=(\frac{a}{|d|},\frac{b}{|d|})|d|=(a,b)$$

故得到

$$(\frac{a}{|d|},\frac{b}{|d|})=\frac{(a,b)}{|d|}$$

而又因为

$$(\frac{a}{|d|},\frac{b}{|d|})=(\frac{a}{d},\frac{b}{d})$$

所以有

$$(\frac{a}{d},\frac{b}{d})=\frac{(a,b)}{|d|}$$

进一步，若 $(a,b)=d$，则有

$$(\frac{a}{(a,b)},\frac{b}{(a,b)})=\frac{(a,b)}{(a,b)}=1$$

定理得证。

除了用上面的方式求两个整数的公因数，还可以用算术基本定理的方式来求最大公因数。

**定理 5**：若任意两个整数 $a$ 和 $b$ 的分解式分别为

$$a=\prod_{i=1}^{s}p_i^{\alpha_i},\ \ b=\prod_{i=1}^{s}p_i^{\beta_i},\ \ \alpha_i\geqslant 0,\ \ \beta_i\geqslant 0,\ \ i=1,2,\cdots,s$$

则它们的最大公因数为

$$(a,b)=\prod_{i=1}^{s}p_i^{\min(\alpha_i,\beta_i)}$$

根据最大公因数的定义和算术基本定理，结论容易证明。此外，当某个素数 $p_j$ 不是它们的公因数时，取 $\alpha_j=0$ 或 $\beta_j=0$，这样对应变量的下标就可以统一取到 $s$。

当不全为零的整数数组的个数大于 2 时，它们的最大公因数的求取可根据下面的定理进行。

**定理 6**：设有 $k$（$k>2$）个不全为零的整数 $a_1,a_2,\cdots,a_k$ 组成数组，且 $a_1\neq 0$，其最大公因数可以用以下的方法求得。

（1）从 $a_1$ 开始，求 $(a_1,a_2)=d_2$。

（2）求 $(d_2,a_3)=d_3,(d_3,a_4)=d_4,\cdots,(d_{i-1},a_i)=d_i,\cdots,(d_k,a_{k-1})=d_k$，因此 $(a_1,a_2,\cdots,a_k)=d_k$。

证明：记 $(a_1, a_2, \cdots, a_k) = d$，则有 $d \mid a_i$，$i = 1, 2, \cdots, k$。由 $(a_1, a_2) = d_2$，得 $d \mid d_2$，同样的道理，有 $d \mid d_i$，$i = 3, 4, \cdots, k$，故得到 $d \mid d_k$；反之，根据 $(d_{i-1}, a_i) = d_i$，$i = 3, 4, \cdots, k$，有

$$\begin{cases} d_i \mid d_{i-1}, & i = 3, 4, \cdots, k \\ d_i \mid a_i \end{cases}$$

得到

$$\begin{cases} d_k \mid d_i, & i = 2, 3, \cdots, k-1 \\ d_k \mid a_i, & i = 1, 2, \cdots, k \end{cases}$$

故有

$$d_k \mid d$$

最终得到

$$d_k = d$$

这个定理为多个整数的最大公因数的求法提供了具体的解决方案，又由于

$$(a_1, a_2, \cdots, a_k) = (|a_1|, |a_2|, \cdots, |a_k|)$$

所以无论整数数组是正是负，只要不全为零，对 $(|a_1|, |a_2|, \cdots, |a_k|)$ 使用定理 6 的方法，就可以得到相应整数数组的最大公因数。

**例 4**：求 $(15, 20, 25, 125, 200)$。

**解**：因为 $(15, 20) = 5$，$(5, 25) = 5$，$(5, 125) = 5$，$(5, 200) = 5$，故 $(15, 20, 25, 125, 200) = 5$。

在具体应用定理 6 求最大公因数时，还有一些小的技巧。若在一个整数数组中能发现其中两个整数互素，则得到 $d_i$ 为 1，故最终的最大公因数为 $d_k = 1$。

**定理 7**：设有两个正整数 $a$ 和 $b$，且 $2^a - 1 \in \mathbb{N}$，$2^b - 1 \in \mathbb{N}$，则 $(2^a - 1, 2^b - 1) = 1 \Leftrightarrow (a, b) = 1$。

证明：不妨设 $a \leqslant b$，用 $2^b - 1$ 作为除数，则 $2^a - 1 = 2^r(2^{bq} - 1) + 2^r - 1$，其中 $q$ 和 $r$ 满足整数间的欧几里得除法 $a = bq + r$，且 $0 \leqslant r < b$，又由于

$$2^a - 1 = 2^r(2^{bq} - 1) + 2^r - 1 = (2^b - 1)[2^r(2^{b(q-1)} + 2^{b(q-2)} + \cdots + 1)] + (2^r - 1)$$

由此又根据辗转相除的方法，可以得到

$$(2^a - 1, 2^b - 1) = 2^{(a,b)} - 1$$

故若有 $(a, b) = 1$，则

$$(2^a - 1, 2^b - 1) = 2^{(a,b)} - 1 = 2 - 1 = 1$$

反之，由于

$$(2^a - 1, 2^b - 1) = 2^{(a,b)} - 1 = 1 \Rightarrow 2^{(a,b)} = 2 \Rightarrow (a, b) = 1$$

则定理得证。

进一步，求乘积形式的整数与另一个整数的最大公因数有如下的定理，该定理对于求

最大公因数的方法的简化起到了一定的作用。

**定理 8**：设有三个整数 $a$、$b$、$c$，且 $b \neq 0$，$c \neq 0$，若 $(a,c)=1$，则有 $(ab,c)=(b,c)$。

证明：因为 $(a,c)=1$，故存在 $s \in \mathbb{Z}$，$t \in \mathbb{Z}$，有

$$\left. \begin{array}{l} sa+tc=1 \Rightarrow sab+tbc=b \\ (ab,c)|ab \\ (ab,c)|c \end{array} \right\} \Rightarrow (ab,c)|[s(ab)+(tb)c]$$

$$\left. \begin{array}{l} \Rightarrow (ab,c)|b \\ (ab,c)|c \end{array} \right\} \Rightarrow (ab,c)|(b,c)$$

反过来，因为

$$\left. \begin{array}{l} (b,c)|b \Rightarrow (b,c)|ab \\ (b,c)|c \end{array} \right\} \Rightarrow (b,c)|(ab,c)$$

由此得到

$$(ab,c)=(b,c)$$

**例 5**：求 $(42,9)$。

解：因为 $(42,9)=(6 \times 7,9)$，而 $(7,9)=1$，则 $(42,9)=(6,9)=3$。

**例 6**：设 $a \in \mathbb{N} / \{1\}$，$m \in \mathbb{N}$，$n \in \mathbb{N}$，则有 $(a^{m-1},a^{n-1})=a^{(m,n)}-1$。

证明：令 $d=(a^m-1,a^n-1)$，因为

$$\left. \begin{array}{l} (a^{(m,n)}-1)|(a^m-1) \\ (a^{(m,n)}-1)|(a^n-1) \end{array} \right\} \Rightarrow (a^{(m,n)}-1)|(a^m-1,a^n-1) \Leftrightarrow (a^{(m,n)}-1)|d$$

又设 $d_1=(m,n)$，故存在正整数 $x$ 和 $y$，满足

$$mx-ny=d_1$$

由于

$$\left. \begin{array}{l} d|(a^m-1) \Rightarrow d|a^{mx}-1 \\ d|(a^n-1) \Rightarrow d|a^{ny}-1 \end{array} \right\} \Rightarrow d|(a^{mx}-a^{ny})$$

因此

$$a^{mx}-a^{ny}=a^{d_1+ny}-a^{ny}=a^{ny}(a^{d_1}-1)$$

由此得到

$$d|(a^{mx}-a^{ny}) \Rightarrow d|a^{ny}(a^{d_1}-1)$$

因为 $a \in \mathbb{N} / \{1\}$，$d|(a^n-1)$，故有

$$(d,a)=1$$

进一步就有

$$(d, a^{ny}) = 1$$

可得

$$\left.\begin{array}{r} d \mid a^{ny}(a^{d_1}-1) \\ (d, a^{ny}) = 1 \end{array}\right\} \Rightarrow d \mid (a^{d_1}-1)$$

最终得到

$$d = (a^{d_1}-1)$$

结论成立。

实际上，当 $a \geqslant 2$ 时，一个正整数 $d$，对于正整数 $m$，若满足

$$d \mid (a^m - 1)$$

则 $d$ 一定不能整除 $a^m$，除非 $d = 1$。

**例 7**：当 $n \in \mathbb{N}$ 时，有 $(n!+1, (n+1)!+1) = 1$。

证明：记 $d = (n!+1, (n+1)!+1)$，有

$$\left.\begin{array}{r} d \mid ((n+1)!+1) \\ d \mid (n!+1) \end{array}\right\} \Rightarrow d \mid [(n!+1)(n+1) - ((n+1)!+1)] \Rightarrow d \mid n$$

而由于 $n \mid n!$，所以有

$$d \mid n!$$

由此得到

$$\left.\begin{array}{r} d \mid n! \\ d \mid (n!+1) \end{array}\right\} \Rightarrow d \mid (n!+1-n!) \Rightarrow d \mid 1$$

故得到 $d = 1$，结论成立。

**定理 9**：设有整数 $a_1, a_2, \cdots, a_n, c$，且满足 $(a_i, c) = 1$，$i = 1, 2, \cdots, n$，则有 $(a_1 a_2 \cdots a_n, c) = 1$。

证明：运用数学归纳法，当 $n = 2$ 时，有 $(a_1, c) = 1$，根据定理 8，可以得到

$$(a_1 a_2, c) = (a_2, c)$$

从而有

$$(a_1 a_2, c) = (a_2, c) = 1$$

故结论成立。

假设当 $n = k-1$ 时，$(a_1 a_2 \cdots a_{k-1}, c) = 1$ 同样成立，则当 $n = k$ 时，对应地有

$$\left.\begin{array}{r} (a_1 a_2 \cdots a_k, c) = ((a_1 a_2 \cdots a_{k-1})a_k, c) \\ (a_1 a_2 \cdots a_{k-1}, c) = 1 \end{array}\right\} \Rightarrow (a_1 a_2 \cdots a_k, c) = (a_k, c) = 1$$

则结论也成立，由此定理得到证明。

将该定理与算术基本定理结合使用，可以在求较大的整数之间的最大公因数的过程中简化相关的运算量。

整数之间除求公因数以外，还可以求公倍数。公倍数就是不同整数的共同的倍数，相关的定义如下所述。

**定义 2**：设有 $n$（$n \geq 2$）个整数 $a_1, a_2, \cdots, a_n$，若另有整数 $b$，有 $a_i | b$，$i = 1, 2, \cdots, n$，则 $b$ 是这 $n$ 个整数的一个公倍数。而所有的公倍数中最小的一个称为最小公倍数，记为 $[a_1, a_2, \cdots, a_n]$。

进一步设 $b$ 为 $a_1, a_2, \cdots, a_n$ 的最小公倍数，即 $b = [a_1, a_2, \cdots, a_n]$，其等价于以下两个条件。

（1）$a_i | b$，$i = 1, 2, \cdots, n$。

（2）$\forall g$ 为 $a_1, a_2, \cdots, a_n$ 的公倍数，则有 $b | g$。

公倍数及最小公倍数有以下性质。

**定理 10**：设 $a$，$c$ 为两个互素的正整数，则有以下结论。

（1）若对整数 $b$ 有 $a | b$，$c | b$，则 $ac | b$。

（2）$[a, c] = ac$。

证明：因为 $a | b \Rightarrow b = ak$，$k \in \mathbb{Z}$，又由

$$\left. \begin{array}{l} \left. \begin{array}{l} c | b \Rightarrow c | ak \\ (c, a) = 1 \\ b = ak \end{array} \right\} \Rightarrow c | k \Rightarrow k = cq_1 \end{array} \right\} \Rightarrow b = acq_1 \Rightarrow ac | b$$

这就证明了（1）。

此外，考虑（1）在正整数的范围内成立，则 $q_1 \geq 1$，故当取 $q_1 = 1$ 时，得到最小公倍数，由此得到 $[a, c] = ac$，（2）得到证明。

**定理 11**：设 $a$、$c$ 为两个正整数，则有 $ac = [a, c](a, c)$。

证明：由于 $a$、$c$ 都为正整数，则有

$$\left( \frac{a}{(a, c)}, \frac{c}{(a, c)} \right) = 1$$

从而 $\dfrac{a}{(a, c)}$ 与 $\dfrac{c}{(a, c)}$ 的最小公倍数为

$$\frac{a}{(a, c)} \cdot \frac{c}{(a, c)}$$

又因为

$$\left[ \frac{a}{(a, c)}, \frac{c}{(a, c)} \right] = \frac{1}{(a, c)} [a, c]$$

则最终有

$$\frac{a}{(a,c)} \cdot \frac{c}{(a,c)} = \frac{[a,c]}{(a,c)}$$

$$ac = (a,c)[a,c]$$

定理得证。

关于如何求解多个整数的最小公倍数，有如下的一种具体解决方法。

**定理 12**：设 $a_1, a_2, \cdots, a_n$ 为 $n$ 个整数，且

$$[a_1,a_2] = b_2, [b_2,a_3] = b_3, \cdots, [b_{i-1},a_i] = b_i, \cdots, [b_{n-1},a_n] = b_n$$

则有

$$[a_1,a_2,\cdots,a_n] = b_n$$

证明：设 $[a_1,a_2,\cdots,a_n] = b$，而根据

$$[a_1,a_2] = b_2, [b_2,a_3] = b_3, \cdots, [b_{i-1},a_i] = b_i, \cdots, [b_{n-1},a_n] = b_n$$

得到

$$a_1 \big| b_2, a_2 \big| b_2, b_2 \big| b_3, a_3 \big| b_3, \cdots, b_{i-1} \big| b_i, a_i \big| b_i, \cdots, b_{n-1} \big| b_n, a_n \big| b_n$$

即 $b_n$ 为 $a_1, a_2, \cdots, a_n$ 的公倍数，则有

$$[a_1,a_2,\cdots,a_n] \big| b_n$$

同样的道理，由于 $[b_{i-1},a_i] = b_i$，故 $b_i$ 是 $b_{i-1}$ 和 $a_i$ 的最小公倍数，如此逐一到 $n$，可得 $b_n$ 是 $a_1, a_2, \cdots, a_n$ 的最小公倍数，得到

$$b_n \big| [a_1,a_2,\cdots,a_n]$$

最终得到 $b_n = b$，定理得证。

**例 8**：求 $[27,36,45,81,108]$。

解：因为 $[27,36] = 108, [108,108] = 108, [108,45] = 540, [540,81] = 1620$，所以 $[27,36,45,81,108] = 1620$。

结合算术基本定理求最小公倍数，可以得到如下的定理。

**定理 13**：设两个整数 $a = \prod_{i=1}^{s} p_i^{\alpha_i}$，$b = \prod_{i=1}^{s} p_i^{\beta_i}$，其中 $p_i$ 为素数，则有 $[a,b] = \prod_{i=1}^{s} p_i^{\max(\alpha_i,\beta_i)}$。

证明：设 $m = \prod_{i=1}^{s} p_i^{\max(\alpha_i,\beta_i)}$，因为 $\max(\alpha_i,\beta_i) \geqslant \alpha_i$，$\max(\alpha_i,\beta_i) \geqslant \beta_i$，$i = 1,2,\cdots,s$，则有 $a|m$，$b|m$ 说明 $m$ 是公倍数。此外，假设 $a$ 和 $b$ 有一个公倍数 $m'$，则它满足 $a|m'$ 和 $b|m'$，由算术基本定理，对其进行素数乘积的展开，可表示为 $m' = \prod_{i=1}^{s} p_i^{\gamma_i}$，则它的每一个 $p_i^{\gamma_i}$ 都被对应的 $p_i^{\alpha_i}$ 整除，同时需要被 $p_i^{\beta_i}$ 整除，即

$$\left.\begin{array}{l}\gamma_i \geqslant \alpha_i \\ \gamma_i \geqslant \beta_i\end{array}\right\} \Rightarrow \gamma_i \geqslant \max\{\alpha_i, \beta_i\}$$

得到 $m|m'$。

根据最小公倍数的定义，有

$$[a,b] = \prod_{i=1}^{s} p_i^{\max(\alpha_i, \beta_i)}$$

定理得证。

**例 9**：设 $a$、$b$、$c$ 都是正整数，则有 $[a,b,c][ab,bc,ca] = [a,b][b,c][c,a]$。

**证明**：由于 $a$、$b$、$c$ 都是正整数，故可得到

$$[a,b,c][ab,bc,ca] = [[a,b,c]ab,[a,b,c]bc,[a,b,c]ca]$$
$$= [[a^2b,ab^2,abc],[abc,b^2c,bc^2],[a^2c,abc,c^2a]]$$
$$= [a^2b,ab^2,a^2c,b^2c,bc^2,ac^2,abc]$$

又由于

$$[a,b][b,c][c,a] = [[a,b]b,[a,b]c][c,a]$$
$$= [[ab,b^2],[ac,bc]][c,a] = [[ab,b^2][c,a],[ac,bc][c,a]]$$
$$= [[ab[c,a],b^2[c,a]],[ac[c,a],bc[c,a]]]$$
$$= [abc,a^2b,a^2c,b^2c,b^2a,c^2b,c^2a]$$

故得到

$$[a,b,c][ab,bc,ca] = [a,b][b,c][c,a]$$

结论成立。

## 思考题

（1）证明两个连续的整数的乘积必是偶数。

（2）证明三个连续的整数的乘积必被 3 整除。

（3）证明四个连续的整数的乘积必被 4 整除。

（4）利用 Eratosthenes 筛选法求出小于 626 的素数。

（5）试用二进制形式和十六进制形式写出 $n$ 的表达式。① $n = 257$。② $n = 1029$。

（6）设有四个不同的整数 $a$、$b$、$c$、$d$，满足 $ab + cd = d + 1$。那么，这些整数之间满足怎样的关系？

（7）编写实现欧几里得除法的程序。

（8）设有 $n$ 个整数 $a_1, a_2, \cdots, a_n$，求 $(a_1, a_2, \cdots, a_n)$，并编程实现。

（9）求 $(144,169)$，$(225,361)$。

（10）求$[12,17,24]$, $[19,38,75]$。

（11）请给出三个整数，要求其最小公倍数为$1$，但两两不互素。

（12）设有$n$个整数$a_1,a_2,\cdots,a_n$，求$[a_1,a_2,\cdots,a_n]$，并编程实现。

（13）用算术基本定理来求如下整数的最小公倍数和最大公因数：$a=19801990$，$b=20102011$。

（14）证明素数有无穷多个。

（15）已知$a,b,c\in\mathbb{N}$，证明$(a,b,c)[a,b,c]=\dfrac{abc}{(a,b)(b,c)(a,c)}$。

（16）设$a$和$b$都是正整数，证明$(a+b)[a,b]=a[b,a+b]$。

（17）设$a$、$b$、$c$都是正整数，证明$[(a,b),(a,c)]=(a,[b,c])$。

（18）试证明任意两个费马数互素。

# 第 5 章

# 同余及同余式

在数论中，同余既是一种运算，也是一种关系，更是一种分析整数特性的手段，所以它的重要性是不言而喻的。

## 5.1 同余关系

中国有一个成语"物以类聚"，对整数来说，在给定某些条件后，也能对其进行分类，同类的整数可以用相关的"代表"进行表示。

在数论中，整数之间有一种关系被称为"同余关系"，所谓同余，就是指两个及两个以上的整数，在被确定的某个整数整除后，得到的余数是相同的，简而言之，"同余者，相同的余数也"。

**定义**：给定正整数 $m$，任意两个整数 $a$ 和 $b$ 称为关于 $m$ 同余是指，它们被 $m$ 整除后得到相同的余数，记作 $a \equiv b \pmod{m}$，若这个条件不满足，则称 $a$ 和 $b$ 关于 $m$ 不同余。特别地，这里称 $m$ 为模数，它在讨论两个整数是否同余时，是事先给定的。

关于 $m$ 还需要进行一些说明，虽然它是正整数，但当 $m = 1$ 时，任何两个整数都同余，根据欧几里得除法，对于任何两个整数 $a$ 和 $b$，都有 $a = a \cdot 1 + 0$，$b = b \cdot 1 + 0$，则 $a \equiv b \pmod 1$，这种情况可以称为平凡的同余关系，因此作为模数的 $m$ 要满足 $m \geq 2$。此外，两个整数具有同余关系，这是在确定具体模数的前提条件下来阐述的，这个模数实际上是整数之间建立关系的一个具体参数，在很多时候可以作为秘密参数，在一定程度上能起到保护系统的作用。

在现实生活中，确实存在同余关系，如时钟，它的时针是关于模数 12 的，而分针和秒针是关于模数 60 的；天关于小时的模数为 24；周关于天的模数为 7，这实际上用数学理论解释了成语"周而复始"的最本质的意思，等等。此外，应用同余关系也可以解决实际问题，试举一例：现在因为车辆很多，所以许多大城市要限行，一种可行的办法是，对车牌号中的最后一位数字进行模 5 运算，根据余数的不同来限制车辆的出行。因为在十进制的条件下，最后出现的数字总是介于 0 到 9 之间，在进行模 5 运算后，其余数为 1、2、3、

4、5，用来对应周一到周五，因此，若规定周一余数为 1 的车辆限行，周二余数为 2 的车辆限行，以此类推，则每个工作日出行车辆的数量可占车辆总量的 80%；若规定周一余数为 1 的车辆出行，周二余数为 2 的车辆出行，依次类推，则每个工作日出行车辆的数量仅是车辆总量的 20%，仅仅通过做模运算，就可以很好地解决车辆出行拥堵的问题。

在介绍同余关系的性质时，规定模数 $m \geqslant 2$。

**定理 1**：整数 $a$ 和 $b$ 关于模数 $m$ 是同余的，当且仅当 $m|(a-b)$ 成立。

若整数 $a$ 和 $b$ 关于模数 $m$ 是同余的，则 $a$ 和 $b$ 分别被 $m$ 除后，有相同的余数 $r$，根据欧几里得除法，可得

$$a = mq_1 + r, \quad b = mq_2 + r$$

故有

$$a - b = mq_1 + r - (mq_2 + r) = m(q_1 - q_2) \Rightarrow m|(a-b)$$

反之，则有

$$\left. \begin{array}{l} a = mq_1 + r_1 \\ b = mq_2 + r_2 \\ m|(a-b) \end{array} \right\} \Rightarrow \left. a - b = m(q_1 - q_2) + (r_1 - r_2) \right\} \Rightarrow r_1 - r_2 = 0 \Rightarrow r_1 = r_2 \Rightarrow a \equiv b (\bmod m)$$

引进同余关系，实际上就建立了整数之间的内在联系，由于同余关系是一种等价关系，因此，两个整数关于某个模数同余时，它们可以被认为是同一的或等价的。等价有基本的条件，只有当这些条件都满足时，才可以说双方是等价关系，这三个条件分别称作自反性（Self-property），对称性（Symmetric-property）和传递性（Transmitted-property）。不妨记需要建立等价关系的双方分别为 $A$ 和 $B$，而等价关系记为" $\sim$ "，那么满足自反性就是指 $A \sim A$ 和 $B \sim B$；对称性是指 $A \sim B$ 和 $B \sim A$；若另有 $C$ 与 $A$ 等价，则传递性是指，由 $A \sim B$ 和 $A \sim C$，可得到 $B \sim C$。

**定理 2**：关于同一个正整数 $m$ 做模运算的同余关系是一种等价关系。

证明：若要证明关于正整数 $m$ 做模运算后的同余关系是等价关系，则需要证明其满足等价关系的三个条件。

对整数 $a$ 来说，因为 $a = 0 \cdot m + a$，则有 $a \equiv a (\bmod m)$，故自反性成立；又若两个整数 $a$ 和 $b$，满足 $a \equiv b (\bmod m)$，即有 $m|(a-b)$，由此可得 $m|(b-a)$，则有 $b \equiv a (\bmod m)$，故对称性也成立；此外，假设有 $a \equiv b (\bmod m)$ 和 $c \equiv b (\bmod m)$，那么有 $b - a = q_1 m$，$q_1 \in \mathbb{Z}$ 和 $b - c = q_2 m$，$q_2 \in \mathbb{Z}$，两式相减，得到 $a - c = (q_2 - q_1)m = qm$，$q = q_2 - q_1 \in \mathbb{Z}$，则有 $a \equiv c (\bmod m)$，故传递性同样成立。

这三个条件成立，说明同余关系是一种等价关系，它为根据模数进行分类提供了理论基础。

关于同余关系的进一步性质叙述如下。

**定理 3**：设模数为 $m(m \geq 2)$，$a_1$、$a_2$、$b_1$、$b_2$ 为四个整数，若它们满足

$$a_1 \equiv b_1 (\bmod m), \quad a_2 \equiv b_2 (\bmod m)$$

则以下两式成立，即

$$a_1 + a_2 \equiv b_1 + b_2 (\bmod m), \quad a_1 a_2 \equiv b_1 b_2 (\bmod m)$$

这个结论从某种角度来看，可看作同余关系中的线性特征。

证明：因为 $a_1 \equiv b_1 (\bmod m)$，$a_2 \equiv b_2 (\bmod m)$，则有

$$\left. \begin{array}{l} a_1 \equiv b_1 + q_1 m \\ a_2 \equiv b_2 + q_2 m \end{array} \right\} \Rightarrow a_1 + a_2 = b_1 + b_2 + m(q_1 + q_2) \Rightarrow (a_1 + a_2) \equiv (b_1 + b_2)(\bmod m)$$

另外，因为

$$a_1 a_2 - b_1 b_2 = a_1 a_2 + a_1 b_2 - a_1 b_2 - b_1 b_2 = a_1(a_2 - b_2) + b_2(a_1 - b_1)$$
$$= a_1 q_2 m + b_2 q_1 m = (a_1 q_2 + b_2 q_1)m$$
$$\Rightarrow m \mid (a_1 a_2 - b_1 b_2) \Rightarrow a_1 a_2 \equiv b_1 b_2 (\bmod m)$$

根据该定理，可以简化计算相关的同余运算。

**例 1**：求 $2^{2012} (\bmod 7)$。

解：$2^{2012} = 2^{670 \times 3} \cdot 2^2 = (2^3)^{670} \cdot 2^2$，而 $2^3 \equiv 1 (\bmod 7)$，$2^2 \equiv 4 (\bmod 7)$，故 $(2^3)^{670} \equiv 1 (\bmod 7)$，$2^2 \equiv 4 (\bmod 7)$，最终得到 $2^{2012} (\bmod 7) \equiv 4 (\bmod 7)$。

**例 2**：已知 2012 年 10 月 18 日为周四，则在这一天之后的第 $2^{2012}$ 天为周几？

解：因为对 $2^{2012}$ 求模 7 的运算后得到 $4 \equiv 2^{2012} (\bmod 7)$，所以该天后的第 $2^{2012}$ 天为周一。

定理 3 可以进一步推广到有限个整数的情况，它有如下的表述。

给定一个模数 $m \in \mathbb{N}$，$m > 1$，设 $x \equiv y (\bmod m)$，$a_i \equiv b_i (\bmod m)$，$i = 1, 2, \cdots, k$，则有

$$\sum_{i=1}^{k} a_i x^i \equiv \sum_{i=1}^{k} b_i y^i (\bmod m)$$

由此可以得到如下有意义的结论。

结论：因为 $1 \equiv 10 (\bmod 3)$，$1 \equiv 10 (\bmod 9)$，所以任意一个数 $n = \sum_{i=0}^{k} a_i 10^i$，$a_i \in \{0, 1, 2, \cdots, 9\}$，在模数为 3 或 9 的前提下，它一定同余于如下形式的数

$$l = \sum_{i=0}^{k} a_i$$

由此，$3 \mid n$ 的充要条件为 $3 \mid l$；$9 \mid n$ 的充要条件为 $9 \mid l$。这不仅可以很直观地判别一个大整数是否能够被这些数整除，还可以作为判别素数的预处理的一部分。关于模数 7、11、13 等也可以展开讨论。

**定理 4**：给定大于 1 的模数 $m$，若 $ak \equiv bk (\bmod m)$，而 $(k, m) = 1$，则 $a \equiv b (\bmod m)$。

证明：因为 $ak \equiv bk(\mathrm{mod}\,m)$ ，所以 $m\,|(ak - bk)$ ，而 $(k,m) = 1$ ，故有 $m\,|(a - b)$ ，从而得到 $a \equiv b(\mathrm{mod}\,m)$ 。

定理 5：在给定模数为大于 1 的整数 $m$ 的条件下，有 $a \equiv b(\mathrm{mod}\,m)$ ，且存在 $k \in \mathbb{N}$ ，则有 $ak \equiv bk(\mathrm{mod}\,mk)$ 。

证明：因为 $a \equiv b(\mathrm{mod}\,m)$ ，则有

$$m\,|(a - b) \Rightarrow a - b = mq, q \in \mathbb{Z}$$

而由此得到

$$(a - b)k = mqk$$

故有

$$(ak - bk) = q(mk) \Rightarrow mk\,|(ak - bk)$$

结论成立。

与定理 5 对应的定理如下所述。

定理 6：在给定模数为大于 1 的整数 $m$ 的条件下，有 $a \equiv b(\mathrm{mod}\,m)$ ，若另外存在 $d \in \mathbb{Z} - \{0\}$ ，有 $d\,|(a,b,m)$ ，则有 $\dfrac{a}{d} \equiv \dfrac{b}{d}(\mathrm{mod}\,\dfrac{m}{d})$ 。

证明：因为 $d\,|(a,b,m)$ ，所以有 $\dfrac{a}{d} \in \mathbb{Z}$ ， $\dfrac{b}{d} \in \mathbb{Z}$ ， $\dfrac{m}{d} \in \mathbb{Z}$ ；而由 $a \equiv b(\mathrm{mod}\,m)$ ，可得 $m\,|(a - b)$ ，进而有 $(a - b) = mq$ ， $q \in \mathbb{Z}$ ，以及 $\dfrac{(a - b)}{d} = \dfrac{mq}{d} \Rightarrow \dfrac{a}{d} - \dfrac{b}{d} = q\dfrac{m}{d} \Rightarrow \dfrac{m}{d}\left|\left(\dfrac{a}{d} - \dfrac{b}{d}\right)\right.$ ，结论成立。

此外，当给定模数为大于 1 的整数 $m$ 且满足 $a \equiv b(\mathrm{mod}\,m)$ 时，对于 $m$ 的因数 $d$ ，同样满足 $a \equiv b(\mathrm{mod}\,d)$ ，这是因为由 $a \equiv b(\mathrm{mod}\,m)$ ，所以可得 $m\,|(a - b)$ ，进而有

$$(a - b) = mq, q \in \mathbb{Z}$$

又因为 $dq_1 = m$ ，所以上式可以改写为

$$(a - b) = dq_1 q, q \in \mathbb{Z}, q_1 \in \mathbb{Z}$$

得到 $d\,|(a - b)$ 。结论成立。

定理 7：设 $m$ 是一个大于 1 的正整数，当 $a \equiv b(\mathrm{mod}\,m)$ 成立时，有 $(a,m) = (b,m)$ 。

这个定理告诉我们，当两个整数关于某个模数同余时，它们分别与这个模数所构成的最大公因数相同。事实上，当两个整数关于某个整数同余时，它们一定构成一个欧几里得形式下的除式，由此可将模数看作除数，而将同余的两个数一个看作被除数，另一个看作余数，具体如下。因为 $a \equiv b(\mathrm{mod}\,m)$ ，所以有

$$a - b = qm, q \in \mathbb{Z}$$

进而有

$$a = mq + b$$

故有

$$(a,m) = (b,m)$$

结论自然成立。

## 5.2 剩余类

引进同余关系的一个重要应用是通过模数对整数集合进行分类，当模数确定后，根据不同的余数，整数集合可以分成不同的类别，它们不相交，但所有集合的并集构成整个整数集，而且以这些集合为元素定义相关的运算可构成新颖的代数结构，在许多领域中有广泛的应用。

给定一个大于 1 的正整数 $m$ ，将整数集合在以 $m$ 为模数的条件下进行分类，任意一个整数 $a$ 总可以写成

$$a = qm + r, \ 0 \leqslant r < m$$

由此得到

$$a \equiv r(\bmod m)$$

若以余数 $r$ 为代表，所有与 $r$ 同余的整数构成一个集合，则它可表示为

$$C_r = \{a \mid a \equiv r(\bmod m), a \in \mathbb{Z}\}$$

因为 $r = 0, 1, 2, \cdots, m-1$ ，则具体的类就有

$$C_0 = \{a \mid a \equiv 0(\bmod m), a \in \mathbb{Z}\}$$
$$C_1 = \{a \mid a \equiv 1(\bmod m), a \in \mathbb{Z}\}$$
$$\vdots$$
$$C_{m-1} = \{a \mid a \equiv (m-1)(\bmod m), a \in \mathbb{Z}\}$$

而且有

$$\bigcup_{i=0,\cdots,m-1} C_i = \mathbb{Z}, \ C_i \bigcap C_j = \phi, \ i \neq j$$

所以，整数集合就可以根据不同的 $m$ 分成不同的互不相交的子集，特别是当 $m = 1$ 时，任何整数都被 $m = 1$ 整除，余数只可能为 0 ，故整数对 $m = 1$ 的模数来说仅能分成一类，就是它本身。

这些论述，可以用以下定理来描述。

**定理 1**：给定正整数 $m$ ，则由 $m$ 可得到 $C_r = \{a \mid a \equiv r(\bmod m), a \in \mathbb{Z}\}$ ，由此有以下结论。

（1） $C_a = C_b$ 的充要条件为 $a \equiv b(\bmod m)$ 。

（2） $C_a \bigcap C_b = \phi$ 的充要条件为 $a \neq b (\bmod m)$ 。

证明： $a \in C_a$ ，而 $C_a = C_b$ ，故

$$a \in C_b = \{\forall c \in \mathbb{Z} \mid c \equiv b (\bmod m)\}$$

得到

$$a \equiv b (\bmod m)$$

反之，设 $\forall c \in C_a$ ，有 $c \equiv a (\bmod m)$ ，又由于 $a \equiv b (\bmod m)$ ，则有 $c \equiv b (\bmod m)$ ，故得到 $c \in C_b$ ，由此有

$$C_a \subset C_b$$

同样的道理，根据同余关系的传递性，可得到 $C_b \subset C_a$ ，这样就可以证得 $C_a = C_b$ ，（1）得证。

因为 $b \in C_b$ ，而 $a \neq b (\bmod m)$ ，故 $a \notin C_b$ ，对于 $\forall c \equiv a (\bmod m)$ ，由于 $a \neq b (\bmod m)$ ，则 $c \neq b (\bmod m)$ ，得到

$$c \notin C_b$$

由 $c \in C_a$ 得到 $C_a$ 中的任意元素都不是 $C_b$ 中的元素。同样的道理，可证明 $C_b$ 中的任意元素都不是 $C_a$ 中的元素，即 $C_a \bigcap C_b = \phi$ 。由 $C_a \bigcap C_b = \phi$ 得到对于 $\forall c \in C_a$ ，有 $c \equiv a (\bmod m)$, $c \notin C_b$ ，故有 $c \neq b (\bmod m)$ ，则有 $a \neq b (\bmod m)$ ，（2）得证。

由此，由模数 $m$ 得到的 $C_a$ 称为模 $a$ 的剩余类，而 $a$ 为这个剩余类的一个代表，任何与 $a$ 同余的整数都可以作为这个剩余类的代表；以 $0,1,2,\cdots,m-2,m-1$ 这 $m$ 个两两不同余的整数为代表的剩余类，构成模 $m$ 的完全剩余系，可记作 $C_0, C_1, C_2, \cdots, C_{m-2}, C_{m-1}$ 。

进一步，当 $m$ 个不同的整数两两不同余时，以它们为代表元，也可构成关于模 $m$ 的完全剩余系。

同一个剩余类中的元，其关于模数一定是同余的，而同余是一种等价关系，每一个元都可以作为该剩余类的代表元，由此有以下的一些特别的剩余系的概念。

最小非负完全剩余系： $0,1,2,\cdots,m-1$ 是关于模 $m$ 的最小非负完全剩余系。

最小正完全剩余系： $1,2,\cdots,m$ 是关于模 $m$ 的最小正完全剩余系。

最大非正完全剩余系： $-(m-1),-(m-2),\cdots,-1,0$ 是关于模 $m$ 的最大非正完全剩余系。

最大负完全剩余系： $-m,-(m-1),\cdots,-1$ 是关于模 $m$ 的最大负完全剩余系。

绝对值最小完全剩余系：它的实质就是剩余系中的代表元离原点的距离最近。当 $m$ 为偶数时，两两不同余的 $m$ 个数 $-\dfrac{m}{2},-\dfrac{(m-2)}{2},\cdots,-1,0,1,\cdots,\dfrac{m-2}{2}$ 或 $-\dfrac{(m-2)}{2},-\dfrac{(m-4)}{2},\cdots,-1,0,1,\cdots,\dfrac{m-2}{2},\dfrac{m}{2}$ 构成完全剩余系；当 $m$ 为奇数时，两两不同余的 $m$

个数 $-\dfrac{m-1}{2},-\dfrac{(m-3)}{2},\cdots,-1,0,1,\cdots,\dfrac{m-1}{2}$ 构成完全剩余系。

剩余系的相关性质，有定理如下。

**定理 2**：设 $m$ 是一个正整数，整数 $a$ 满足 $(a,m)=1$，另有整数 $b$，当 $x$ 遍历模 $m$ 的一个完全剩余系时，$ax+b$ 形式的元也遍历模 $m$ 的一个完全剩余系。

证明：给定模 $m$ 后，将它的一个完全剩余系记为 $r_1,r_2,\cdots,r_m$。当 $i\neq j$ 时，有 $r_i$ 与 $r_j$ 两两不同余。根据题设，对应的一组元 $ar_1+b,ar_2+b,\cdots,ar_m+b$，共计 $m$ 个，也能两两不同余，这是因为，当 $i\neq j$ 时，若 $(ar_i+b)\equiv(ar_j+b)(\bmod m)$，则有

$$m\big|((ar_i+b)-(ar_j+b))$$

进而有

$$m\big|(ar_i-ar_j)\Rightarrow m\big|a(r_i-r_j)$$

又已知 $(a,m)=1$，故得到

$$m\big|(r_i-r_j)$$

得出 $r_i\equiv r_j(\bmod m)$，这和 $r_i$ 与 $r_j$ 两两不同余相矛盾，由此得到，这些代表元确实是两两不同余的，它们可构成模 $m$ 的完全剩余系。

**定理 3**：设 $m$ 与 $n$ 是两个互素的正整数，$x$ 遍历模 $m$ 的完全剩余系，$y$ 遍历模 $n$ 的完全剩余系，则 $my+nx$ 遍历模 $mn$ 的完全剩余系。

证明：设模 $m$ 的完全剩余系为 $r_1,r_2,\cdots,r_m$，模 $n$ 的完全剩余系为 $s_1,s_2,\cdots,s_n$，则全部以 $mx+ny$ 形式的元素为可罗列为

$$ms_1+nr_1,ms_2+nr_1,\cdots,ms_n+nr_1,$$
$$ms_1+nr_2,ms_2+nr_2,\cdots,ms_n+nr_2,$$
$$\vdots$$
$$ms_1+nr_m,ms_2+nr_m,\cdots,ms_n+nr_m,$$

共计有 $mn$ 个元素，下面证明，以上罗列的元素对模数 $mn$ 来说，是两两不同余的。

若 $ms_i+nr_j$ 和 $ms_k+nr_l$（$i\neq k,j\neq l$）是两个不同的元素，它们满足

$$(ms_i+nr_j)\equiv(ms_k+nr_l)(\bmod mn)$$

则可以得到

$$(ms_i+nr_j)\equiv(ms_k+nr_l)(\bmod n)$$
$$(ms_i+nr_j)\equiv(ms_k+nr_l)(\bmod m)$$

而由 $(ms_i+nr_j)\equiv(ms_k+nr_l)(\bmod n)$ 可以得到 $ms_i\equiv ms_k(\bmod n)$，故有 $n\big|(ms_i-ms_k)$，又因为 $(m,n)=1$，则 $n\big|(s_i-s_k)$，有 $s_i\equiv s_k(\bmod n)$，这和 $s_i$ 与 $s_j$ 是模 $n$ 的不同剩余类的代表元相矛盾。

同样的道理，由 $(ms_i + nr_j) \equiv (ms_k + nr_l)(\bmod m)$ 可推导出 $r_i$ 与 $r_j$ 关于模 $m$ 同余，这些与它们两两不同余矛盾。

根据以上分析，可以得到这 $mn$ 个元素构成模 $mn$ 的完全剩余系。

对应于完全剩余类，还有一种被称为简化剩余类。所谓简化剩余类就是关于模数 $m$ 的剩余类的代表元与 $m$ 互素的这些剩余系。

对于同一个剩余系，有不同的代表元，若有一个代表元与模数 $m$ 同余，则所有的代表元与 $m$ 同余，这是因为若 $a \equiv b(\bmod m)$ ，则

$$a = mq + b$$

所以有

$$(a,m) = (b,m)$$

当 $(a,m) = 1$ 时，就有

$$(b,m) = 1$$

因此，选择什么样的元素作为代表元并不影响代表元与模数之间的互素性。

给定正整数 $m$ ，将属于集合 $[0, m-1]$ 的所有与 $m$ 互素的整数的个数作为一个函数，记为 $\varphi(m)$ ，该函数显然受 $m$ 的影响，它是关于 $m$ 的单调非减函数，通常称为 Euler 函数。不难发现，在给定模数 $m$ 后，模 $m$ 的简化剩余系的个数就是 $\varphi(m)$ 。

在模 $m$ 的简化剩余系中，也有最小非负简化剩余系、最小正简化剩余系、最大非正简化剩余系、最大负简化剩余系和绝对值最小的简化剩余系等概念，在描述时只需要把完全剩余系中的 $m$ 代表中的与模数互素的代表留下即可，但值得注意的是，在简化剩余系中最大非正简化剩余系与最大负简化剩余系是一样的，最小非负简化剩余系与最小正简化剩余系也是一样的。

**例 1**：求模数 $m = 8$ 的最大非正完全剩余系、最小非负简化剩余系、最小正简化剩余系。

**解**：模数 $m = 8$ 的最大非正完全剩余系应为 $-7, -6, -5, -4, -3, -2, -1, 0$ 。

对应的最小非负简化剩余系为 $1, 3, 5, 7$ ；对应的最小正简化剩余系为 $1, 3, 5, 7$ 。

**定理 4**：给定正整数 $m$ ，若 $r_1, r_2, \cdots, r_{\varphi(m)}$ 是 $\varphi(m)$ 个与 $m$ 互素的整数，且关于模 $m$ 两两不同余，则它们构成模 $m$ 的一个简化剩余系。

**证明**：因为 $r_1, r_2, \cdots, r_{\varphi(m)}$ 关于模 $m$ 两两不同余，所以它们一定分布在不同的剩余类中，且分别与 $m$ 互素，则根据简化剩余系的定义可知，$r_1, r_2, \cdots, r_{\varphi(m)}$ 构成模 $m$ 的简化剩余系。

**定理 5**：给定正整数 $m$ ，另有整数 $a$ 满足 $(a,m) = 1$ ，若符号 $x$ 在模 $m$ 的简化剩余系中遍历，则 $ax$ 在模 $m$ 的简化剩余系中也遍历。

**证明**：因为符号 $x$ 在模 $m$ 的简化剩余系中遍历，所以不妨设 $x_0$ 是在模 $m$ 的简化剩余系中的任一代表元，则有 $(x_0, m) = 1$ ，而又有 $(a,m) = 1$ ，故可得到 $(ax_0, m) = 1$ ，这是因为

$$(x_0, m) = 1 , \quad \exists s \in \mathbb{Z} , \quad \exists t \in \mathbb{Z} , \quad 有 \ sx_0 + tm = 1$$
$$(a, m) = 1 , \quad \exists i \in \mathbb{Z} , \quad \exists j \in \mathbb{Z} , \quad 有 \ ia + jm = 1$$

所以有

$$(sx_0 + tm)(ia + jm) = 1 \Rightarrow si(x_0 a) + (tia + jsx_0 + tjm)m = 1$$

故得到

$$(ax_0, m) = 1$$

此外，设 $x_1$ 是模 $m$ 的简化剩余系中的另一个代表元，且 $x_1$ 与 $x_0$ 关于模 $m$ 不同余，则需要证明 $ax_1$ 与 $ax_0$ 关于模 $m$ 也不同余。

事实上，若 $ax_0 \equiv ax_1 (\mathrm{mod}\, m)$，则有 $m | (ax_0 - ax_1)$，又因为 $(a, m) = 1$，所以有 $m | (x_0 - x_1)$，得到 $x_0 \equiv x_1 (\mathrm{mod}\, m)$，这与 $x_0$ 与 $x_1$ 属于模 $m$ 的不同简化剩余系相矛盾，所以 $ax$ 遍历模 $m$ 的简化剩余系。

在模 $m$ 的简化剩余系中，一定存在一个为1的代表元，也就是存在一个元 $x_i$，满足 $ax_i \equiv 1(\mathrm{mod}\, m)$，而且在模 $m$ 的条件下，该值是唯一的。如果还存在一个 $x_j$，满足 $ax_j \equiv 1(\mathrm{mod}\, m)$，那么就有 $x_i \equiv x_j(\mathrm{mod}\, m)$。这说明了一次同余式是有解的。

**定理 6**：若正整数 $m$ 与 $n$ 互素，$x$ 遍历模 $m$ 的简化剩余系，$y$ 遍历模 $n$ 的简化剩余系，则有 $ym + xn$ 遍历模 $mn$ 的完全剩余系。

证明：已知模 $m$ 的完全剩余系的个数为 $\varphi(m)$，模 $n$ 的完全剩余系的个数为 $\varphi(n)$，由 $x$ 遍历模 $m$ 的简化剩余系，又由 $(n, m) = 1$，得到 $nx$ 遍历模 $m$ 的简化剩余系；同理，$my$ 遍历模 $n$ 的简化剩余系。

首先，设 $x_1, x_2, \cdots, x_{\varphi(m)}$ 为模 $m$ 的一组简化剩余系，$y_1, y_2, \cdots, y_{\varphi(n)}$ 为模 $n$ 的一组简化剩余系，那么

$$nx_1 + my_1, nx_2 + my_1, \cdots, nx_{\varphi(m)} + my_1$$
$$nx_1 + my_2, nx_2 + my_2, \cdots, nx_{\varphi(m)} + my_2$$
$$\vdots$$
$$nx_1 + my_{\varphi(n)}, nx_2 + my_{\varphi(n)}, \cdots, nx_{\varphi(m)} + my_{\varphi(n)}$$

构成模 $mn$ 的简化剩余系。

事实上，假设任意两个元 $nx_i + my_j$ 与 $nx_k + my_l$（$1 \leqslant i, k \leqslant \varphi(m)$，$1 \leqslant j, l \leqslant \varphi(n)$）关于模 $mn$ 同余，即满足

$$(nx_i + my_j) \equiv (nx_k + my_l)(\mathrm{mod}\, mn)$$

则有

$$(nx_i + my_j) \equiv (nx_k + my_l)(\mathrm{mod}\, m) , \quad (nx_i + my_j) \equiv (nx_k + my_l)(\mathrm{mod}\, n)$$

故有

$$nx_i \equiv nx_k (\bmod m)，\quad my_j \equiv my_l (\bmod n)$$

由于 $(m,n)=1$，因此最终有

$$x_i \equiv x_k (\bmod m)，\quad y_j \equiv y_l (\bmod n)$$

这与 $x_i$ 与 $x_k$ 关于模 $m$ 不同余和 $y_j \neq y_l (\bmod n)$ 相矛盾，所以任意两个元 $nx_i + my_j$ 与 $nx_k + my_l$（其中 $1 \leq i, k \leq \varphi(m)$，$1 \leq j, l \leq \varphi(n)$）关于模 $mn$ 不同余。

其次，需要证明任意元 $nx_i + my_j$（$1 \leq i \leq \varphi(m)$，$1 \leq j \leq \varphi(n)$）与 $mn$ 互素，事实上，根据欧几里得除法求最大公因数的方法，有

$$\left.\begin{array}{l}(nx_i + my_j, m) = (m, nx_i) \\ (m, n) = 1 \\ (m, x_i) = 1\end{array}\right\} \Rightarrow (m, nx_i) = 1 \right\} \Rightarrow (nx_i + my_j, m) = 1$$

所以 $nx_i + my_j$（$1 \leq i \leq \varphi(m)$，$1 \leq j \leq \varphi(n)$）是关于模 $mn$ 的简化剩余系中的代表，这些元的全体构成模 $mn$ 的简化剩余系。

由以上证得，模 $mn$ 的简化剩余系的元共 $\varphi(m)\varphi(n)$ 个。

进而得到以下的结论。

任意两个互素的正整数 $m$ 和 $n$ 的欧拉函数值 $\varphi(mn)$ 满足 $\varphi(mn) = \varphi(m)\varphi(n)$。

根据算术基本定理，任意一个整数 $n$，总可以写成 $n = \prod\limits_{i=1}^{k} p_i^{\alpha_i}$ 的形式，其中 $p_i$ 为素数，$\alpha_i$ 为素数的次数，满足 $\alpha_i \geq 1$。而对于不同的素数，它们不仅互素，而且有

$$(p_i^{\alpha_i}, p_j^{\alpha_j}) = 1, \quad i \neq j$$

由此

$$\varphi(n) = \varphi(\prod_{i=1}^{k} p_i^{\alpha_i}) = \prod_{i=1}^{k} \varphi(p_i^{\alpha_i})$$

对于一般项的 $\varphi(p_i^{\alpha_i})$，其关于 $p_i^{\alpha_i}$ 的完全剩余系为 $0, 1, \cdots, p_i^{\alpha_i} - 1$，而在这些整数中，与 $p_i^{\alpha_i}$ 不互素的元为

$$0, p_i, 2p_i, \cdots, (p_i^{\alpha_i - 1} - 1)p_i$$

最终得到

$$\varphi(p_i^{\alpha_i}) = p_i^{\alpha_i} - p_i^{\alpha_i - 1}$$

由此得到

$$\varphi(n) = \varphi(\prod_{i=1}^{k} p_i^{\alpha_i}) = \prod_{i=1}^{k} \varphi(p_i^{\alpha_i}) = \prod_{i=1}^{k}(p_i^{\alpha_i} - p_i^{\alpha_i - 1}) = \prod_{i=1}^{k} p_i^{\alpha_i} \prod_{i=1}^{k}(1 - \frac{1}{p_i^{\alpha_i}})$$

特别地，设 $p, q$ 为两个不同的素数，而 $n = pq$，则有 $\varphi(pq) = \varphi(p)\varphi(q) = (p-1)(q-1)$。

关于 Euler 函数，还有一个重要的性质。

**定理 7**：设 $n$ 是正整数，$c$ 是 $n$ 的正因数，则有 $\sum_{c|n} \varphi(c) = n$。

$\sum_{c|n} \varphi(c) = n$ 是指 $n$ 的所有因数的 Euler 函数之和构成整数 $n$，下面给出具体的证明。

**证明**：把 $1, 2, \cdots, n$ 组成一个集合 $C$，将整数 $n$ 的不同的因数作为最大公因数，并以此为依据对集合 $C$ 进行分类。设 $n$ 的一个因数为 $c$，则对于 $C$ 中的任意元 $a$，满足 $(a, n) = c$ 就分为一类，即

$$C_c = \{a \mid (a, n) = c, a \in C\}$$

这样，随着 $c$ 遍历整数 $n$ 的因数，对应的 $C_c$ 将 $C$ 进行了完全分类，即满足

$$\bigcup_{i=1, k} C_{c_i} = C, \quad C_i \bigcap C_j = \phi, \quad i \neq j$$

而对 $C_c$ 来说，因其满足 $C_c = \{a \mid (\frac{a}{c}, \frac{n}{c}) = 1, \ a \in C\}$，进而可写成

$$C_c = \{a = ck \mid 1 \leq k \leq \frac{n}{c}, \ (k, \frac{n}{c}) = 1\}$$

故根据 Euler 函数的定义可得，$C_c$ 中的元素个数为 $\varphi(\frac{n}{c})$，又因为所有 $C_c$ 中的元素个数之和就是集合 $C$ 中的元素个数，所以有

$$\sum_{i=1, k} \varphi(\frac{n}{c}) = n$$

即有

$$\#(C) = \sum_{c|n} \#(C_c) \Rightarrow \sum_{c|n} \varphi(c) = n$$

**例 2**：设 $n = 27$，则它的因数为 $1, 3, 9, 27$，由此可把 $C = \{1, 2, 3, \cdots, 27\}$ 分成四类。

$$C_1 = \{1, 2, 4, 5, 7, 8, 10, 11, 13, 14, 16, 17, 19, 20, 22, 23, 25, 26\}$$

$$C_3 = \{3, 6, 12, 15, 21, 24\}$$

$$C_9 = \{9, 18\}$$

$$C_{27} = \{27\}$$

对应的有

$$\#C_1 = \varphi(27) = 18, \quad \#C_3 = \varphi(9) = 6$$
$$\#C_9 = \varphi(3) = 2, \quad \#C_{27} = \varphi(1) = 1$$

显然有

$$\#(C_3) + \#(C_9) + \#(C_1) + \#(C_{27}) = \varphi(27) + \varphi(3) + \varphi(9) + \varphi(27) = 27$$

由于 Euler 函数与简化剩余系相关联，因此，可以得到著名的 Euler 定理、Fermat 小定理和 Wilson 定理。

**定理 8（Euler 定理）**：设正整数 $n > 1$，另有整数 $a$，满足 $(a, n) = 1$，则有 $a^{\varphi(n)} \equiv 1 (\bmod n)$。

这个定理非常简约，它反映了关于模 $n$ 的简化剩余系的特性，在很多地方都需要用到。下面给出证明。

证明：设模 $n$ 的简化剩余系为 $r_1, r_2, \cdots, r_{\varphi(n)}$，又因为 $(a, n) = 1$，故 $ax$ 遍历模 $n$ 的简化剩余系，即得到的 $ar_1, ar_2, \cdots, ar_{\varphi(n)}$ 也构成模 $n$ 的简化剩余系，所以有

$$ar_j \equiv r_i (\bmod n), \quad i = 1, 2, \cdots, \varphi(n), \ j = 1, 2, \cdots, \varphi(n)$$

进而有

$$\prod_{j=1}^{\varphi(n)} ar_j \equiv \prod_{i=1}^{\varphi(n)} r_i (\bmod n)$$

即有

$$a^{\varphi(n)} \prod_{j=1}^{\varphi(n)} r_j \equiv \prod_{i=1}^{\varphi(n)} r_i (\bmod n)$$

因为乘法满足交换律且满足 $\prod\limits_{j=1}^{\varphi(n)} r_j = \prod\limits_{i=1}^{\varphi(n)} r_i$，所以有

$$\prod_{j=1}^{\varphi(n)} r_j (a^{\varphi(n)} - 1) \equiv 0 (\bmod n)$$

又由于

$$(r_i, n) = 1 \Rightarrow (\prod_{i=1}^{\varphi(n)} r_i, n) = 1$$

得到

$$(a^{\varphi(n)} - 1) \equiv 0 (\bmod n)$$

**定理 9（Fermat 定理）**：当 $p$ 是素数时，对任何整数 $a$ 都有 $a^p \equiv a (\bmod p)$。

证明：因为对于任何整数 $a$，它与素数 $p$ 之间的关系只有能被 $p$ 整除和不能被 $p$ 整除两种，所以以下分两种情况进行分析。

当 $p$ 整除 $a$ 时，则 $a \equiv 0 (\bmod p)$，由此 $a^p \equiv 0 (\bmod p)$，则有 $a^p \equiv a (\bmod p)$。

当 $p$ 不能整除 $a$ 时，则 $(p, a) = 1$，故有 $a^{\varphi(p)} \equiv 1 (\bmod p)$，而又由于 $\varphi(p) = p - 1$，因此得到 $a^{p-1} \equiv 1 (\bmod p) \Rightarrow a^p \equiv a (\bmod p)$，定理得证。

**定理 10（Wilson 定理）**：当 $p$ 是素数时，有 $(p-1)! \equiv -1 (\bmod p)$。

证明：当 $p = 2$ 时，因为 $1 \equiv -1 (\bmod 2)$，结论自然成立。

当 $p > 2$ 时，因为对于每一个整数 $b \in [1, p-1]$，有 $(p, b) = 1$，当 $x$ 遍历模 $p$ 的简化剩余系时，总有 $bx$ 遍历模 $p$ 的简化剩余系，且一定存在 $r \in [1, p-1]$，有 $br \equiv 1 (\bmod p)$，并且这

个 $r$ 是唯一的，所以，当 $b_1, b_2, \cdots, b_{p-1}$ 构成 $1, 2, \cdots, p-1$ 的一个排列时，对应的 $r_1, r_2, \cdots, r_{p-1}$ 也构成 $1, 2, \cdots, p-1$ 的一个排列，且满足

$$b_i r_i \equiv 1 (\bmod\, p)$$

进而有

$$\prod_{i=1}^{p-1} b_i r_i \equiv 1 (\bmod\, p)$$

由于乘法满足交换律，因此

$$[(p-1)!]^2 \equiv 1 (\bmod\, p)$$

得到

$$(p-1)! \equiv -1 (\bmod\, p) \ \text{或} \ (p-1)! \equiv 1 (\bmod\, p)$$

此外，不难看出 $b=1$ 和 $b=p-1$ 所对应的 $r$ 分别为 $1$ 和 $p-1$，而其余 $p-3$ 个数是偶数，构成 $b_i r_i \equiv 1 (\bmod\, p)$ 的配对，由此则得到

$$(p-1)! = 1 \cdot (2 \cdot 3 \cdot \cdots \cdot p-2)(p-1) \Rightarrow 1 \cdot [(2 \cdot 2 \cdot \cdots \cdot p-2)](p-1) \equiv -1 (\bmod\, p)$$

综上，Wilson 定理得到证明。

Euler 定理、Fermat 小定理和 Wilson 定理非常重要，它们在素性检验等方面都有应用。

**例 3**：设 $m=17$，$a=2$，则 $a^{\varphi(p)} = 2^{\varphi(17)} = 2^{16} \equiv 1 (\bmod\, 17)$，设 $p=7$，则 $(p-1)! = 1 \times 2 \times 3 \times 4 \times 5 \times 6 \equiv -1 (\bmod\, 7)$。

**例 4**：设 $m \geqslant 2$，$a$、$b$、$c$ 为正整数，且满足 $(b, m) = 1$，$b^a \equiv 1 (\bmod\, m)$，$b^c \equiv 1 (\bmod\, m)$，则有 $b^{(a,c)} \equiv 1 (\bmod\, m)$。

证明：设存在整数 $x$ 和 $y$，满足 $xa + yc = (a, c)$，由于 $a \in \mathbb{N}$，$c \in \mathbb{N}$，因此有 $xy < 0$，即 $x$ 和 $y$ 不能同时为正或同时为负，若其同时为正，则 $xa + yc \geqslant a + c > (a, c)$；若其同时为负，则 $xa + yc < 0 \neq (a, c)$，与题设矛盾。不妨设 $x > 0$，$y < 0$，则有

$$\left. \begin{array}{l} b^a \equiv 1 (\bmod\, m) \Rightarrow b^{ax} = b^{(a,c)-cy} = b^{(a,c)}(b^c)^{-y} \equiv 1 (\bmod\, m) \\ b^c \equiv 1 (\bmod\, m) \Rightarrow (b^c)^{-y} \equiv 1 (\bmod\, m) \end{array} \right\} \Rightarrow b^{(a,c)} \equiv 1 (\bmod\, m)$$

结论成立，若假设 $x < 0$，$y > 0$，也可采用相同的方法获得相应的结果。

## 5.3 求模运算

求模运算是一种重要的运算，在很多场合中要用到。求模运算可以理解为在给定模数 $m$ 的前提下，为整数集合中的所给元 $n$ 寻找所属的剩余类的问题，即求 $n(\bmod\, m)$。它可采用传统的欧几里得除法来获得结果，但当 $n$ 非常大时，具体的计算量就很大，需要使用相应的快速求算法。

给定模数 $m$ ，求 $n(\bmod m)$ 时，不妨先对 $n$ 进行处理，把 $n$ 用 $b$ 进制表示，则有

$$n = \sum_{k=0}^{K} a_k b^k, \ a_k \in \mathbb{Z}, \ 0 \leqslant a_k \leqslant b-1$$

故有

$$n(\bmod m) \equiv (\sum_{k=0}^{K} a_k b^k)(\bmod m) \equiv \sum_{k=0}^{K} a_k b^k (\bmod m)$$

所以，求模运算中最关键的步骤是求 $b^k(\bmod m)$ 的运算，具体可表示为

$$b^k(\bmod m) \equiv b^{k-1}(\bmod m) \cdot b(\bmod m) \equiv b(\bmod m) \cdot b(\bmod m) \cdots \cdot b(\bmod m)$$

显然，对 $b^k(\bmod m)$ 来说需要做 $k-1$ 次乘法运算，当 $k$ 很大时，相应的运算量就非常大。

为了减少运算量，有必要引进快速算法，一种可行的方法是将 $k$ 转换为 2 进制表示，得到

$$k = \sum_{i=0}^{l} c_i 2^i, \ c_i \in \{0,1\}$$

则有

$$b^k(\bmod m) \equiv b^{\sum_{i=0}^{l} c_i 2^i}(\bmod m) \equiv \prod_{i=0}^{l} b^{c_i 2^i}(\bmod m) \equiv \prod_{i=0}^{l} (b^{c_i 2^i}(\bmod m)) \equiv \prod_{i=0}^{l} ((b^{2^i})^{c_i}(\bmod m))$$

这样，一般项就简化为求 $(b^{2^i})^{c_i}(\bmod m)$ ，其中 $c_i \in \{0,1\}$ ，所以，最终的一般项为求 $b^{2^i}(\bmod m)$，$i=1,2,\cdots,l$ ，其乘法运算的次数最多为 $2[\log_2^k]$ ，这种计算方法称作模重复平方算法。

对于一般的求 $n(\bmod m)$ 的运算，它需要的乘法计算次数为 $\sum_{k=1}^{K}(k-1) = \dfrac{K(K-1)}{2}$ ，而采用模重复平方算法，对应的乘法次数至多为 $\sum_{k=1}^{K} 2[\log_2^k]$ ，因此不难发现快速算法具有很高的计算速度。

模重复平方算法可以采用编程实现，其关键的步骤为，先求出 $b(\bmod m)$ 且将 $k$ 由二进制表示，再对 $b(\bmod m)$ 进行逐位乘法运算，并且它是 2 的指数倍，即由 $b(\bmod m)$ 得到 $b^2(\bmod m)$ ，由 $b^2(\bmod m)$ 得到 $b^4(\bmod m)$ ，一般地，由 $b^{2^i}(\bmod m)$ 得到 $b^{2^{i+1}}(\bmod m) \equiv (b^{2^i})^2(\bmod m)$ ，这样逐步求解，可得到最终结果。

进一步，若把 $k$ 用三进制表示，也可以进行有效的求模运算，此时乘法的次数至多为 $2[\log_3^k]$ ，它也可有效减少乘法的运算次数，但相关的基本求模运算就会复杂一些，因此在具体求解时，既要根据具体的求模要求灵活选择，也要折中地考虑如何取得最快的运算速度。

**例**：求 $37^{256}(\bmod 137)$ 。

解：因为 $256 = 2^8$ ，所以有

$$37 \equiv 37(\bmod 137), \; 37^2 \equiv 136(\bmod 137), \; (37^2)^2 \equiv 1(\bmod 137), \; [(37^2)^2]^2 \equiv 1(\bmod 137)$$

故得到

$$\{[(37^2)^2]^2\}^2 \equiv 1(\bmod 137), \; [\{[(37^2)^2]^2\}^2]^2 \equiv 1(\bmod 137)$$

$$(37^{32})^2 \equiv 1(\bmod 137), \; (37^{64})^2 \equiv 1(\bmod 137)$$

$$[(37^{64})^2]^2 \equiv 1(\bmod 137)$$

最终得到了具体的结果。

## 5.4   一次同余式的求解及中国剩余定理

作为方程求解的推广，在模 $m$ 的条件下也可以对同余式求解。一般地，设 $m$ 为一个大于1的正整数， $f(x) = \sum_{i=0}^{n} a_i x^i$ 为多项式，其中 $a_i \in \mathbb{Z}$ ，那么 $f(x) \equiv 0(\bmod m)$ 称为模 $m$ 的多项式同余式。当 $a_n$ 不被 $m$ 整除时， $f(x) = \sum_{i=0}^{n} a_i x^i$ 的次数为 $n$ ，记作 $\deg f$ 。

若有整数 $a$ ，满足 $f(a) \equiv 0(\bmod m)$ ，则整数 $a$ 称为同余式 $f(x) \equiv 0(\bmod m)$ 的解。根据同余的特性，当 $a$ 为同余式的解时，与 $a$ 关于模 $m$ 同余的整数都是同余式的解，所以相关的解可记作

$$C_a = \{b \mid b \in \mathbb{Z}, b \equiv a(\bmod m)\}$$

特别地，当 $\deg f = 1$ 且 $a$ 不能被 $m$ 整除时， $f(x) = ax \equiv 0(\bmod m)$ 称为一次同余式，而相应的解即为一次同余式的解。

一次同余式在某些条件下是有解的，且解唯一。

**定理 1**：给定一个大于1的整数 $m$ ，以及不能被 $m$ 整除的整数 $a$ ，则一次同余式 $ax \equiv b(\bmod m), b \in \mathbb{Z}$ 有解的充要条件为 $(a, m) \mid b$ ，而且同余式仅有唯一解。

证明：若已知一次同余式 $ax \equiv b(\bmod m)$ 有解，则不妨设解为 $x \equiv x_0(\bmod m)$ ，故满足

$$ax_0 \equiv b(\bmod m)$$

由此得到存在 $q \in \mathbb{Z}$ ，有 $b = ax_0 - mq$ ，则

$$\left.\begin{array}{l} (a, m) \mid m \\ (a, m) \mid a \end{array}\right\} \Rightarrow (a, m) \mid (ax_0 - mq) \Rightarrow (a, m) \mid b$$

反之，若已知 $(a, m) \mid b$ ，则有 $\dfrac{b}{(a, m)} \in \mathbb{Z}$ ，故先考虑

$$\frac{a}{(a, m)} x \equiv 1(\bmod \frac{m}{(a, m)})$$

因为 $(\dfrac{a}{(a,m)},\dfrac{m}{(a,m)})=1$，所以一定唯一存在 $c\in\mathbb{Z}$，满足

$$\dfrac{a}{(a,m)}c\equiv 1(\text{mod }\dfrac{m}{(a,m)})$$

再考虑 $\dfrac{a}{(a,m)}x\equiv\dfrac{b}{(a,m)}(\text{mod }\dfrac{m}{(a,m)})$ 的解，可得

$$x_1\equiv c\dfrac{b}{(a,m)}(\text{mod }\dfrac{m}{(a,m)})$$

它就是同余式的解，这是因为

$$\dfrac{a}{(a,m)}c\dfrac{b}{(a,m)}\equiv(\dfrac{a}{(a,m)}\cdot c)\dfrac{b}{(a,m)}\equiv 1\cdot\dfrac{b}{(a,m)}(\text{mod }\dfrac{m}{(a,m)})$$

而且这个解是唯一的。根据上式，可进一步得到

$$a(c\dfrac{b}{(a,m)})\equiv b(\text{mod }m)$$

所以 $c\dfrac{b}{(a,m)}$ 为 $ax\equiv b(\text{mod }m)$ 的一个解。它的全部解可写成

$$x\equiv(c\dfrac{b}{(a,m)}+t\dfrac{m}{(a,m)})(\text{mod }m),\quad t=1,2,\cdots,(a,m)-1$$

设满足同余式的解有两个，一个是 $x$，另一个是 $x_1$，则根据

$$ax_1\equiv b(\text{mod }m),\quad ax\equiv b(\text{mod }m)$$

可得

$$a(x_1-x)\equiv 0(\text{mod }m)$$

进而有

$$\dfrac{a}{(a,m)}(x_1-x)\equiv 0(\text{mod }\dfrac{m}{(a,m)})$$

由于

$$(\dfrac{a}{(a,m)},\dfrac{m}{(a,m)})=1$$

因此有

$$(x_1-x)\equiv 0(\text{mod }\dfrac{m}{(a,m)})$$

由此可得同余式的解是唯一的。此外，当 $(a,m)=1$ 时，对应的解为

$$x\equiv cb(\text{mod }m)$$

定理得到完整证明。

从定理的证明中不难发现,在同余式的解的构造中,很关键的一步是根据 $ax \equiv 1(\bmod m)$ 存在唯一解的结论进行的。一般地,把 $ax \equiv 1(\bmod m)$ 的解记为 $a'$ ,它称作在模 $m$ 条件下的 $a$ 的逆元,记为 $a^{-1}$ ,则 $a$ 在模 $m$ 条件下是可逆的。

以一个大于1的整数 $m$ 为模数,而整数 $a$ 是模 $m$ 的简化剩余系中的代表元,则有 $(a,m)=1$ ,由此 $ax \equiv 1(\bmod m)$ 一定有解,因而 $a$ 存在模 $m$ 的逆元;反之,若 $a$ 存在模 $m$ 的逆元,即有 $aa' \equiv 1(\bmod m)$ ,可得一次同余式 $ax \equiv 1(\bmod m)$ 有解,则 $(a,m)|1$ ,得到 $(a,m)=1$ ,由此得到 $a$ 是模 $m$ 的简化剩余系中的代表元。

至此,我们讨论了一次同余式的解的存在性和唯一性,下面讨论一次同余式组的解的存在性和唯一性问题。

考虑这样的一次同余组

$$\begin{cases} x \equiv b_1(\bmod m_1) \\ x \equiv b_2(\bmod m_2) \\ \quad\quad \vdots \\ x \equiv b_k(\bmod m_k) \end{cases}$$

这里 $m_1,m_2,\cdots,m_k$ 是两两互素的正整数, $b_1,b_2,\cdots,b_k$ 为任意整数。这样的一次同余式组,不仅存在解,而且解是唯一的。相关的结论就是中国剩余定理。

中国剩余定理又称为孙子定理,它最早出现在《孙子算经》中,展现了中国古人高超的计算才能。

**定理2**:设 $m_1,m_2,\cdots,m_k$ 是两两互素的正整数,对于任意整数 $b_1,b_2,\cdots,b_k$ ,同余式

$$\begin{cases} x \equiv b_1(\bmod m_1) \\ x \equiv b_2(\bmod m_2) \\ \quad\quad \vdots \\ x \equiv b_k(\bmod m_k) \end{cases}$$

存在解,且解是唯一的,具体的解可表述为

$$x \equiv \sum_{i=1}^{k} M'_i M b(\bmod m)$$

其中, $m = \prod_{i=1}^{k} m_i$ , $M_i = \prod_{j \neq i} m_j$ , $M_i M'_i \equiv 1(\bmod m_i)$ , $i=1,2,\cdots,k$ , $j=1,2,\cdots,k$ 。

证明:因为 $(m_i,m_j)=1$ , $i \neq j$ , $i=1,2,\cdots,k$ , $j=1,2,\cdots,k$ ,所以有 $(\prod_{j \neq i} m_j, m_i)=1$ ,即

$$(M_i,m_i)=1$$

对于同余式 $M_i x \equiv 1(\bmod m_i)$ ,就存在唯一解 $M'_i$ , $i=1,2,\cdots,k$ ,针对第 $i$ 个指标,构造一个分量为

$$x_i \equiv M_i M'_i b_i(\bmod m_i)$$

最终构造一个整体的解

$$x \equiv \sum_{i=1}^{k} x_i \equiv \sum_{i=1}^{k} M_i M_i' b_i \pmod{m}$$

并把 $x \equiv \sum_{i=1}^{k} M_i M_i' b_i \pmod{m}$ 代入同余式组进行逐一验证，若构造的解满足同余式组，则它就

是一个解。这是因为 $m = \prod_{i=1}^{k} m_i$，$M_i = \prod_{j \neq i} m_j$，可得 $m = m_i M_i$，$m_i \big| M_j$，$j \neq i$，所以有

$$\left.\begin{array}{l} x \equiv \sum_{i=1}^{k} M_i M_i' b_i \pmod{m} \Rightarrow x \equiv M_i M_i' b_i \pmod{m_i} \\ M_i M_i' \equiv 1 \pmod{m_i} \end{array}\right\} \Rightarrow x \equiv b_i \pmod{m_i}, \quad i = 1, 2, \cdots, k$$

再证，得到的解是唯一的。

实际上，假设同余式组有两个解 $x$ 和 $y$，它们同时满足

$$x \equiv b_i \pmod{m_i}, \quad y \equiv b_i \pmod{m_i}, \quad i = 1, 2, \cdots, k$$

由此得到

$$x \equiv y \pmod{m_i}$$

再根据 $m_1, m_2, \cdots, m_k$ 两两互素，可得

$$x \equiv y \pmod{m}$$

这就证明了解的唯一性，当然这是在同余的意义下考虑的。

在《孙子算经》中，有这样的文字记述："今有物不知其数，三三数之剩二，五五数之剩三，七七数之剩二，问物几何"，即一个整数除以 3 余 2，除以 5 余 3，除以 7 余 2，求这个整数。

它可用如下的数学形式表达：

$$\begin{cases} x \equiv 2 \pmod{3} \\ x \equiv 3 \pmod{5} \\ x \equiv 2 \pmod{7} \end{cases}$$

显然 $m_1 = 3, m_2 = 5, m_3 = 7, b_1 = 2, b_2 = 3, b_3 = 2$，故得到

$$m = 105, \quad M_1 = 35, \quad M_2 = 21, \quad M_3 = 15$$

根据

$$M_1 M_1' \equiv 1 \pmod{3}$$

得到

$$M_1' \equiv 2 \pmod{3}$$

根据

$$M_2 M_2' \equiv 1 (\bmod 5)$$

得到

$$M_2' \equiv 1 (\bmod 5)$$

根据

$$M_3 M_3' \equiv 1 (\bmod 7)$$

得到

$$M_3' \equiv 1 (\bmod 7)$$

最终得到

$$x \equiv (M_1 M_1' b_1 + M_2 M_2' b_2 + M_3 M_3' b_3)(\bmod 105) \equiv 233(\bmod 105) \equiv 23(\bmod 105)$$

在《孙子算经》中，就是采用上述的方式进行计算并得到正确结果的，所以中国剩余定理被公认为最早解决一次同余式求解问题的具体定理。

**例 1**：求如下一次同余式的解。

$$\begin{cases} x \equiv 1 (\bmod 6) \\ x \equiv 3 (\bmod 7) \\ x \equiv 4 (\bmod 11) \end{cases}$$

解：根据

$$m = 6 \times 7 \times 11, \quad M_1 = 7 \times 11, \quad M_2 = 6 \times 11, \quad M_3 = 6 \times 7$$

则有

$$M_1' = 5(\bmod 6), \quad M_2' = 5(\bmod 7), \quad M_3' = 5(\bmod 11)$$

最终可得

$$x \equiv (5 \times 7 \times 11 \times 1 + 5 \times 6 \times 11 \times 3 + 5 \times 4 \times 6 \times 7)(\bmod 462) \equiv 2215(\bmod 462) \equiv 367(\bmod 462)$$

**例 2**：求一次同余式组

$$\begin{cases} x \equiv 2 (\bmod 3) \\ x \equiv 3 (\bmod 7) \\ x \equiv 5 (\bmod 11) \\ x \equiv 2 (\bmod 5) \end{cases}$$

的解。

解：根据题意，$m_1 = 3$，$m_2 = 7$，$m_3 = 11$，$m_4 = 5$，有 $m = 3 \times 7 \times 11 \times 5$，故得到

$$M_1 = 7 \times 11 \times 5, \quad M_2 = 3 \times 11 \times 5, \quad M_3 = 7 \times 3 \times 5, \quad M_4 = 7 \times 11 \times 3$$

进而由

$$M_i' M_i \equiv 1 (\bmod m_i), \quad i = 1, 2, 3, 4$$

可得到

$$M_1' \equiv 1 (\bmod 3), \quad M_2' \equiv 2 (\bmod 7), \quad M_3' \equiv 2 (\bmod 11), \quad M_4' \equiv 1 (\bmod 5)$$

最终得到

$$
\begin{aligned}
x &\equiv \sum_{i=1}^{4} M_i' M_i b_i (\bmod m) \\
&\equiv 2 \times 1 \times 7 \times 11 \times 5 + 3 \times 2 \times 3 \times 11 \times 5 + 5 \times 2 \times 3 \times 7 \times 5 + 2 \times 1 \times 3 \times 7 \times 11 \\
&\equiv 962 (\bmod 1155)
\end{aligned}
$$

中国剩余定理在安全信息处理中的群签名、密钥分配等领域中都有广泛的应用。

## 5.5　二次同余式

类似二次方程，在同余的条件下，也有二次同余式问题，一般的二次同余式可表述为

$$ax^2 + bx + c \equiv 0 (\bmod m)$$

其中 $m$ 为大于 1 的正整数，且 $a$ 不被 $m$ 整除。

根据算术基本定理，对于 $m$，它可以分解为 $p_1^{\alpha_1} p_2^{\alpha_2} \cdots p_k^{\alpha_k}$，故一般的二次同余式可等价表示为

$$
\begin{cases}
ax^2 + bx + c \equiv 0 (\bmod p_1^{\alpha_1}) \\
ax^2 + bx + c \equiv 0 (\bmod p_2^{\alpha_2}) \\
\quad\quad\quad\quad \vdots \\
ax^2 + bx + c \equiv 0 (\bmod p_i^{\alpha_i}) \\
\quad\quad\quad\quad \vdots \\
ax^2 + bx + c \equiv 0 (\bmod p_k^{\alpha_k})
\end{cases}
$$

在这里，同样要求 $a$ 不被 $p_i^{\alpha_i}$ 整除。

因此，讨论一般形式的二次同余式，可以从研究 $ax^2 + bx + c \equiv 0 (\bmod p_i^{\alpha_i})$（$a$ 不被 $p_i^{\alpha_i}$ 整除）开始。

对 $ax^2 + bx + c \equiv 0 (\bmod p_i^{\alpha_i})$ 进行适当变换处理，可以得到如下的形式

$$(2ax + b)^2 \equiv (b^2 - 4ac)(\bmod p_i^{\alpha_i})$$

由此可把它改写为

$$y^2 \equiv k (\bmod p_i^{\alpha_i})$$

在二次同余式中，如何求解模 $p$ 条件下的解是一个重要的问题，传统的求解往往是通过逐一验证的方式进行的，这里先举几个例子。

**例 1**：求满足同余式 $y^2 \equiv (x^3 - x + 1)(\bmod 5)$ 的解。

**解**：在模 5 的条件下，$x$ 取代表元 0、1、2、3、4，进行逐一验证，得到

$$x \equiv 0 (\bmod 5), \quad y^2 \equiv 1 (\bmod 5), \quad y \equiv \pm 1 (\bmod 5)$$

$$x \equiv 1 (\bmod 5), \quad y^2 \equiv 1 (\bmod 5), \quad y \equiv \pm 1 (\bmod 5)$$

$$x \equiv 2 (\bmod 5), \quad y^2 \equiv 2 (\bmod 5), \quad \text{无解}$$

$$x \equiv 3 (\bmod 5), \quad y^2 \equiv 0 (\bmod 5), \quad y \equiv 0 (\bmod 5)$$

$$x \equiv 4 (\bmod 5), \quad y^2 \equiv 1 (\bmod 5), \quad y \equiv \pm 1 (\bmod 5)$$

**例 2**：求满足同余式 $y^2 \equiv (x^3 - 2x + 1)(\bmod 7)$ 的解。

**解**：在模 7 的前提下，$x$ 取代表元 0、1、2、3、4、5、6，得到

$$x \equiv 0 (\bmod 7), \quad y^2 \equiv (x^3 - 2x + 1)(\bmod 7) \equiv 1 (\bmod 7), \quad y \equiv \pm 1 (\bmod 7)$$

$$x \equiv 1 (\bmod 7), \quad y^2 \equiv 0 (\bmod 7), \quad y \equiv 0 (\bmod 7)$$

$$x \equiv 2 (\bmod 7), \quad y^2 \equiv 5 (\bmod 7), \quad \text{无解}$$

$$x \equiv 3 (\bmod 7), \quad y^2 \equiv 1 (\bmod 7), \quad y \equiv \pm 1 (\bmod 7)$$

$$x \equiv 4 (\bmod 7), \quad y^2 \equiv 6 (\bmod 7), \quad \text{无解}$$

$$x \equiv 5 (\bmod 7), \quad y^2 \equiv 4 (\bmod 7), \quad y \equiv \pm 2 (\bmod 7)$$

$$x \equiv 6 (\bmod 7), \quad y^2 \equiv 2 (\bmod 7), \quad y \equiv \pm 3 (\bmod 7)$$

**例 3**：求满足同余式 $y^2 \equiv (x^3 + 2x + 1)(\bmod 7)$ 的解。

**解**：在模 7 的前提下，$x$ 取代表元 0、1、2、3、4、5、6，得到

$$x \equiv 0 (\bmod 7), \quad y^2 \equiv (x^3 + 2x + 1)(\bmod 7) \equiv 1 (\bmod 7), \quad y \equiv \pm 1 (\bmod 7)$$

$$x \equiv 1 (\bmod 7), \quad y^2 \equiv 4 (\bmod 7), \quad y \equiv \pm 2 (\bmod 7)$$

$$x \equiv 2 (\bmod 7), \quad y^2 \equiv 6 (\bmod 7), \quad \text{无解}$$

$$x \equiv 3 (\bmod 7), \quad y^2 \equiv 6 (\bmod 7), \quad \text{无解}$$

$$x \equiv 4 (\bmod 7), \quad y^2 \equiv 3 (\bmod 7), \quad \text{无解}$$

$$x \equiv 5 (\bmod 7), \quad y^2 \equiv 3 (\bmod 7), \quad \text{无解}$$

$$x \equiv 6 (\bmod 7), \quad y^2 \equiv 5 (\bmod 7), \quad \text{无解}$$

从上面的例子不难看出，虽然这样逐一选择自变量的取值能够解决二次同余式的求解问题，但整个过程非常复杂，尤其当素数 $p$ 非常大时，其计算复杂度就会更高。为了方便研究二次剩余式是否有解、如何求解、具体有多少个解等问题，特引进二次剩余的概念，其相关定义如下。

设 $m$ 是一个大于 1 的自然数，若同余式 $ay^2 \equiv k (\bmod m)$，$(a, m) = 1$ 有解，则 $k$ 称作模 $m$ 的二次剩余，也称作平方剩余；若上式无解，则 $k$ 称作二次非剩余或平方非剩余。

由此，二次同余式是否有解的问题就转化为判别对应的 $k$ 是否是关于模数的二次剩余

的问题，这为解决二次同余式解的存在性问题提供了新的思路和方法。

二次同余式的解与给定的模数 $m$ 有直接的关系，下面针对模数为素数、素数幂和合数等情况分别进行讨论。

## 5.6　素数模条件下的同余式求解及奇素数模下的二次剩余

在讨论二次剩余的判别之前，先简要介绍素数模条件下的同余式解的问题。

给定 $p$ 为素数，考虑如下的多项式在模数为 $p$ 条件下的同余式的解的存在性和个数问题，即

$$f(x) = (\sum_{i=0}^{n} a_i x^i) \equiv 0 (\bmod\ p)$$

其中，首项系数 $a_n$ 不能被 $p$ 整除。

在两个整系数多项式之间，也有欧几里得除法，它可以看作整数之间的欧几里得除法的推广。

**定理 1**：设 $f(x) = \sum_{i=0}^{n} a_i x^i$ 为 $n$ 的整系数多项式，$g(x) = \sum_{j=0}^{k} b_j x^j$ 为首项系数 $b_k = 1$ 的整系数多项式，则一定存在整系数多项式 $q(x)$ 和 $r(x)$，满足

$$f(x) = g(x)q(x) + r(x)，且 \deg r(x) < \deg g(x)$$

证明：设 $\deg f(x) = n,\ \deg g(x) = k$。

当 $n < k$ 时，取 $q(x) = 0,\ r(x) = f(x)$，则有

$$f(x) = g(x)q(x) + r(x) = g(x) \cdot 0 + f(x),\ \deg r(x) = \deg f(x) < \deg g(x)$$

结论成立。

当 $n \geq k$ 时，因为 $n, k \in \mathbb{N}$，则 $n - k \geq 0$，所以 $q(x) = a_n x^{n-k}$，从而有

$$f(x) - a_n x^{n-k} g(x) = (\sum_{i=0}^{n-1} a_i x^i) + a_n x^n - a_n x^{n-k}(x^k + b_{k-1}x^{k-1} + \cdots + b_1 x + b_0)$$

$$= (\sum_{i=0}^{n-1} a_i x^i) - a_n x^{n-k}(\sum_{j=0}^{k-1} b_j x^j) = (a_{n-1} - a_n b_{n-1})x^{n-1} + (\sum_{i=0}^{n-2} a_i x^i) - a_n(\sum_{i=0}^{k-2} b_i x^{n-k+i})$$

$$= r(x)$$

可得到 $\deg r(x) \leq n-1 < \deg g(x)$。

根据以上的分析，不难发现，对于整系数多项式，它同样满足欧几里得除法。

此外，根据 Fermat 小定理可知，当 $p$ 为素数时，对于任何整数，都有 $a^p \equiv a(\bmod\ p)$，也就是 $x^p - x \equiv 0(\bmod\ p)$ 恒有整数解 $a \in \mathbb{Z}$。由此，对于任何 $\deg f(x) \geq p$ 的多项式 $f(x)$，令 $g(x) = x^p - x$，则有

$$f(x) = (x^p - x)q(x) + r(x) = g(x)q(x) + r(x), \ \deg r(x) < p$$

由于

$$\left. \begin{array}{l} f(x) \equiv 0 (\bmod p) \Leftrightarrow [(x^p - x)q(x) + r(x)] \equiv 0 (\bmod p) \\ \quad [x^p - x] \equiv 0 (\bmod p) \end{array} \right\} \Leftrightarrow r(x) \equiv 0 (\bmod p)$$

则求 $f(x) \equiv 0 (\bmod p)$ 的解等价于求 $r(x) \equiv 0 (\bmod p)$ 的解，而 $r(x) \equiv 0 (\bmod p)$ 的解数不超过其次数 $\deg r(x)$，这是以下面的定理为保障的。

**定理 2**：设 $x \equiv a_1 (\bmod p), \cdots, x \equiv a_k (\bmod p)$ 是 $f(x) = \sum_{i=0}^{n} a_i x^i \equiv 0 (\bmod p)$（$a_n$ 不被 $p$ 整除）的 $k$ 个不同的解，则多项式 $f(x)$ 可表示为

$$f(x) \equiv \prod_{i=1}^{k} (x - a_i) f_k(x) (\bmod p)$$

其中，$f_k(x)$ 是首项系数为 $a_n$、$\deg f_k(x) = n - k$ 的多项式。

证明：首先作多项式 $g(x) = x - a_1$，则由欧几里得除法得到

$$f(x) = (x - a_1) f_1(x) + r_1(x), \ \deg r_1(x) < \deg(x - a_1) = 1$$

得到 $\deg f_1(x)$ 为 $n - 1$，首项系数为 $a_n$，$r(x)$ 为整数 $r_1$。

又由于

$$f(a_1) \equiv 0 (\bmod p)$$

则有

$$f(a_1) = r_1 \equiv 0 (\bmod p)$$

得到 $f(x)$ 为

$$f(x) \equiv (x - a_1) f_1(x) (\bmod p)$$

由于 $f(a_i) \equiv (a_i - a_1) f_1(a_i) (\bmod p)$，$i = 2, 3, \cdots, k$，以及 $a_i (i \neq 1)$ 与 $a_1$ 不同余，故有

$$f_1(a_i) \equiv 0 (\bmod p), \ i = 2, 3, \cdots, k$$

对 $f_1(x)$ 做相应的欧几里得除法运算，取 $g_1(x) = x - a_2$，可得到

$$f_1(x) \equiv ((x - a_2) f_2(x) + r_2(x)) (\bmod p), \ 0 \leqslant \deg r_2(x) < \deg(x - a_2) = 1$$

$f_2(x)$ 的首项系数为 $a_n$，次数为 $n - 2$，易得

$$f_1(x) \equiv (x - a_2) f_2(x) (\bmod p)$$

如此一直进行下去，可得一般项为

$$f_i(x) \equiv (x - a_{i+1}) f_{i+1}(x) (\bmod p)$$

最后一项为

$$f_{k-1}(x) \equiv (x - a_k) f_k(x) (\bmod p)$$

最终可得到

$$f(x) \equiv (x-a_1)f_1(x)(\bmod p) \equiv (x-a_1)(x-a_2)f_2(x)(\bmod p)$$

$$\equiv \cdots \equiv \prod_{i=1}^{k}(x-a_i)f_k(x)(\bmod p)$$

结论成立。

根据这个定理，可以证明同余式 $f(x) \equiv \sum_{i=0}^{n}a_ix^i(\bmod p)$ 的解的个数不超过 $\deg f(x)=n$，事实上，若解的个数超过 $\deg f(x)$，则它至少有 $n+1$ 个不同的解 $a_1, a_2, \cdots, a_n, a_{n+1}$。根据前面的 $n$ 个解，可以得到 $f(x)$ 的表达式为

$$f(x) \equiv \prod_{i=1}^{n}(x-a_i)f_n(x)(\bmod p), \ \deg f_{n+1}(x) \geq 0$$

因为 $\deg f(x)=n$，可得到 $\deg f_n(x)=0$，$f_n(x)$ 的首项系数为 $a_n$。设第 $n+1$ 个解为 $a_{n+1}$，则 $a_{n+1}$ 与前 $n$ 个解关于模 $p$ 都不同余，又由于

$$f(a_{n+1}) \equiv \prod_{i=1}^{n}(a_{n+1}-a_i)f_n(a_{n+1})(\bmod p) \equiv 0(\bmod p)$$

所以有

$$f_n(a_{n+1}) \equiv 0(\bmod p)$$

又因为 $f_n(x)$ 的首系数为 $a_n$，与 $p$ 互素，而它的次数为 $0$，说明 $f_n(x)$ 就是首系数 $a_n$，即为

$$f_n(x) = a_n$$

所以有

$$a_n \equiv 0(\bmod p) \Rightarrow p \mid a_n$$

这是不可能的，因此原论述是正确的。

接下来，给出同余式解的个数的判别定理。

**定理 3**：给定素数 $p$ 及正整数 $m$，且满足 $p \geq m$，那么同余式

$$f(x) = (x^m + a_{m-1}x^{m-1} + \cdots + a_1x + a_0) \equiv 0(\bmod p)$$

有 $m$ 个解的充要条件为，（$x^p - x$）被 $f(x)$ 除后，得到的余式的所有系数（整数）都是 $p$ 的倍数。

特别地，当 $m = p$ 时，$f(x) = (x^p + a_{p-1}x^{p-1} + \cdots + a_1x + a_0) \equiv 0(\bmod p)$ 有 $p$ 个不同的解的充要条件为 $p \mid a_i$，$i = 0, 2, \cdots, p-1$，$p \mid (a_1 + 1)$。

证明：根据欧几里得除法，得到

$$x^p - x = q(x)(x^m + a_{m-1}x^{m-1} + \cdots + a_1x + a_0) + r(x), \ \deg r(x) < m$$

若 $f(x) = (x^m + a_{m-1}x^{m-1} + \cdots + a_1x + a_0) \equiv 0(\bmod p)$ 有 $m$ 个不同的解，则这些解也都是 $(x^p - x) \equiv 0(\bmod p)$ 的解，故也是 $r(x) \equiv 0(\bmod p)$ 的解；又由于 $\deg r(x) < n$，$r(x)$ 是次数小于 $p$ 的整系数多项式，所以 $r(x)$ 的系数都被 $p$ 整除。

反过来，若 $r(x)$ 的系数都被 $p$ 整除，则对于任何整数 $a$，都有 $r(a) \equiv 0(\bmod p)$，同样由 Fermat 小定理得到，任何整数 $a$ 均满足

$$(a^p - a) \equiv 0(\bmod p)$$

由此，对于任何整数 $a$，也满足

$$q(a)f(a) \equiv 0 \bmod(p)$$

已知 $\deg(q(x)f(x)) = p$，故 $q(x)f(x) \equiv 0(\bmod p)$ 的解的个数为 $p$。

假设 $f(x) \equiv 0(\bmod p)$ 的解的个数为 $k$，满足 $k < m$，因为 $\deg q(x) = p - m$，则它的解的个数小于或等于 $p - m$，又因为 $p - m + k < p$，其与 $f(x)q(x) \equiv 0(\bmod p)$ 的解的个数为 $p$ 矛盾，所以，$f(x) \equiv 0(\bmod p)$ 的解的个数为 $m$。

定理得到证明。

特别地，当 $m = p$ 时，有

$$f(x) = (x^p + a_{p-1}x^{p-1} + \cdots + a_1x + a_0) \equiv 0(\bmod p)$$

故得到

$$x^p - x \equiv (x^p - x) + a_{p-1}x^{p-1} + \cdots + (a_1 + 1)x + a_0 \equiv 0(\bmod p)$$
$$\Rightarrow r(x) = a_{p-1}x^{p-1} + \cdots + (a_1 + 1)x + a_0$$

根据定理 3，$f(x)$ 有 $p$ 个不同的解的充要条件为 $p|a_i$，$i = 0$ 或 $i = 2,3,\cdots,p-1$，且 $p|(a_1 + 1)$。

至此，考虑以素数 $p$ 为模数的多项式同余式的解，可以得到如下结论。

（1）无论次数多大的多项式同余式的求解问题，都可归结到次数小于 $p$ 的多项式同余式的求解。

（2）多项式同余式的解的个数不能超过它的次数，也就是解的个数不超过 $p-1$。若一个次数为 $n(n \le p)$ 的多项式的解的个数为 $n$，则可以通过将它去除 $x^p - x$ 后得到的余式的系数是否被 $p$ 整除来验证，这就给出了验证解的个数的具体的途径。

为更直观地理解如何求解多项式同余式的解，举一个典型的例子如下。

**例**：求同余式 $f(x) = (x^{15} + 16x^{14} + 10x^{13} + 7x + 6) \equiv 0(\bmod 5)$ 的解。

**解**：已知 $p = 5$ 为奇素数。

第一步，简化 $f(x)$ 的系数，即

$$f(x) = (x^{15} + 16x^{14} + 10x^{13} + 7x + 6) \equiv (x^{15} + x^{14} + 2x + 1)(\bmod 5) \equiv 0(\bmod 5)$$

第二步，获得等价于次数小于 $p$ 的多项式的同余式，由

$$(x^{15} + x^{14} + 2x + 1) = (x^5 - x)q(x) + r(x)$$
$$= (x^5 - x)(x^{10} + x^9 + x^6 + x^5 + x^2 + x) + x^3 + x^2 + 2x + 1$$

得到

$$r(x) = x^3 + x^2 + 2x + 1$$

故有

$$f(x) \equiv 0 (\text{mod} 5) \Leftrightarrow (x^3 + x^2 + 2x + 1) \equiv 0 (\text{mod} 5)$$

第三步，验证有多少个解。显然 $r(x)$ 的系数不能被 5 整除，因此不可能有 3 个解。进一步直接验证得到，具体的解为

$$x \equiv 1 (\text{mod} 5)$$

接下来讨论在模数为奇素数条件下的二次剩余。$p$ 为奇素数，也就是说 $p$ 为不是 2 的素数。在 $a \in \mathbb{Z}$，$(a, p) = 1$ 的条件下，考虑 $x^2 \equiv a (\text{mod} p)$ 是否有解，就等同于判别对应的 $a$ 是否为模 $p$ 的二次剩余，有如下的结论。

**定理 4（Euler 判别定理）**：$p$ 是奇素数，$a \in \mathbb{Z}$，$(a, p) = 1$，对于 $x^2 \equiv a (\text{mod} p)$ 有，

（1）$a$ 是模 $p$ 的二次剩余的充要条件为

$$a^{\frac{p-1}{2}} \equiv 1 (\text{mod} p)$$

且二次同余式有两个解。

（2）$a$ 是模 $p$ 的二次非剩余的充要条件为

$$a^{\frac{p-1}{2}} \equiv -1 (\text{mod} p)$$

证明：由于

$$x^p - x = x(x^{p-1} - 1) = x((x^2)^{\frac{p-1}{2}} - a^{\frac{p-1}{2}} + a^{\frac{p-1}{2}} + 1)$$
$$= x([x^2]^{\frac{p-1}{2}} - a^{\frac{p-1}{2}}) + (a^{\frac{p-1}{2}} - 1)x = x(x^2 - a)q(x) + x(a^{\frac{p-1}{2}} - 1)$$

为整系数多项式，当 $a$ 是模 $p$ 的二次剩余，即 $x^2 \equiv a (\text{mod} p)$ 有两个解时，由定理 3 得到，$r(x) = (a^{\frac{p-1}{2}} - 1)x$ 的系数被 $p$ 整除，得到

$$p \Big| (a^{\frac{p-1}{2}} - 1)$$

即有

$$a^{\frac{p-1}{2}} \equiv 1 (\text{mod} p)$$

反过来，由条件可得 $p \Big| (a^{\frac{p-1}{2}} - 1)$，即有余式 $r(x) = (a^{\frac{p-1}{2}} - 1)x$ 的系数被 $p$ 整除，由定理

3 可知，二次同余式 $x^2 \equiv a(\bmod p)$ 有两个解。

这就证明了（1）。

因为 $(a,p)=1$，由 Euler 定理得到 $a^{\varphi(P)}=a^{p-1} \equiv 1(\bmod p)$，故得到

$$a^{p-1}-1=(a^{\frac{p-1}{2}}+1)(a^{\frac{p-1}{2}}-1) \equiv 0(\bmod p)$$

由此得到 $p\left|(a^{\frac{p-1}{2}}-1)\right.$ 或 $p\left|(a^{\frac{p-1}{2}}+1)\right.$。已知当 $a$ 是模 $p$ 的二次剩余时有 $p\left|(a^{\frac{p-1}{2}}-1)\right.$，则当 $a$ 是模 $p$ 的二次非剩余时，就有 $p\left|(a^{\frac{p-1}{2}}+1)\right.$，即得到

$$(a^{\frac{p-1}{2}}+1) \equiv 0(\bmod p)$$

Euler 判别定理给出了关于给定模数 $p$ 的二次剩余。进一步，给定奇素数 $p$，若有整数 $a_1$ 与 $a_2$ 分别满足 $(a_1,p)=1$，$(a_2,p)=1$，关于 $a=a_1 a_2$ 是否也构成模 $p$ 的二次剩余的问题，有如下的结论。

（1）若 $a_1$ 和 $a_2$ 分别是模 $p$ 的二次剩余，则 $a=a_1 a_2$ 也是模 $p$ 的二次剩余。

（2）若 $a_1$ 和 $a_2$ 分别是模 $p$ 的二次非剩余，则 $a=a_1 a_2$ 也是模 $p$ 的二次剩余。

（3）若在 $a_1$ 和 $a_2$ 中有一个是模 $p$ 的二次剩余，另一个是模 $p$ 的二次非剩余，则 $a=a_1 a_2$ 是模 $p$ 的二次非剩余。

这些结论通过 Euler 判别定理可以直接验证。

**定理 5：** 当模数 $p$ 为奇素数时，模 $p$ 的简化剩余系中二次剩余和二次非剩余的个数都为 $\frac{p-1}{2}$，而且这 $\frac{p-1}{2}$ 个二次剩余的值 $a_1,a_2,\cdots,a_{\frac{p-1}{2}}$ 在模 $p$ 的前提下构成 $1^2,2^2,\cdots,(\frac{p-1}{2})^2$ 中的一个排列，也就是说，二次剩余中的某一个元仅与 $1^2,2^2,\cdots,(\frac{p-1}{2})^2$ 中的一个元关于模 $p$ 同余。

证明：根据 Euler 判别定理，二次剩余的个数等于 $x^{\frac{p-1}{2}} \equiv 1(\bmod p)$ 的解的个数，而由于 $(x^{\frac{p-1}{2}}-1)\left|(x^p-1)\right.$，由定理 3 可得，$x^{\frac{p-1}{2}}-1 \equiv 0(\bmod p)$ 的解的个数等于 $\deg(x^{\frac{p-1}{2}}-1)$，而 $\deg(x^{\frac{p-1}{2}}-1)=\frac{p-1}{2}$，故得到模 $p$ 的二次剩余的个数为 $\frac{p-1}{2}$。而当 $p$ 为素数时，它对应的简化剩余系的个数为 $p-1$，得到二次非剩余的个数为 $(p-1)-\frac{p-1}{2}=\frac{p-1}{2}$。

此外，对 $1^2,2^2,\cdots,(\frac{p-1}{2})^2$ 来说，它们中的每一个都是关于模 $p$ 的平方剩余，实际上，任取 $i \in \{1,2,\cdots,\frac{p-1}{2}\}$，由 $(i,p)=1$，得到 $i^{\varphi(p)} \equiv 1(\bmod p)$，根据 Euler 判别定理，可得到

$$(i, p) = 1 \ (i^2)^{\frac{p-1}{2}} = i^{p-1} \equiv 1 (\mathrm{mod} \ p)$$

假设这 $1^2, 2^2, \cdots, (\frac{p-1}{2})^2$ 中有两个是关于模 $p$ 二次剩余的，不妨设为 $i$ 和 $j(i \neq j)$，且满足 $1 \leqslant i \leqslant \frac{p-1}{2}$，$1 \leqslant j \leqslant \frac{p-1}{2}$，由此得到

$$i^2 \equiv j^2 (\mathrm{mod} \ p)$$

进而有

$$(i + j)(i - j) \equiv 0 (\mathrm{mod} \ p)$$

由此就有

$$p \mid (i + j) \ 或 \ p \mid (i - j)$$

由于 $1 \leqslant i \leqslant \frac{p-1}{2}$，$1 \leqslant j \leqslant \frac{p-1}{2}$，且不能同时取到 $\frac{p-1}{2}$ 和 $1$，则有 $2 < i + j < p$ 及 $|i - j| \leqslant p - 1$，这就构成矛盾，故 $i^2 \equiv j^2 (\mathrm{mod} \ p)$ 当且仅当 $i = j$ 时成立。

关于二次剩余的判别，还可以通过判别 Legendre 符号的方法来获得，Legendre 符号具体定义如下。

设 $p$ 为奇素数，$a$ 为整数，对二次同余式 $x^2 \equiv a (\mathrm{mod} \ p)$ 定义 Legendre 符号 $\left( \dfrac{a}{p} \right)$ 为

$$\left( \frac{a}{p} \right) = \begin{cases} 1 \\ -1 \\ 0 \end{cases}$$

其中，当 $\left( \dfrac{a}{p} \right) = 1$ 时，$a$ 是模 $p$ 的二次剩余；当 $\left( \dfrac{a}{p} \right) = -1$ 时，$a$ 是模 $p$ 的二次非剩余；当 $\left( \dfrac{a}{p} \right) = 0$ 时，满足 $p \mid a$。

根据 Legendre 符号的定义可以改写 Euler 判别定理。

**定理 6：** 给定奇素数 $p$，则对于任何整数 $a$，总有

$$\left( \frac{a}{p} \right) \equiv a^{\frac{p-1}{2}} (\mathrm{mod} \ p)$$

这里只要说明，当 $p \mid a$ 时，有 $a \equiv 0 (\mathrm{mod} \ p)$，故有 $a^{\frac{p-1}{2}} \equiv 0 (\mathrm{mod} \ p)$。根据 Legendre 符号的定义，结论成立。

**定理 7：** 给定奇素数 $p$，则对于任何整数 $a$ 和 $b$，总有 $\left( \dfrac{a+p}{p} \right) \equiv \left( \dfrac{a}{p} \right)$，$\left( \dfrac{ab}{p} \right) = \left( \dfrac{a}{p} \right)\left( \dfrac{b}{p} \right)$，

以及当 $(a, p) = 1$ 时，有 $\left(\dfrac{a^2}{p}\right) = 1$。

证明：因为二次同余式

$$x^2 \equiv a(\bmod p) \Leftrightarrow x^2 \equiv (a + p)(\bmod p)$$

则有

$$\left(\frac{a + p}{p}\right) \equiv \left(\frac{a}{p}\right)$$

进一步，当 $a \equiv c(\bmod p)$ 时，有 $c = pq + a$，则以下二次同余式等价。

$$x^2 \equiv c(\bmod p) \Leftrightarrow x^2 \equiv (a + qp)(\bmod p) \Leftrightarrow x^2 \equiv a(\bmod p)$$

进而有

$$\left(\frac{c}{p}\right) \equiv \left(\frac{a}{p}\right)$$

由 Euler 判别定理有

$$\left(\frac{ab}{p}\right) \equiv (ab)^{\frac{p-1}{2}}(\bmod p) \equiv (a)^{\frac{p-1}{2}}(b)^{\frac{p-1}{2}}(\bmod p) \equiv \left(\frac{a}{p}\right)\left(\frac{b}{p}\right)$$

结论成立。

当 $a$ 不被 $p$ 整除时，Legendre 符号的值要么是 $1$，要么是 $-1$。故根据

$$\left(\frac{ab}{p}\right) = \left(\frac{a}{p}\right)\left(\frac{b}{p}\right)$$

取 $b = a$，有

$$\left(\frac{ab}{p}\right) = \left(\frac{a^2}{p}\right) = \left(\frac{a}{p}\right)\left(\frac{a}{p}\right) = \left(\frac{a}{p}\right)^2 = 1$$

Gauss 给出了一个求 Legendre 符号的方法，即 Gauss 引理。

**定理 8：** 给定奇素数 $p$ 及整数 $a$，满足 $(a, p) = 1$，设整数 $a \cdot 1, a \cdot 2, \cdots, a \cdot \dfrac{p-1}{2}$ 在进行模 $p$ 运算后，所得的最小正剩余中大于 $\dfrac{p}{2}$ 的个数为 $n$，则有

$$\left(\frac{a}{p}\right) = (-1)^n$$

证明：对 $\dfrac{p-1}{2}$ 个数 $a \cdot 1, a \cdot 2, \cdots, a \cdot \dfrac{p-1}{2}$ 做模 $p$ 运算后取最小正剩余代表元，其中，$t$ 个数小于 $\dfrac{p}{2}$，记作 $a_1, a_2, \cdots, a_t$，而余下的 $n = \dfrac{p-1}{2} - t$ 个数大于 $\dfrac{p}{2}$，记作 $b_1, b_2, \cdots, b_n$。这里还

需要说明，因为 $p$ 为奇素数，$\dfrac{p}{2}$ 介于相邻的整数 $\dfrac{p-1}{2}$ 与 $\dfrac{p+1}{2}$ 之间，所以最小正剩余的代表元一定取不到 $\dfrac{p}{2}$。

对 $a\cdot 1, a\cdot 2, \cdots, a\cdot \dfrac{p-1}{2}$ 做连乘运算得到

$$a\cdot 1\cdot a\cdot 2\cdot \cdots \cdot a\cdot \frac{p-1}{2} = a^{\frac{p-1}{2}}\left(\frac{p-1}{2}\right)! \equiv \left(\prod_{i=1}^{t} a_i\right)\left(\prod_{j=1}^{n} b_j\right) (\bmod p)$$

故得到

$$\left.\begin{array}{c} a^{\frac{p-1}{2}}\left(\dfrac{p-1}{2}\right)! \equiv \left(\prod_{i=1}^{t} a_i\right)\left(\prod_{j=1}^{n} b_j\right)(\bmod p) \\[2mm] b_j > \dfrac{p}{2} \Leftrightarrow p - b_j < \dfrac{p}{2} \\[2mm] b_j = -1\cdot(-b_j) \equiv -1\cdot(p-b_j)(\bmod p) \end{array}\right\} \Rightarrow \left(\prod_{i=1}^{t} a_i\right)\left(\prod_{j=1}^{n} b_j\right) \equiv (-1)^n\left(\prod_{i=1}^{t} a_i\right)\left(\prod_{j=1}^{n}(p-b_j)\right)(\bmod p)$$

下面证明，$a_1, a_2, \cdots, a_t$ 和 $p-b_1, p-b_2, \cdots, p-b_n$ 共计 $\dfrac{p-1}{2}$ 个小于 $\dfrac{p}{2}$ 的元，它们关于模 $p$ 是两两不同余的。对 $a_1, a_2, \cdots, a_t$ 来说，它的元关于模 $p$ 是两两不同余的，同样的道理，$p-b_1, p-b_2, \cdots, p-b_n$ 中的元关于模 $p$ 也是两两不同余的。如果存在模 $p$ 后两两同余的元，那么此时只有一种可能，就是一个元为 $a_i$，$i=1,2,\cdots,t$，另一个元为 $p-b_j$，$j=1,2,\cdots,n$。由此，不妨设 $a_i \equiv (p-b_j)(\bmod p)$，则有 $a_i + b_j \equiv 0(\bmod p)$，但这是不可能的，因为

$$1 \leqslant a_i + b_j \leqslant \frac{p-1}{2} + \frac{p-1}{2} = p-1 < p$$

所以，$a_1, a_2, \cdots, a_t$ 和 $p-b_1, p-b_2, \cdots, p-b_n$ 共计 $\dfrac{p-1}{2}$ 个小于 $\dfrac{p}{2}$ 的元，构成 $1,2,\cdots,\dfrac{p-1}{2}$ 的一个排列，即有

$$(-1)^n\left(\prod_{i=1}^{t} a_i\right)\left(\prod_{j=1}^{n}(p-b_j)\right) = \left(\frac{p-1}{2}\right)!$$

故有

$$a^{\frac{p-1}{2}}\left(\frac{p-1}{2}\right)! \equiv \left(\prod_{i=1}^{t} a_i\right)\left(\prod_{j=1}^{n} b_j\right) \equiv (-1)^n\left(\prod_{i=1}^{t} a_i\right)\left(\prod_{j=1}^{n} p-b_j\right)(\bmod p) \equiv (-1)^n\left(\frac{p-1}{2}\right)!(\bmod p)$$

最终得到

$$a^{\frac{p-1}{2}} \equiv (-1)^n (\bmod p)$$

由此在 $(a,p)=1$ 的条件下，有

$$\left(\frac{a}{p}\right) = (-1)^n$$

这就证明了 Gauss 引理。

在模数为奇素数的条件下，用 Legendre 符号判别是否为二次剩余时，还有一个称为二次互反律的重要定理。

**定理 9**：设 $p$ 和 $q$ 是互素的奇素数，则有

$$\left(\frac{q}{p}\right) = (-1)^{\frac{p-1}{2}\cdot\frac{q-1}{2}}\left(\frac{p}{q}\right) \text{ 或 } \left(\frac{q}{p}\right)\left(\frac{p}{q}\right) = (-1)^{\frac{p-1}{2}\cdot\frac{q-1}{2}}$$

在证明定理 9 之前，先来证明如下的命题。

**命题**：在给定奇素数 $p$ 的前提下，若有整数 $a$ 满足 $(a,p)=1$，则有 $\left(\dfrac{a}{p}\right) = (-1)^{\sum\limits_{i=1}^{\frac{p-1}{2}}\left[\frac{ai}{p}\right]}$，这里 $[\cdot]$ 表示取对应数的最大整数部分。

**证明**：由于 $ai = p\left[\dfrac{ai}{p}\right] + r_i,\ 0 < r_i < p,\ i = 1,2,\cdots,\dfrac{p-1}{2}$，求

$$\sum_{i=1}^{\frac{p-1}{2}} ai = a\sum_{i=1}^{\frac{p-1}{2}} i = \frac{a}{2}\left[1 + \frac{p-1}{2}\right]\cdot\frac{p-1}{2} = \frac{a}{8}[p^2-1] = \sum_{i=1}^{\frac{p-1}{2}}\left(p\left[\frac{ai}{p}\right] + r_i\right) = p\sum_{i=1}^{\frac{p-1}{2}}\left[\frac{ai}{p}\right] + \sum_{i=1}^{\frac{p-1}{2}} r_i$$

类似证 Gauss 引理，对 $r_1, r_2, \cdots, r_i, \cdots, r_{\frac{p-1}{2}}$ 进行分类，设小于 $\dfrac{p}{2}$ 的数有 $t$ 个，记为 $a_1, a_2, \cdots, a_t$，大于 $\dfrac{p}{2}$ 的数有 $n$ 个，且 $n = \dfrac{p-1}{2} - t$，记为 $b_1, b_2, \cdots, b_n$，则上式可改写为

$$\sum_{i=1}^{\frac{p-1}{2}} ai = \frac{a}{8}[p^2-1] = p\sum_{i=1}^{\frac{p-1}{2}}\left[\frac{ai}{p}\right] + \sum_{j=1}^{t} a_j + \sum_{k=1}^{n} b_k$$

进一步有

$$\left.\begin{aligned}
\sum_{i=1}^{\frac{p-1}{2}} ai &= \frac{a}{8}[p^2-1] = p\sum_{i=1}^{\frac{p-1}{2}}\left[\frac{ai}{p}\right] + \sum_{j=1}^{t} a_j + \sum_{k=1}^{n} b_k \\
\sum_{k=1}^{n} b_k &= \sum_{k=1}^{n}(p - b_k + 2b_k - p) = \sum_{k=1}^{n}(p - b_k) + 2\sum_{k=1}^{n} b_k - np
\end{aligned}\right\}$$

$$\Rightarrow \sum_{i=1}^{\frac{p-1}{2}} ai = \frac{a}{8}[p^2-1] = p\sum_{i=1}^{\frac{p-1}{2}}\left[\frac{ai}{p}\right] + \sum_{j=1}^{t} a_j + \sum_{k=1}^{n}(p - b_k) + 2\sum_{k=1}^{n} b_k - np$$

与 Gauss 引理中的证明道理相同，由于 $t + n = \dfrac{p-1}{2}$，故 $a_1, a_2, \cdots, a_t, p - b_1, p - b_2, \cdots, p - b_n$ 共计 $\dfrac{p-1}{2}$ 个数关于模 $p$ 两两不同余，$a_1, a_2, \cdots, a_t, p - b_1, p - b_2, \cdots, p - b_n$ 构成 $1, 2, \cdots, \dfrac{p-1}{2}$ 的一

个排列，则

$$\sum_{j=1}^{t} a_j + \sum_{k=1}^{n} (p - b_k) = \sum_{i=1}^{\frac{p-1}{2}} i = \frac{[p^2 - 1]}{8}$$

上式最终转化为

$$\frac{a}{8}[p^2 - 1] = p\sum_{i=1}^{\frac{p-1}{2}}\left[\frac{ai}{p}\right] + \frac{p^2 - 1}{8} + 2\sum_{k=1}^{n} b_k - np \Rightarrow \frac{a-1}{8}[p^2 - 1] = p\sum_{i=1}^{\frac{p-1}{2}}\left[\frac{ai}{p}\right] + 2\sum_{k=1}^{n} b_k - np$$

又因为 $p$ 是奇素数，所以有 $(p+1) \equiv 0 (\bmod\, 2)$ 和 $(p-1) \equiv 0(\bmod\, 2)$，由此

$$\frac{a-1}{8}[p^2 - 1] = (p-1)\sum_{i=1}^{\frac{p-1}{2}}\left[\frac{ai}{p}\right] + \sum_{i=1}^{\frac{p-1}{2}}\left[\frac{ai}{p}\right] + 2\sum_{k=1}^{n} b_k - n(p+1) + n$$

两边取模 2 运算，得到

$$\frac{a-1}{8}[p^2 - 1] \equiv \left(\sum_{i=1}^{\frac{p-1}{2}}\left[\frac{ai}{p}\right] + n\right)(\bmod\, 2)$$

若取 $a = 2$，由于 $0 \leqslant \left[\frac{2i}{p}\right] \leqslant \left[\frac{2 \cdot \frac{p-1}{2}}{p}\right] = 0$，故有

$$\frac{2-1}{8}[p^2 - 1] \equiv n(\bmod\, 2)$$

根据 Gauss 引理，$\left(\dfrac{2}{p}\right) = (-1)^n = (-1)^{\frac{p^2-1}{8}+2k} = (-1)^{\frac{p^2-1}{8}}$，$n \equiv \dfrac{p^2-1}{8}(\bmod\, 2)$。

又由于

$$\frac{a-1}{8}[p^2 - 1] = (p+1)\sum_{i=1}^{\frac{p-1}{2}}\left[\frac{ai}{p}\right] - \sum_{i=1}^{\frac{p-1}{2}}\left[\frac{ai}{p}\right] + 2\sum_{k=1}^{n} b_k - n(p+1) + n$$

两边取模 2 运算，则有

$$\frac{a-1}{8}[p^2 - 1] = \left(n - \sum_{i=1}^{\frac{p-1}{2}}\left[\frac{ai}{p}\right]\right)(\bmod\, 2)$$

若取 $a$ 为奇数（包括奇素数），则可得到 $\dfrac{a-1}{8}[p^2 - 1] \equiv 0(\bmod\, 2)$，这是因为 $a = 2m+1$，$m \in \mathbb{Z}$，$p^2 - 1 = (p+1)(p-1)$，$p$ 为奇素数，所以 $(p-1)$ 和 $(p+1)$ 是两个相连的偶数，设 $(p-1) = 2l$，$l \in \mathbb{Z}$，故 $(p+1) = 2l+2$，$l \in \mathbb{Z}$，得到 $\dfrac{a-1}{8}[p^2 - 1] = \dfrac{1}{8} \cdot 2m \cdot 2l \cdot (2l+2) = ml(l+1)$，$l \in \mathbb{Z}$，$m \in \mathbb{Z}$，由于 $l(l+1)$ 是相邻的整数相乘，所以有 $l(l+1) \equiv 0(\bmod\, 2)$。由此得到

$$0 \equiv \left( n - \sum_{i=1}^{\frac{p-1}{2}} \left[ \frac{ai}{p} \right] \right) (\mathrm{mod}\, 2) \Rightarrow n \equiv \sum_{i=1}^{\frac{p-1}{2}} \left[ \frac{ai}{p} \right] (\mathrm{mod}\, 2) \Rightarrow n = 2k + \sum_{i=1}^{\frac{p-1}{2}} \left[ \frac{ai}{p} \right], \quad k \in \mathbb{Z}$$

则有

$$\left( \frac{a}{p} \right) = (-1)^n = (-1)^{\sum_{i=1}^{\frac{p-1}{2}} \left[ \frac{ai}{p} \right] + 2k} = (-1)^{\sum_{i=1}^{\frac{p-1}{2}} \left[ \frac{ai}{p} \right]}$$

下面证明二次互反律定理。

证明：因为 $(2, pq) = 1$，所以有

$$\left( \frac{q}{p} \right) = (-1)^{\sum_{i=1}^{\frac{p-1}{2}} \left[ \frac{qi}{p} \right]}, \quad \left( \frac{p}{q} \right) = (-1)^{\sum_{i=1}^{\frac{q-1}{2}} \left[ \frac{pi}{q} \right]}$$

因此

$$\left( \frac{q}{p} \right)\left( \frac{p}{q} \right) = (-1)^{\sum_{i=1}^{\frac{p-1}{2}} \left[ \frac{qi}{p} \right]} (-1)^{\sum_{j=1}^{\frac{q-1}{2}} \left[ \frac{pj}{q} \right]} = (-1)^{\sum_{i=1}^{\frac{p-1}{2}} \left[ \frac{qi}{p} \right] + \sum_{j=1}^{\frac{q-1}{2}} \left[ \frac{pj}{q} \right]}$$

由此，考察长、宽分别为 $\frac{p}{2}$ 和 $\frac{q}{2}$ 的长方形中整点的个数。在垂直线上的整点总数为 $\left[ \frac{qi}{p} \right]$；在水平线上的整点总数为 $\left[ \frac{pj}{q} \right]$；在任意一条斜线 $y = \frac{q}{p} x$ 以下部分的整点总数为 $\sum_{i=1}^{\frac{p-1}{2}} \left[ \frac{qi}{p} \right]$，在斜线以上部分的整点总数为 $\sum_{j=1}^{\frac{q-1}{2}} \left[ \frac{pj}{q} \right]$，得到在长方形中的整点总数为

$$\sum_{i=1}^{\frac{p-1}{2}} \left[ \frac{qi}{p} \right] + \sum_{j=1}^{\frac{q-1}{2}} \left[ \frac{pj}{q} \right]$$

另一方面，在这个长为 $\frac{p}{2}$，宽为 $\frac{q}{2}$ 的长方形内的整数点为 $\frac{p-1}{2} \cdot \frac{q-1}{2}$ 个，由此得到

$$\sum_{i=1}^{\frac{p-1}{2}} \left[ \frac{qi}{p} \right] + \sum_{j=1}^{\frac{q-1}{2}} \left[ \frac{pj}{q} \right] = \frac{p-1}{2} \cdot \frac{q-1}{2}$$

最终得到

$$\left( \frac{q}{p} \right)\left( \frac{p}{q} \right) = (-1)^{\sum_{i=1}^{\frac{p-1}{2}} \left[ \frac{qi}{p} \right]} (-1)^{\sum_{j=1}^{\frac{q-1}{2}} \left[ \frac{pj}{q} \right]} = (-1)^{\sum_{i=1}^{\frac{p-1}{2}} \left[ \frac{qi}{p} \right] + \sum_{j=1}^{\frac{q-1}{2}} \left[ \frac{pj}{q} \right]} = (-1)^{\frac{p-1}{2} \cdot \frac{q-1}{2}}$$

## 5.7　奇素数模条件下的二次剩余的计算及二次同余式的求解

在模数为奇素数的前提下，根据 Euler 判别定理、Gauss 引理及二次互反律等来具体判断二次同余式的二次剩余，其实质就是如何计算 Legendre 符号。这里给出当 $a=1,2,3$ 时的具体计算方法，其中，奇素数 $p \neq 3$ 。

**定理**：给定模数 $p$ 为奇素数，则有

$$\left(\frac{1}{p}\right) = 1, \quad \left(\frac{-1}{p}\right) = (-1)^{\frac{p-1}{2}}$$

证明：由于 $a=1$ ，则根据 Euler 判别定理有

$$\left(\frac{1}{p}\right) \equiv (1)^{\frac{p-1}{2}} (\bmod p) \equiv 1 (\bmod p)$$

当 $a=-1$ 时，则有

$$\left(\frac{-1}{p}\right) \equiv (-1)^{\frac{p-1}{2}} (\bmod p)$$

进一步，若 $p$ 为奇素数，且满足 $p \equiv 1 (\bmod 4)$ ，则有

$$\left(\frac{-1}{p}\right) \equiv (-1)^{\frac{p-1}{2}} (\bmod p) \equiv (-1)^{2k} (\bmod p) \equiv 1 (\bmod p), \quad p = 4k+1, \ k \in \mathbb{Z}$$

当 $p \equiv 3 (\bmod 4)$ 时，则有

$$\left(\frac{-1}{p}\right) \equiv (-1)^{\frac{p-1}{2}} (\bmod p) \equiv (-1)^{2k+1} (\bmod p) \equiv -1 (\bmod p), \quad p = 4k+3, \ k \in \mathbb{Z}$$

以上定理说明，当 $a=1$ 时，对应的二次同余式 $x^2 \equiv 1 (\bmod p)$ 一定有两个解，进一步，具体的解为 $x \equiv \pm 1 (\bmod p)$ 。

当 $a=2$ 时，由前面的证明已经给出，$\left(\dfrac{2}{p}\right) = (-1)^{\frac{p^2-1}{8}}$ 。

当 $a=3$ 时，具体的 $\left(\dfrac{3}{p}\right)$ 可以通过以下的途径求得。

首先由二次互反律定理得到

$$\left(\frac{3}{p}\right) = (-1)^{\frac{p-1}{2} \cdot \frac{3-1}{2}} \left(\frac{p}{3}\right)$$

然后由

$$\left(\frac{p}{3}\right) = \begin{cases} \left(\dfrac{1}{3}\right) = 1 \\ \left(\dfrac{2}{3}\right) = (-1)^{\frac{3^2-1}{8}} = (-1)^{\frac{2}{2}} \end{cases}$$

得到最终的值为

$$\left(\frac{3}{p}\right) = (-1)^{\frac{p-1}{2}\cdot\frac{3-1}{2}}\left(\frac{p}{3}\right) = \begin{cases} (-1)^{\frac{p-1}{2}}\left(\frac{1}{3}\right) = (-1)^{\frac{p-1}{2}} \\ (-1)^{\frac{p-1}{2}}\left(\frac{2}{3}\right) = (-1)^{\frac{p+1}{2}} \end{cases}$$

下面举例说明。

**例 1**：求 $\left(\dfrac{137}{227}\right)$。

**解**：由题意得到

$$\left(\frac{137}{227}\right) = (-1)^{\frac{137-1}{2}\cdot\frac{227-1}{2}}\left(\frac{227}{137}\right) = (-1)^{\frac{34\times4}{2}\cdot\frac{226}{2}}\left(\frac{90}{137}\right) = \left(\frac{2\times3^2\times5}{137}\right)$$

$$= \left(\frac{2}{137}\right)\left(\frac{3^2}{137}\right)^2\left(\frac{5}{137}\right) = (-1)^{\frac{137-1}{2}\cdot\frac{5-1}{2}}\left(\frac{2}{137}\right)\left(\frac{137}{5}\right) = \left(\frac{2}{137}\right)\left(\frac{2}{5}\right)$$

$$= (-1)^{\frac{137^2-1}{8}}(-1)^{\frac{5^2-1}{8}} = (-1)^{17\times138}(-1)^3 = -1$$

所以 137 是模 227 的二次非剩余。

**例 2**：求 $\left(\dfrac{4}{17}\right)$，$\left(\dfrac{3}{17}\right)$。

**解**：$\left(\dfrac{4}{17}\right) = \left(\dfrac{2^2}{17}\right) = \left(\dfrac{2}{17}\right)^2 = 1$，$\left(\dfrac{3}{17}\right) = (-1)^{\frac{3-1}{2}\cdot\frac{17-1}{2}}\left(\dfrac{17}{3}\right) = \left(\dfrac{2}{3}\right) = (-1)^{\frac{3^2-1}{8}} = -1$。

**例 3**：判断 $x^2 \equiv -1(\bmod 365)$ 是否有解。

**解**：$x^2 \equiv -1(\bmod 365)$ 等价于

$$\begin{cases} x^2 \equiv -1(\bmod 5) \\ x^2 \equiv -1(\bmod 73) \end{cases}$$

对同余式组来说，它有解等同于单个同余式同时有解，因此需要判断 $x^2 \equiv -1(\bmod 5)$ 和 $x^2 \equiv -1(\bmod 73)$ 是否同时有解，故由 $\left(\dfrac{-1}{5}\right) = (-1)^{\frac{5-1}{2}} = 1$，$\left(\dfrac{-1}{73}\right) = (-1)^{\frac{73-1}{2}} = 1$ 可得，该同余式组有解，进而得到原同余式有解，而且解的个数为 4。

**例 4**：判断 $x^2 \equiv 137(\bmod 681)$ 是否有解。

**解**：原式等价于

$$\begin{cases} x^2 \equiv 137(\bmod 227) \\ x^2 \equiv 137(\bmod 3) \end{cases}$$

而已知 $\left(\dfrac{137}{227}\right) = -1$，故 137 是模 227 的二次非剩余，原同余式无解。

**例 5**：满足 $p \equiv 1(\bmod 4)$ 的素数 $p$ 有无穷多个。

证明：假设满足 $p \equiv 1(\bmod 4)$ 的素数 $p$ 只有有限个，通过穷举法把它们都罗列出来，不妨设为 $k$ 个，记为 $p_i \equiv 1(\bmod 4)$，$i = 1,2,\cdots,k$。现构造一个整数

$$q = (2\prod_{i=1}^{k} p_i)^2 + 1$$

则有

$$q = (2\prod_{i=1}^{k} p_i)^2 + 1 = 4\prod_{i=1}^{k} p_i^2 + 1 \Rightarrow q \equiv 1(\bmod 4)$$

其中，$q \neq p_i$，$i = 1,2,\cdots,k$，同时 $q$ 也不被 $p_i$（$i = 1,2,\cdots,k$）整除，由此，$q$ 一定是合数，且存在 $p \neq p_i$，$i = 1,2,\cdots,k$，有 $p \mid q$。接着研究 $x^2 \equiv -1(\bmod p)$ 的解，不难发现，通过 Legendre 符号计算，可得到

$$\left(\frac{-1}{p}\right) = \left(\frac{-1+q}{p}\right) = \left(\frac{(2\prod_{i=1}^{k} p_i)^2}{p}\right) = 1$$

这说明 $-1$ 是模 $p$ 的平方剩余，即根据 Euler 判别定理，有

$$(-1)^{\frac{p-1}{2}} = 1 \Rightarrow \frac{p-1}{2} = 2m \Rightarrow p \equiv 1(\bmod 4), \quad m \in \mathbb{Z}$$

得到 $p$ 也是具备 $p \equiv 1(\bmod 4)$ 形式的素数，此与假设矛盾，所以结论成立。

**例 6**：素数有无穷多个。

证明：素数的个数一定不少于具备 $p \equiv 1(\bmod 4)$ 形式的素数个数，而已知具备 $p \equiv 1(\bmod 4)$ 形式的素数有无穷多个，则素数也有无穷多个。

二次同余式在模数为奇素数的条件下的求解，可以按照一定的步骤进行。

设二次同余式为 $x^2 \equiv a(\bmod p)$，$\left(\dfrac{a}{p}\right) = 1$，则具体的求解步骤如下。

首先，由给出的奇素数 $p$，对 $p-1$ 进行 $p-1 = 2^s t$ 形式的分解，其中 $t$ 是奇数，且 $s \geq 1$（因为最小的奇素数为 3，$3-1 = 2^1 \cdot 1$）。

其次，从 1 到 $p-1$ 中取一个二次非剩余的元 $n$，满足 $\left(\dfrac{n}{p}\right) = -1$，令 $b = n^t(\bmod p)$，有 $b^{2^s} \equiv 1(\bmod p)$，$b^{2^{s-1}} \equiv -1(\bmod p)$，由此可知，$b$ 是模 $p$ 的 $2^s$ 次的单位根，但不是模 $p$ 的 $2^{s-1}$ 次的单位根。

然后，令 $x_{s-1} = a^{\frac{t+1}{2}}(\bmod p)$，则有 $a^{-1} x_{s-1}^2$ 满足同余式

$$y^{2^{s-1}} \equiv 1(\bmod p)$$

事实上，由

$$(a^{-1}x_{s-1}^2)^{2^{s-1}} = (a^{-1} \cdot a^{t+1})^{2^{s-1}} = a^{t2^{s-1}} = a^{\frac{2^s t}{2}} = a^{\frac{p-1}{2}} \equiv \left(\frac{a}{p}\right) \equiv 1(\bmod p)$$

可得 $a^{-1}x_{s-1}^2$ 是模 $p$ 的 $2^{t-1}$ 次单位根。

若 $s=1$，则有 $x = x_{s-1} = x_0 \equiv a^{\frac{t+1}{2}}(\bmod p)$ 满足同余式 $x^2 \equiv a(\bmod p)$；若 $s \geq 2$，则需要寻找整数 $x_{s-2}$，使 $a^{-1}x_{s-2}^2$ 满足同余式 $y^{2^{s-2}} \equiv 1(\bmod p)$，也就是令 $a^{-1}x_{s-2}^2$ 是模 $p$ 的 $2^{s-2}$ 次单位根。

因此，需要验证如下的几种情况。

如果 $(a^{-1}x_{s-1}^2)^{2^{s-2}} \equiv 1(\bmod p)$，那么只要令 $j_0 = 1$，$x_{s-2} = x_{s-1} = x_{t-1}b^{j_0}(\bmod p)$，便可得到 $x_{s-2}$ 为所求的解；如果 $(a^{-1}x_{s-1}^2)^{2^{s-2}} \equiv -1(\bmod p)$ 即有 $(a^{-1}x_{s-1}^2)^{2^{s-2}} \equiv -1 \equiv (b^{-2})^{2^{s-2}}(\bmod p)$，那么令 $j_0 = 1$，$x_{s-2} = x_{s-1}b^{j_0}(\bmod p)$，得到 $x_{s-2}$ 为所求的值。

以上所述是一个完整的循环，依照这样的循环逐步进行，则第 $k$ 步如下。

假设已找到整数 $x_{s-k}$，有 $a^{-1}x_{s-k}^2$ 满足同余式 $y^{2^{s-k}} \equiv 1(\bmod p)$。

若 $s=k$，则有 $x \equiv x_{s-k}(\bmod p)$ 满足 $x^2 \equiv a(\bmod p)$；若 $s > k$，则 $s$ 至少取 $k+1$。因此，需要寻找整数 $x_{s-(k+1)}$，使 $a^{-1}x_{s-(k+1)}^2$ 满足同余式 $y^{2^{s-(k+1)}} \equiv 1(\bmod p)$，即 $a^{-1}x_{s-(k+1)}^2$ 是模 $p$ 的 $2^{s-(k+1)}$ 次的单位根。

若 $(a^{-1}x_{s-k}^2)^{2^{s-(k+1)}} \equiv 1(\bmod p)$，则令 $j_{k-1} = 0$，$x_{s-(k+1)} = x_{t-k} \equiv x_{t-k}b^{j_{k-1} \cdot 2^{k-1}}(\bmod p)$，其中，$x_{s-(k+1)}$ 为所求的解。若 $(a^{-1}x_{s-k}^2)^{2^{s-(k+1)}} \equiv -1 \equiv (b^{-2^k})^{2^{s-(k+1)}}(\bmod p)$，则令 $j_{k-1} = 1$，$x_{s-(k+1)} = x_{t-k}b^{2^{k-1}} \equiv x_{t-k}b^{j_{k-1} \cdot 2^{k-1}}(\bmod p)$，其中，$x_{s-(k+1)}$ 就是所求的解。

当 $k = s-1$ 时，就有

$$x = x_0 \equiv x_1 b^{j_{s-2} \cdot 2^{s-2}} \equiv x_2 b^{j_{s-3} \cdot 2^{s-3} + j_{s-2} \cdot 2^{s-2}} \equiv \cdots \equiv x_{s-1}b^{j_0 + j_1 \cdot 2 + \cdots + j_{s-3} \cdot 2^{s-3} + j_{s-2} \cdot 2^{s-2}}$$

$$\equiv a^{\frac{t+1}{2}}b^{j_0 + j_1 \cdot 2 + \cdots + j_{s-3} \cdot 2^{s-3} + j_{s-2} \cdot 2^{s-2}}(\bmod p)$$

满足 $x^2 \equiv a(\bmod p)$。

**例 7**：设 $p$ 是满足 $p \equiv -1(\bmod 4)$ 的素数，若同余式 $x^2 \equiv a(\bmod p)$ 有解，则解为 $x \equiv \pm a^{\frac{p+1}{4}}(\bmod p)$。

解：若同余式有解，则有 $\left(\dfrac{a}{p}\right) = 1$，把 $x \equiv \pm a^{\frac{p+1}{4}}(\bmod p)$ 代入同余式，则有

$$\left.\begin{array}{c} x^2 \equiv (\pm a^{\frac{p+1}{4}})^2 \equiv a^{\frac{p+1}{2}} \equiv a(a)^{\frac{p-1}{2}}(\bmod p) \\ (a)^{\frac{p-1}{2}} \equiv 1(\bmod p) \end{array}\right\} \Rightarrow x^2 \equiv a(\bmod p)$$

说明 $x \equiv \pm a^{\frac{p+1}{4}}(\bmod p)$ 是同余式的解。

进一步，若已知同余式 $x^2 \equiv a(\bmod p)$ 有解，则有 $\left(\dfrac{a}{p}\right) = 1$，进而有

$$a^{\frac{p-1}{2}} \equiv 1(\bmod p) \Rightarrow a^{\frac{p+1}{2}} \equiv a(\bmod p) \Rightarrow (\pm a^{\frac{p+1}{4}})^2 \equiv a(\bmod p)$$

故得到 $x \equiv \pm a^{\frac{p+1}{4}} (\bmod p)$ 为同余式的解。

**例 8**：设 $p_i$，$i=1,2$ 是满足 $p_i \equiv -1(\bmod 4)$ 的不同素数，且整数 $a$ 都有 $\left(\dfrac{a}{p_i}\right)=1$，求解同余式 $x^2 \equiv a(\bmod m)$，其中 $m = p_1 \cdot p_2$。

**解**：同余式 $x^2 \equiv a(\bmod m)$ 等价于

$$\begin{cases} x^2 \equiv a(\bmod p_1) \\ x^2 \equiv a(\bmod p_2) \end{cases}$$

由于 $\left(\dfrac{a}{p_i}\right)=1$，$i=1,2$，则上式有解，且解为

$$x \equiv \pm a^{\frac{p+1}{4}} (\bmod p_i)，\quad i=1,2$$

根据中国剩余定理，原同余式的解为

$$x \equiv (\sum_{i=1}^{2} (\pm a^{\frac{p_i+1}{4}} (\bmod p_i)) v_i p_{3-i})(\bmod p_1 p_2)，\quad v_i p_{3-i} \equiv 1(\bmod p_i)，\quad i=1,2$$

还需要说明的是，以上两个例子在 Rabin 公钥密码体制中起到了关键性的作用。

至此，解决了在模数为奇素数的条件下，二次同余式解的存在性和如何求解的问题，接下来把模数推广到合数。

## 5.8 合数模条件下的二次剩余的计算及二次同余式的求解

在把模数推广到合数时，与 Legendre 符号作用类似的是 Jacobi 符号，其定义如下。

设 $m$ 为整数且可分解为 $\prod\limits_{i=1}^{k} p_i$，其中 $p_i$，$i=1,2,\cdots,k$ 为奇素数，对任意的整数 $a$，定义 Jacobi 符号为

$$\left(\frac{a}{m}\right) = \left(\frac{a}{p_1}\right)\left(\frac{a}{p_2}\right)\cdots\left(\frac{a}{p_k}\right) = \prod_{i=1}^{k} \left(\frac{a}{p_i}\right)$$

其中 $\left(\dfrac{a}{p_i}\right)$，$i=1,2,\cdots,k$ 是 Legendre 符号。

由定义不难看出，Jacobi 符号是 Legendre 符号的推广，但又不等同于 Legendre 符号，原因是当 Jacobi 符号为 $-1$ 时，能够推断出对应的二次同余式无解；但当 Jacobi 符号为 $1$ 时，不能推断出二次同余式有解。

**例 1**：设 $m=33$，$a=-1$，则 Jacobi 符号为

$$\left(\frac{-1}{33}\right) = \left(\frac{-1}{11}\right)\left(\frac{-1}{3}\right) = (-1)^{\frac{3-1}{2}}(-1)^{\frac{11-1}{2}} = 1$$

而对应的二次同余式为 $x^2 \equiv -1(\bmod 33)$，它有解等价于

$$\begin{cases} x^2 \equiv -1(\bmod 3) \\ x^2 \equiv -1(\bmod 11) \end{cases}$$

有解，但已知

$$\left(\frac{-1}{11}\right) = (-1)^{\frac{11-1}{2}} = -1, \quad \left(\frac{-1}{3}\right) = (-1)^{\frac{3-1}{2}} = -1$$

说明该同余式组无解，对应的 $a = -1$ 是模 33 的二次非剩余。

Jacobi 符号也有与 Legendre 符号相似的性质。

**定理 1：** 设奇合数 $m$ 可表示为 $\prod\limits_{i=1}^{k} p_i$，则对任何整数 $a$ 和 $b$，有 $\left(\dfrac{a}{m}\right) = \left(\dfrac{a+jm}{m}\right)$，$j \in \mathbb{Z}$，

$\left(\dfrac{ab}{m}\right) = \left(\dfrac{a}{m}\right)\left(\dfrac{b}{m}\right)$，以及当 $(a,m) = 1$ 时，有 $\left(\dfrac{a^2}{m}\right) = 1$。

证明：因为 $m = \prod\limits_{i=1}^{k} p_i$，$p_i \neq 2$，则有

$$\left(\frac{a+jm}{m}\right) = \prod_{i}^{k}\left(\frac{a+jm}{p_i}\right) = \prod_{i}^{k}\left(\frac{a}{p_i}\right) = \left(\frac{a}{m}\right), \quad k \in \mathbb{Z}$$

$$\left(\frac{ab}{m}\right) = \prod_{i=1}^{k}\left(\frac{ab}{p_i}\right) = \prod_{i=1}^{k}\left(\frac{a}{p_i}\right)\left(\frac{b}{p_i}\right) = \left[\prod_{i=1}^{k}\left(\frac{a}{p_i}\right)\right]\left[\prod_{i=1}^{k}\left(\frac{b}{p_i}\right)\right] = \left(\frac{a}{m}\right)\left(\frac{b}{m}\right)$$

可以得到

$$\left.\begin{array}{l} \left(\dfrac{a^2}{m}\right) = \left(\dfrac{a}{m}\right)\left(\dfrac{a}{m}\right) = \left[\displaystyle\prod_{i=1}^{k}\left(\dfrac{a}{p_i}\right)\right]\left[\displaystyle\prod_{i=1}^{k}\left(\dfrac{a}{p_i}\right)\right] = \displaystyle\prod_{i=1}^{k}\left(\dfrac{a}{p_i}\right)^2 \\ (a,m) = 1 \Rightarrow (a,p_i) = 1, \quad i = 1,2,\cdots,k \end{array}\right\} \Rightarrow \prod_{i=1}^{k}\left(\frac{a}{p_i}\right)^2 = 1 = \left(\frac{a^2}{m}\right)$$

Jacobi 符号也有类似二次互反律的相关结论。

**定理 2：** 对奇整数 $m$ 和 $n$，有 $\left(\dfrac{n}{m}\right) = (-1)^{\frac{m-1}{2}\cdot\frac{n-1}{2}}\left(\dfrac{m}{n}\right)$。

证明：当 $(m,n) \neq 1$ 时，它们有公共的奇素数因数，不妨设为 $p_1$，则有

$$\left(\frac{n}{m}\right) = 0, \quad \left(\frac{m}{n}\right) = 0$$

结论成立；当 $(m,n) = 1$ 时，说明 $m$ 和 $n$ 的奇素数因数互不相等，设 $m = \prod\limits_{i=1}^{k} p_i$，$n = \prod\limits_{j=1}^{l} q_j$，

$p_i \neq q_j$，则有

$$\left(\frac{n}{m}\right)\left(\frac{m}{n}\right) = \prod_{i=1}^{k}\left(\frac{n}{p_i}\right)\prod_{j=1}^{l}\left(\frac{m}{q_j}\right) = \left[\prod_{i=1}^{k}\prod_{j=1}^{l}\left(\frac{q_j}{p_i}\right)\right]\left[\prod_{j=1}^{l}\prod_{i=1}^{k}\left(\frac{p_i}{q_j}\right)\right]$$

$$= \prod_{i=1}^{k}\prod_{j=1}^{l}\left[\left(\frac{q_j}{p_i}\right)\left(\frac{p_i}{q_j}\right)\right] = \prod_{i=1}^{k}\prod_{j=1}^{l}(-1)^{\frac{p_i-1}{2}\cdot\frac{q_j-1}{2}} = (-1)^{\sum\limits_{i=1,j=1}^{i=k,j=l}\frac{p_i-1}{2}\cdot\frac{q_j-1}{2}}$$

下面需要证明 $\displaystyle\sum_{i=1,j=1}^{i=k,j=l}\frac{p_i-1}{2}\cdot\frac{q_j-1}{2}\equiv\frac{m-1}{2}\cdot\frac{n-1}{2}(\mathrm{mod}\,2)$，事实上，由于

$$m = \prod_{i}^{k}p_i \equiv \left(1+2\cdot\frac{p_1-1}{2}\right)\left(1+2\cdot\frac{p_2-1}{2}\right)\cdots\left(1+2\cdot\frac{p_k-1}{2}\right)$$

$$\equiv \left[1+2\cdot\left(\sum_{i=1}^{k}\frac{p_i-1}{2}\right)\right](\mathrm{mod}\,4)$$

则有

$$\frac{m-1}{2} \equiv \left(\sum_{i=1}^{k}\frac{p_i-1}{2}\right)(\mathrm{mod}\,2)$$

同样的，由于

$$m^2 = \prod_{i}^{k}p_i^2 \equiv \left(1+8\cdot\frac{p_1^2-1}{8}\right)\left(1+8\cdot\frac{p_2^2-1}{8}\right)\cdots\left(1+8\cdot\frac{p_k^2-1}{8}\right)$$

$$\equiv \left[1+8\cdot\left(\sum_{i=1}^{k}\frac{p_i^2-1}{8}\right)\right](\mathrm{mod}\,16)$$

则有

$$m^2 \equiv \left[1+8\cdot\left(\sum_{i=1}^{k}\frac{p_i^2-1}{8}\right)\right](\mathrm{mod}\,16) \Rightarrow \frac{(m^2-1)}{8} \equiv \left(\sum_{i=1}^{k}\frac{p_i^2-1}{8}\right)(\mathrm{mod}\,2)$$

由此，可得

$$\sum_{i=1,j=1}^{i=k,j=l}\frac{p_i-1}{2}\cdot\frac{q_j-1}{2} \equiv \sum_{i=1}^{k}\frac{p_i-1}{2}\sum_{j=1}^{l}\frac{q_j-1}{2} \equiv \frac{m-1}{2}\cdot\frac{n-1}{2}(\mathrm{mod}\,2)$$

最终得到

$$\left(\frac{n}{m}\right) = (-1)^{\frac{m-1}{2}\cdot\frac{n-1}{2}}\left(\frac{m}{n}\right)$$

**定理 3**：设 $m$ 是奇合数，则有 $\left(\dfrac{1}{m}\right)=1$，$\left(\dfrac{-1}{m}\right)=(-1)^{\frac{m-1}{2}}$，$\left(\dfrac{2}{m}\right)=(-1)^{\frac{m^2-1}{8}}$。

证明：设 $m = \displaystyle\prod_{i=1}^{k}p_i$，$p_i \neq 2$，则有

$$\left(\frac{1}{m}\right) = \prod_{i=1}^{k}\left(\frac{1}{p_i}\right) = 1$$

$$\left(\frac{-1}{m}\right) = \prod_{i=1}^{k}\left(\frac{-1}{p_i}\right) = \prod_{i=1}^{k}(-1)^{\frac{p_i-1}{2}} = (-1)^{\sum_{i=1}^{k}\frac{p_i-1}{2}} \equiv (-1)^{\frac{m-1}{2}}(\bmod\,2)$$

$$\left(\frac{2}{m}\right) = \prod_{i=1}^{k}\left(\frac{2}{p_i}\right) = \prod_{i=1}^{k}(-1)^{\frac{p_i^2-1}{8}} = (-1)^{\sum_{i=1}^{k}\frac{p_i^2-1}{8}} \equiv (-1)^{\frac{m^2-1}{8}}(\bmod\,2)$$

例 2：求 $\left(\dfrac{35}{39}\right)$。

解：由上述定理可得

$$\left(\frac{35}{39}\right) = \left(\frac{35}{3}\right)\left(\frac{35}{13}\right) = \left(\frac{2}{3}\right)\left(\frac{-4}{13}\right) = \left(\frac{2}{3}\right)\left(\frac{2}{13}\right)\left(\frac{-2}{13}\right) = (-1)^{\frac{3^2-1}{8}}(-1)^{\frac{13^2-1}{8}}\left(\frac{11}{13}\right)$$

$$= (-1)^{\frac{13-1}{2}\cdot\frac{11-1}{2}}\left(\frac{2}{11}\right) = (-1)^{\frac{11^2-1}{8}} = -1$$

$$\left(\frac{35}{39}\right) = (-1)^{\frac{35-1}{2}\cdot\frac{39-1}{2}}\left(\frac{39}{35}\right) = (-1)\left(\frac{4}{35}\right) = -\left(\frac{2}{35}\right)^2 = -1$$

例 3：设 $a$ 和 $b$ 为正奇数，则 Jacobi 符号 $\left(\dfrac{2a}{6a+b}\right)$ 与 $\left(\dfrac{a}{b}\right)$ 之间有何关系。

解：根据 Jacobi 符号的计算公式及相关的二次互反律定理，以及正奇数的特点，可以得到

$$\left(\frac{2a}{6a+b}\right) = \left(\frac{2}{6a+b}\right)\cdot\left(\frac{a}{6a+b}\right) = (-1)^{\frac{(6a+b)^2-1}{8}}\left(\frac{a}{6a+b}\right)$$

$$= (-1)^{\frac{4a^2+12ab+b^2-1}{8}}(-1)^{\frac{a-1}{2}\cdot\frac{6a+b-1}{2}}\left(\frac{6a+b}{a}\right)$$

$$= (-1)^{\frac{b^2-2ab+2a-2b+1}{8}}\left(\frac{b}{a}\right)$$

注：这里用到了 $(-1)^{\frac{14ab}{8}} = (-1)^{\frac{-2ab}{8}}$，$(-1)^{\frac{-14a}{8}} = (-1)^{\frac{2a}{8}}$ 等条件，这是由 $a$ 和 $b$ 是正奇数的条件得出的。

下面讨论当模数为合数时，二次同余式解的存在条件和解的个数等问题。

设合数 $m = 2^{\alpha}\prod_{i=1}^{k}p_i^{\beta_i}$，任一个整数 $a$ 满足 $(a,m)=1$，则二次同余式 $x^2 \equiv a(\bmod\,m)$ 等价于同余式组

$$\begin{cases} x^2 \equiv a(\bmod\,2^{\alpha}) \\ x^2 \equiv a(\bmod\,p_1^{\beta_1}) \\ \quad\vdots \\ x^2 \equiv a(\bmod\,p_k^{\beta_k}) \end{cases}$$

首先讨论 $x^2 \equiv a \pmod{p^\beta}$，$\beta \geq 2$，$(a, p^\beta) = 1$ 形式的同余式解的存在条件及解的个数。

**定理 4**：当 $p$ 是奇素数时，同余式 $x^2 \equiv a \pmod{p^\beta}$，$\beta \geq 2$，$(a, p^\beta) = 1$ 有解的充要条件是 $a$ 为模 $p$ 的二次剩余，且解的个数为 2。

证明：若 $x^2 \equiv a \pmod{p^\beta}$，$\beta \geq 2$，$(a, p^\beta) = 1$ 有解，不妨设解为 $x_0$，则 $x_0^2 \equiv a \pmod{p^\beta}$，$\beta \geq 2$，$(a, p^\beta) = 1$，由此得到 $x_0^2 \equiv a \pmod{p}$，故 $a$ 是模 $p$ 的二次剩余。

反过来，若 $a$ 是模 $p$ 的二次剩余，则 $x^2 \equiv a \pmod{p}$ 有解，不妨设解为 $x_1$，就有 $x_1^2 \equiv a \pmod{p}$。令 $g(x) = x^2 - a$，则有 $g(x_1) \equiv (x_1^2 - a) \equiv 0 \pmod{p}$，说明 $x_1$ 是 $g(x) \equiv 0 \pmod{p}$ 的解，又由于 $g'(x) = 2x$，得 $g'(x_1) = 2x_1$ 及 $(g'(x_1), p) = 1$，所以 $g(x) \equiv 0 \pmod{p^\beta}$ 有解。而且具体的解可通过以下的递归方式得到，即

$$\begin{cases} x_i \equiv (x_{i-1} + p^{i-1} t_{i-1}) & \pmod{p^i} \\ t_{i-1} \equiv -\dfrac{g(x_{i-1})}{p^{i-1}} (g'(x_1)^{-1} \pmod{p}) \pmod{p} \end{cases}$$

其中，$i = 2, 3, \cdots, \beta$。

事实上，当 $i = 2$ 时，$g(x) \equiv 0 \pmod{p}$ 有解为 $x_2 = x_1 + p t_1$，$t_1 = 0, \pm 1, \pm 2, \cdots$，由此，考虑关于 $t_1$ 的同余式 $g(x_1 + p t_1) \equiv 0 \pmod{p^2}$ 的求解，根据泰勒公式，可得到

$$[g(x_1) + p t_1 g'(x_1)] \equiv 0 \pmod{p^2}$$

由于 $g(x_1) \equiv 0 \pmod{p}$，则可得到

$$t_1 g'(x_1) \equiv -\frac{g(x_1)}{p} \pmod{p}$$

由于 $(g'(x_1), p) = 1$，则这个同余式在模 $p$ 条件下仅有一个解，即

$$t_1 \equiv -\frac{g(x_1)}{p} \left\{ [g'(x_1)]^{-1} \pmod{p} \right\} \pmod{p}$$

由此，则得到 $x \equiv (x_1 + p t_1) \pmod{p^2}$ 是同余式 $g(x) \equiv 0 \pmod{p^2}$ 的解。

若在 $i \leq \beta - 1$ 时，结论都成立，即 $g(x) \equiv 0 \pmod{p^{\beta-1}}$ 有解为 $x = x_{\beta-1} + p^{\beta-1} t_{\beta-1}$，$t_{\beta-1} = 0, \pm 1, \pm 2, \cdots$，则考虑 $g(x_{\beta-1} + p^{\beta-1} t_{\beta-1}) \equiv 0 \pmod{p^\beta}$ 的求解。

同样，根据泰勒公式，以及 $p^{2(\beta-1)} \geq p^\beta$，$(\beta \geq 3)$，有

$$g(x_{\beta-1}) + p^{\beta-1} t_{\beta-1} g'(x_{\beta-1}) \equiv 0 \pmod{p^\beta}$$

由于

$$g(x_{\beta-1}) \equiv 0 \pmod{p^{\beta-1}}$$

可得到

$$t_{\beta-1} g'(x_{\beta-1}) \equiv -\frac{g(x_{\beta-1})}{p^{\beta-1}} \pmod{p}$$

又由于

$$g'(x_{\beta-1}) \equiv g'(x_{\beta-2}) \equiv g'(x_{\beta-3}) \equiv \cdots \equiv g'(x_1)(\bmod p)$$

则有

$$\left[g'(x_{\beta-1}), p\right] = \left[g'(x_{\beta-2}), p\right] = \left[g'(x_{\beta-3}), p\right] \cdots = \left[g'(x_1), p\right] = 1$$

故得到

$$t_{\beta-1} \equiv -\frac{g(x_{\beta-1})}{p^{\beta-1}}\left[g'(x_{\beta-1})^{-1}(\bmod p)\right](\bmod p)$$

最终得到 $g(x) \equiv 0(\bmod p^{\beta})$ 的解为

$$x = x_{\beta} \equiv (x_{\beta-1} + p^{\beta-1}t_{\beta-1})(\bmod p^{\beta})$$

由此得到，在已知 $g(x) \equiv 0(\bmod p)$ 的解为 $x_1$ 的条件下，$g(x) \equiv 0(\bmod p^{\beta})$ 的解为

$$\begin{cases} x_i \equiv (x_{i-1} + p^{i-1}t_{i-1}) & (\bmod p^i) \\ t_{i-1} \equiv -\dfrac{g(x_{i-1})}{p^{i-1}}\left[g'(x_1)^{-1}(\bmod p)\right](\bmod p) \end{cases}$$

其中，$i = 2, \cdots, \beta$。这样，就证明了定理 4 中的同余式解的存在条件。

此外，由于在 $x^2 \equiv a(\bmod p)$ 有解时，它仅有两个解，而且它的一个解能够对应推导出 $x^2 \equiv a(\bmod p^{\beta})$ 的一个解，所以 $x^2 \equiv a(\bmod p^{\beta})$ 的解的个数也是 2。

特别地，若取 $\beta = 1$，则相关的二次同余式就是模为奇素数的同余式，其解的个数可以统一地表示为 $1 + \left(\dfrac{a}{p}\right)$，其中 $\left(\dfrac{a}{p}\right)$ 为 Legendre 符号。

接下来，讨论当模数为 $2^{\alpha}$ 时，$x^2 \equiv a(\bmod 2^{\alpha})$，$\alpha \geqslant 1$ 形式的同余式的解的存在条件和解的个数。

**定理 5：**设 $\alpha > 1$，则 $x^2 \equiv a(\bmod 2^{\alpha})$ 有解的充分必要条件叙述如下。

当 $\alpha = 2$ 时，整数 $a$ 必须满足 $a \equiv 1(\bmod 4)$，此时对应同余式有 2 个解；当 $\alpha \geqslant 3$ 时，整数 $a$ 必须满足 $a \equiv 1(\bmod 8)$，此时对应同余式有 4 个解。

证明：若 $x^2 \equiv a(\bmod 2^{\alpha})$ 有解，则不妨设解为 $x_1$，满足 $x_1^2 \equiv a(\bmod 2^{\alpha})$，根据 $(2, a) = 1$，得到 $(2, x_1) = 1$，由此记 $x_1 = 1 + 2t$，故有 $a \equiv x_1^2 \equiv (1 + 2t)^2 \equiv [1 + 4t(t+1)](\bmod 2^{\alpha})$，由于连续的两个整数相乘一定是偶数，所以设 $t(t+1) = 2k$，$k \in \mathbb{Z}$，则当 $\alpha = 2$ 时，显然有

$$a \equiv x_1^2 \equiv (1 + 2t)^2 \equiv [1 + 4t(t+1)](\bmod 4) \Rightarrow a \equiv 1(\bmod 4)$$

当 $\alpha \geqslant 3$ 时，有

$$a \equiv [1 + 4t(t+1)](\bmod 2^{\alpha}) \Rightarrow a \equiv (1 + 8kt)(\bmod 2^{\alpha}) \Rightarrow a \equiv 1(\bmod 8)$$

结论成立。

反过来，当 $\alpha = 2$ 时，由于 $a \equiv 1(\bmod 4)$，故取 $x \equiv \pm 1(\bmod 4)$，由 $x^2 \equiv (\pm 1)^2 = 1 \equiv a(\bmod 4)$

得到解为 $x \equiv \pm 1 (\mathrm{mod}\, 4)$，共计 2 个解。

当 $\alpha = 3$，$a \equiv 1 (\mathrm{mod}\, 8)$ 时，可以验证 $x \equiv \pm 1 (\mathrm{mod}\, 8)$，$x \equiv \pm 5 (\mathrm{mod}\, 8)$ 是同余式的全部解，解的个数共计为 4，具体的解可表示为 $\pm (x_3 + 2^2 t_3)$，$t_3 = 0, \pm 1, \pm 2, \cdots$。

当 $\alpha = 4$ 时，由于 $(x_3 + 2^2 t_3)^2 \equiv a (\mathrm{mod}\, 2^4)$，又由于 $2 x_3 (2^2 t_3) \equiv 2^3 t_3 (\mathrm{mod}\, 2^4)$，所以有

$$(x_3^2 + 2^2 t_3) \equiv a (\mathrm{mod}\, 2^4)$$

进而得到

$$t_3 \equiv \frac{a - x_3^2}{2^3} (\mathrm{mod}\, 2)$$

故得到 $x^2 \equiv a (\mathrm{mod}\, 2^4)$ 的解为

$$x \equiv \pm \left( 1 + 4 \frac{a - x_3^2}{8} + 2^3 t_4 \right) (\mathrm{mod}\, 2^4) \equiv \pm (x_4 + 2^3 t_4), \quad t_4 = 0, \pm 1, \pm 2, \cdots$$

相同的道理，当 $\alpha \geq 5$ 时，若满足 $x^2 \equiv a (\mathrm{mod}\, 2^{\alpha-1})$ 的解为

$$x \equiv \pm (x_{\alpha-1} + 2^{\alpha-2} t_{\alpha-1}) (\mathrm{mod}\, 2^{\alpha-1}), \quad t_{\alpha-1} = 0, \pm 1, \pm 2, \cdots$$

由于

$$2 \left[ x_{\alpha-1} (2^{\alpha-2} t_{\alpha-1}) \right] \equiv 2^{\alpha-1} t_{\alpha-1} (\mathrm{mod}\, 2^{\alpha-1})$$

$$(x_{\alpha-1} + 2^{\alpha-2} t_{\alpha-1})^2 \equiv a (\mathrm{mod}\, 2^{\alpha})$$

所以得到

$$t_{\alpha-1} \equiv \frac{a - x_{a-1}^2}{2^{\alpha-1}} (\mathrm{mod}\, 2)$$

最终得到同余式的解为

$$x = \pm (x_{\alpha} + 2^{\alpha-1} t_{\alpha}), \quad t_{\alpha} = 0, \pm 1, \pm 2, \cdots$$

对它们取模 $2^{\alpha}$ 后，可得到具体的解为 $\pm x_{\alpha}$ 和 $\pm (x_{\alpha} + 2^{\alpha-1})$，故共计有 4 个解。

此外，当 $\alpha = 1$ 时，对应的同余式可表示为 $x^2 \equiv a (\mathrm{mod}\, 2)$，若 $a \equiv 0 (\mathrm{mod}\, 2)$，则对应的同余式为 $x^2 \equiv 0 (\mathrm{mod}\, 2)$，得到解 $x \equiv 0 (\mathrm{mod}\, 2)$；若 $a \equiv 1 (\mathrm{mod}\, 2)$，由 $x^2 \equiv 1 (\mathrm{mod}\, 2)$ 可得，具体的解为 $x \equiv \pm 1 (\mathrm{mod}\, 2) \Rightarrow x \equiv 1 (\mathrm{mod}\, 2)$，由此得到，当模数为 2 时，同余式恒有解，而且解的个数为 2。

因此，设整数 $m = 2^{\alpha} \prod_{i=1}^{k} p_i^{\beta_i}$，其中 $p_i$（$i = 1, 2, \cdots, k$）为互不相同的素数，设多项式 $f(x) \equiv (x^2 - a)(\mathrm{mod}\, m)$，则有

$$f(x) \equiv 0 (\mathrm{mod}\, m) \Leftrightarrow (x^2 - a) \equiv 0 (\mathrm{mod}\, m)$$

即二次同余式的解就是多项式 $f(x)$ 的解，进而也等价于

$$\begin{cases} f(x) \equiv 0 (\bmod 2^{\alpha}) \\ f(x) \equiv 0 (\bmod p_1^{\beta_1}) \\ \quad\vdots \\ f(x) \equiv 0 (\bmod p_k^{\beta_k}) \end{cases}$$

的解，如果把 $f(x) \equiv 0(\bmod 2^{\alpha})$，$f(x) \equiv 0(\bmod p_1^{\beta_1})$，$\cdots$，$f(x) \equiv 0(\bmod p_k^{\beta_k})$ 中的每一个同余式的解的个数分别记为 $s_0, s_1, \cdots, s_k$，那么 $f(x) \equiv (x^2 - a) \equiv 0(\bmod m)$ 的解的个数为 $\prod_{i=0}^{k} s_i$，这是因为，设 $f(x) \equiv (x^2 - a) \equiv 0(\bmod 2^{\alpha})$ 的解为 $b_0$，$f(x) \equiv (x^2 - a) \equiv 0(\bmod p_i^{\beta_i})$，$i = 1, 2, \cdots, k$ 的解为 $b_1, b_2, \cdots, b_k$，即

$$\begin{cases} x \equiv b_0 (\bmod 2^{\alpha}) \\ x \equiv b_1 (\bmod p_1^{\beta_1}) \\ \quad\vdots \\ x \equiv b_i (\bmod p_i^{\beta_i}) \\ \quad\vdots \\ x \equiv b_k (\bmod p_k^{\beta_k}) \end{cases}$$

这是一个一次同余式组，根据中国剩余定理，它有唯一解

$$x \equiv \left[ \sum_{i=0}^{k} M_i' M_i b_i \right] (\bmod m)$$

可以验证 $x \equiv \left[ \sum_{i=0}^{k} M_i' M_i b_i \right] (\bmod m)$ 也是 $f(x) \equiv 0(\bmod m)$ 的解，因为 $f(x) \equiv f(b_0) \equiv 0(\bmod 2^{\alpha})$，$f(x) \equiv f(b_i) \equiv 0(\bmod p_i^{\beta_i})$，所以，$x$ 随 $b_i$ 遍历 $f(x) \equiv 0(\bmod 2^{\alpha})$ 和 $f(x) \equiv 0(\bmod p_i^{\beta_i})$ 的所有解，进而 $x$ 遍历 $f(x) \equiv 0(\bmod m)$ 的所有解，其中 $i = 1, 2, \cdots, k$。由此得到 $f(x) \equiv 0(\bmod m)$ 的解数为 $\prod_{i=0}^{k} s_i$。

至此，解决了当模数为合数时的二次同余式解的存在性、具体计算方法及解的个数问题。

## 5.9　素数的平方表示

在二次同余式中还有一个叫作素数的平方表示的相关问题，它是指，怎么样的素数可以用 $x^2 + y^2$ 来表示，其中 $x \in \mathbb{Z}$，$y \in \mathbb{Z}$，或者说具有何种特点的素数可以表示成两个整数的平方和。下面的定理回答了这个问题。

**定理**：设 $p$ 为素数，则 $x^2 + y^2 = p$，$x \in \mathbb{Z}$，$y \in \mathbb{Z}$ 成立的充要条件为 $p = 2$ 或者 $p \equiv 1(\bmod 4)$。由前面的介绍不难发现 $p \equiv 1(\bmod 4)$ 等价于 $\left( \dfrac{-1}{p} \right) = 1$，即 $-1$ 是模 $p$ 的二次剩余。

证明：若 $x^2 + y^2 = p$，$x \in \mathbb{Z}, y \in \mathbb{Z}$ 有解，不妨设解为 $(x_0, y_0)$，则

$$0 < |x_0| < p, \quad 0 < |y_0| < p, \quad (|x_0|, p) = 1, \quad (|y_0|, p) = 1$$

因此存在 $x_0^{-1}$，满足

$$x_0^{-1} x_0 \equiv 1 (\mathrm{mod}\, p)$$

故当 $p > 2$ 时，有

$$(y_0 x_0^{-1})^2 = y_0^2 (x_0^{-1})^2 = (p - x_0^2)(x_0^{-1})^2 = p(x_0^{-1})^2 - x_0^2 (x_0^{-1})^2 = p(x_0^{-1})^2 - 1$$

进而得到

$$(y_0 x_0^{-1})^2 \equiv -1 (\mathrm{mod}\, p)$$

这说明，$(y_0 x_0^{-1})$ 是二次同余式 $x^2 \equiv -1(\mathrm{mod}\, p)$ 的解，从而有

$$\left( \frac{-1}{p} \right) = 1$$

即有

$$p \equiv 1 (\mathrm{mod}\, 4)$$

此外，当 $x^2 = 1$，$y^2 = 1$ 时，满足 $x^2 + y^2 = 2$。

反过来，当 $p = 2$ 时，有 $p = 1^2 + 1^2$，方程有解；当 $p > 2$ 时，$p \equiv 1(\mathrm{mod}\, 4)$，由此可以得到

$$\left( \frac{-1}{p} \right) = (-1)^{\frac{p-1}{2}} = (-1)^{2k} = 1$$

其中 $p = 4k + 1$，$k \in \mathbb{Z}$。

由此可知 $x^2 \equiv -1(\mathrm{mod}\, p)$ 存在解，不妨设解为 $x_0$，则有

$$x_0^2 \equiv -1 (\mathrm{mod}\, p), \quad 0 < |x| < \frac{p}{2}$$

由此对整数 $x_0$ 及 $y_0 = 1$，就有

$$(x_0^2 + y_0^2) \equiv (-1 + 1) \equiv 0 (\mathrm{mod}\, p)$$

进而得到

$$0 < (x_0^2 + y_0^2) = mp, \quad m \in \mathbb{N}$$

设 $n$ 是满足 $0 < (x_0^2 + y_0^2) = mp$，$m \in \mathbb{N}$ 的最小的自然数，则需要证明 $n=1$。

事实上，假设 $n > 1$，令 $s \equiv x(\mathrm{mod}\, n)$，$t \equiv y(\mathrm{mod}\, n)$ 且满足 $|s| \leqslant \frac{n}{2}$，$|t| \leqslant \frac{n}{2}$，那么有

$$(s^2 + t^2) \equiv (x^2 + y^2)(\mathrm{mod}\, n)$$

$$0 < (s^2 + t^2) \leqslant \frac{n^2}{2}$$

进而计算 $(s^2 + t^2)(x^2 + y^2)$ 得到

$$(s^2 + t^2)(x^2 + y^2) = n'n^2 p, \ 0 < n' < n$$

由于 $(sx + ty) \equiv (x^2 + y^2)(\bmod n)$ ，以及 $(sy - tx) \equiv 0(\bmod n)$ ，则

$$\begin{aligned}
(s^2 + t^2)(x^2 + y^2) &= (sx)^2 + (tx)^2 + (sy)^2 + (ty)^2 + 2sxty - 2stxy \\
&= [(sx)^2 + 2sxty + (ty)^2] + [(sy)^2 - 2stxy + (tx)^2] \\
&= ((sx) + (ty))^2 + ((sy) - (tx))^2 = n'n^2 p
\end{aligned}$$

其中，$0 < n' < n$。可得整数 $u = \dfrac{sx + ty}{n}$ ， $v = \dfrac{sy - tx}{n}$ 及 $n'$ ，满足

$$u^2 + v^2 = (\frac{sx + ty}{n})^2 + (\frac{sy - ty}{n})^2 = n'p$$

又由于 $0 < n' < n$ ，这与 $n$ 为最小的自然数矛盾，故假设不成立，由此得到 $n = 1$ ，在满足题设的条件下，有

$$(x^2 + y^2) = p$$

结论成立。

## 5.10 高次同余式

这里简要讨论高次同余式 $x^n \equiv a(\bmod m)$ ，$a \in \mathbb{Z}$ ，$(a, m) = 1$ ，$n > 2$ 的解存在的条件和解的个数等相关问题。

**定义 1**：设 $m$ 为大于 1 的自然数，整数 $a$ 满足 $(a, m) = 1$ ，如果 $n$ 次同余式 $x^n \equiv a(\bmod m)$ 有解，则 $a$ 称为模 $m$ 的 $n$ 次剩余；若同余式无解，则 $a$ 称为模 $m$ 的 $n$ 次非剩余。

解决这些问题已经有了一套成熟的方法，那就是采用原根、指数、指标等相关结论进行处理。根据 Euler 定理，对于大于 1 的整数 $m$ 和与之互素的整数 $a$ ，总有 $a^{\varphi(m)} \equiv 1(\bmod m)$ 。显然，当 $m$ 较大时，Euler 定理本身就构成一个高次同余式。与此类似，先引进原根与指数的概念，并进行分析。

**定义 2**：设 $m$ 是大于 1 的整数，正整数 $a$ 与 $m$ 互素，若正整数 $e$ 是满足 $a^e \equiv 1(\bmod m)$ 的最小整数，则称 $e$ 为 $a$ 对模 $m$ 的指数，记为 $\mathrm{ord}_m(a)$ 。若 $\mathrm{ord}_m(a) = \varphi(m)$ ，则称 $a$ 为模 $m$ 的原根。

**例 1**：设 $a = 3$ ，$m = 5$ ，求 $\mathrm{ord}_5(3)$ 。

解：由于 $3^1 \equiv 3(\bmod 5), 3^2 \equiv 4(\bmod 5), 3^3 \equiv 2(\bmod 5), 3^4 \equiv 1(\bmod 5)$ ，故 $\mathrm{ord}_5(3) = 4$ ，又由于 $\varphi(5) = 4$ ，故 $a = 3$ 是模 5 的原根。

**例 2**：求 $\mathrm{ord}_7(2)$ ，并判断 2 是否是模 7 的原根。

解：由于 $2^1 \equiv 2(\bmod 7), 2^2 \equiv 4(\bmod 7), 2^3 \equiv 1(\bmod 7)$ ，$\varphi(7) = 6$ ，故得到 $\mathrm{ord}_7(2) = 3$ ，2 不

是模 7 的原根。

特别地，当 $a=1$ 时，对于任何大于 1 的整数 $m$ ，恒有 $(a,m)=1$ ，故有 $\text{ord}_m(1)=1$ 。

**定理 1**：设 $m$ 是大于 1 的整数，正整数 $a$ 满足 $(a,m)=1$ ，则整数 $d$ 满足 $a^d \equiv 1(\bmod m)$ 的充要条件为 $\text{ord}_m(a)\big|d$ 。

证明：由 $\text{ord}_m(a)\big|d$ 知， $d = \text{ord}_m(a)\cdot q,\ q\in\mathbb{Z}$ ，故有

$$a^{\text{ord}_m(a)} \equiv 1(\bmod m) \Rightarrow a^d = (a^{\text{ord}_m(a)})^q \equiv 1(\bmod m)$$

结论成立。

反之，由欧几里得除法得到

$$d = q\cdot\text{ord}_m(a)+r,\ 0\le r < \text{ord}_m(a)$$

故有

$$\left.\begin{array}{l} a^d \equiv 1(\bmod m) \Rightarrow a^{q\cdot\text{ord}_m(a)+r} \equiv 1(\bmod m) \\ a^{\text{ord}_m(a)} \equiv 1(\bmod m) \\ 0\le r < \text{ord}_m(a) \end{array}\right\} \Rightarrow a^r \equiv 1(\bmod m) \left.\right\} \Rightarrow r=0$$

由此得到

$$d = q\cdot\text{ord}_m(a),\ q\in\mathbb{Z}$$

结论成立。

显然，总是有 $\text{ord}_m(a)\big|\varphi(m)$ ，这一点说明 $\text{ord}_m(a)$ 一定是 $\varphi(m)$ 的因数。

**定理 2**：给定整数 $m(m>1)$ 及 $a$ ，满足 $(a,m)=1$ ，若有整数 $b$ ，满足 $b\equiv a(\bmod m)$ ，则有 $\text{ord}_m(b)=\text{ord}_m(a)$ ；若有 $a^{-1}$ ，满足 $a^{-1}a\equiv 1(\bmod m)$ ，则有 $\text{ord}_m(a^{-1})=\text{ord}_m(a)$ 。

证明：因为 $b\equiv a(\bmod m)$ ，所以有

$$b^{\text{ord}_m(a)} \equiv a^{\text{ord}_m(a)}(\bmod m) \Rightarrow b^{\text{ord}_m(a)} \equiv 1(\bmod m) \Rightarrow \text{ord}_m(b)\big|\text{ord}_m(a)$$
$$b^{\text{ord}_m(b)} \equiv a^{\text{ord}_m(b)}(\bmod m) \Rightarrow a^{\text{ord}_m(b)} \equiv 1(\bmod m) \Rightarrow \text{ord}_m(a)\big|\text{ord}_m(b)$$

则得到

$$\text{ord}_m(a) = \text{ord}_m(b)$$

同样的道理，对 $a^{-1}$ 和 $a$ 来说，由于

$$(a^{-1})^{\text{ord}_m(a)} = (a^{\text{ord}_m(a)})^{-1} \equiv 1(\bmod m) \Rightarrow \text{ord}_m(a^{-1})\big|\text{ord}_m(a)$$
$$(a)^{\text{ord}_m(a^{-1})} = (a^{-1})^{-\text{ord}_m(a^{-1})} = [(a^{-1})^{\text{ord}_m(a^{-1})}]^{-1} \equiv 1(\bmod m) \Rightarrow \text{ord}_m(a)\big|\text{ord}_m(a^{-1})$$

则得到

$$\text{ord}_m(a) = \text{ord}_m(a^{-1})$$

应用定理 2，可以简化求指数的具体计算过程。

**例 3**：求 $\text{ord}_{11}(13)$ 。

解：因为 $13 \equiv 2(\mathrm{mod}\,11)$，所以得到 $\mathrm{ord}_{11}(13) = \mathrm{ord}_{11}(2)$，而

$$2^1 \equiv 2(\mathrm{mod}\,11),\ 2^2 \equiv 4(\mathrm{mod}\,11),\ 2^3 \equiv 8(\mathrm{mod}\,11),\ 2^4 \equiv 5(\mathrm{mod}\,11),\ 2^5 \equiv 10(\mathrm{mod}\,11)$$

$$2^7 \equiv 7(\mathrm{mod}\,11),\ 2^8 \equiv 3(\mathrm{mod}\,11),\ 2^9 \equiv 6(\mathrm{mod}\,11),\ 2^{10} \equiv 1(\mathrm{mod}\,11)$$

得到 $\mathrm{ord}_{11}(13) = \mathrm{ord}_{11}(2) = 10$。进一步可知，13 和 2 都是模 11 的原根。

**定理 3**：设整数 $m(m>1)$，整数 $a$ 与 $m$ 互素，则 $a^d \equiv a^k(\mathrm{mod}\,m)$ 成立的充要条件为 $d \equiv k(\mathrm{mod}\,\mathrm{ord}_m(a))$。

证明：由于 $d \equiv k(\mathrm{mod}\,\mathrm{ord}_m(a))$，则有 $d = k + q\cdot\mathrm{ord}_m(a),\ q \in \mathbb{Z}$，故

$$\left.\begin{array}{l} a^d = a^{q\cdot\mathrm{ord}_m(a)}a^k \\ a^{\mathrm{ord}_m(a)} \equiv 1(\mathrm{mod}\,m) \end{array}\right\} \Rightarrow a^d \equiv a^k(\mathrm{mod}\,m)$$

反之，设

$$d = q_1\cdot\mathrm{ord}_m(a) + r_1,\ k = q_2\cdot\mathrm{ord}_m(a) + r_2$$

其中，$q_1 \in \mathbb{Z},\ 0 \leqslant r_1 < \mathrm{ord}_m(a),\ q_2 \in \mathbb{Z},\ 0 \leqslant r_2 < \mathrm{ord}_m(a)$，则有

$$\left.\begin{array}{l} \left.\begin{array}{l} a^k = a^{q_2\cdot\mathrm{ord}_m(a)+r_2} \\ a^{q_2\cdot\mathrm{ord}_m(a)} = (a^{\mathrm{ord}_m(a)})^{q_2} \equiv 1(\mathrm{mod}\,m) \end{array}\right\} \Rightarrow a^k \equiv a^{r_2}(\mathrm{mod}\,m) \\ \left.\begin{array}{l} a^d = a^{q_1\cdot\mathrm{ord}_m(a)+r_1} \\ a^{q_1\cdot\mathrm{ord}_m(a)} = (a^{\mathrm{ord}_m(a)})^{q_1} \equiv 1(\mathrm{mod}\,m) \end{array}\right\} \Rightarrow a^d \equiv a^{r_1}(\mathrm{mod}\,m) \\ a^k \equiv a^d(\mathrm{mod}\,m) \end{array}\right\} \Rightarrow a^{r_1} \equiv a^{r_2}(\mathrm{mod}\,m) \Rightarrow a^{|r_1-r_2|} \equiv 1(\mathrm{mod}\,m)$$

由于 $0 \leqslant r_1 < \mathrm{ord}_m(a),\ 0 \leqslant r_2 < \mathrm{ord}_m(a)$，故 $0 \leqslant |r_1 - r_2| < \mathrm{ord}_m(a)$，因此有

$$\left.\begin{array}{l} a^{|r_1-r_2|} \equiv 1(\mathrm{mod}\,m) \\ 0 \leqslant |r_1 - r_2| < \mathrm{ord}_m(a) \end{array}\right\} \Rightarrow r_1 = r_2$$

由此得到

$$d \equiv k(\mathrm{mod}\,_m(a))$$

**定理 4**：设正整数 $m$（$m>1$），整数 $a$ 满足 $(a,m)=1$，则对大于 1 的整数 $d$，有

$$\mathrm{ord}_m(a^d) = \frac{\mathrm{ord}_m(a)}{(\mathrm{ord}_m(a),d)}$$

证明：由

$$\left.\begin{array}{l} (a^d)^{\mathrm{ord}_m(a^d)} \equiv 1(\mathrm{mod}\,m) \\ (a^d)^{\mathrm{ord}_m(a^d)} = a^{d\cdot\mathrm{ord}_m(a^d)} \end{array}\right\} \Rightarrow a^{d\cdot\mathrm{ord}_m(a^d)} \equiv 1(\mathrm{mod}\,m)$$

故有

$$\mathrm{ord}_m(a) \mid d\cdot\mathrm{ord}_m(a^d)$$

又有

$$d \mid (d \cdot \mathrm{ord}_m(a^d))$$

可以得到

$$\left.\begin{array}{c}\dfrac{\mathrm{ord}_m(a)}{(\mathrm{ord}_m(a),d)}\left|\dfrac{(d \cdot \mathrm{ord}_m(a^d))}{(\mathrm{ord}_m(a),d)}\right.\\[3mm]\dfrac{\mathrm{ord}_m(a)}{(\mathrm{ord}_m(a),d)},\dfrac{d}{(\mathrm{ord}_m(a),d)})=1\end{array}\right\}\Rightarrow \dfrac{\mathrm{ord}_m(a)}{(\mathrm{ord}_m(a),d)}\left|\mathrm{ord}_m(a^d)\right.$$

另一方面，由于

$$(a^d)^{\frac{\mathrm{ord}_m(a)}{(\mathrm{ord}_m(a),d)}}=a^{\mathrm{ord}_m(a)\frac{d}{(\mathrm{ord}_m(a),d)}}=(a^{\mathrm{ord}_m(a)})^{\frac{d}{(\mathrm{ord}_m(a),d)}}\equiv 1(\mathrm{mod}\,m)$$

$$\Rightarrow \mathrm{ord}_m(a^d)\left|\dfrac{\mathrm{ord}_m(a)}{(\mathrm{ord}_m(a),d)}\right.$$

因此

$$\mathrm{ord}_m(a^d)=\dfrac{\mathrm{ord}_m(a)}{(\mathrm{ord}_m(a),d)}$$

根据这个定理不难发现，如果 $a$ 是一个以整数 $m$ $(m>1)$ 为模数的原根，另设整数 $d \geq 0$，那么 $a^d$ 是模 $m$ 的原根的充要条件为 $(d,\varphi(m))=1$。事实上，因为 $a$ 是模 $m$ 的原根，所以有 $\mathrm{ord}_m(a)=\varphi(m)$，以及有

$$\left.\begin{array}{c}\mathrm{ord}_m(a^d)=\dfrac{\mathrm{ord}_m(a)}{(\mathrm{ord}_m(a),d)}=\dfrac{\varphi(m)}{(\varphi(m),d)}\\[3mm](\varphi(m),d)=1\end{array}\right\}\Rightarrow \mathrm{ord}_m(a^d)=\varphi(m)$$

所以 $a^d$ 是模 $m$ 的原根。反过来有

$$\left.\begin{array}{c}\mathrm{ord}_m(a^d)=\dfrac{\mathrm{ord}_m(a)}{(\mathrm{ord}_m(a),d)}=\dfrac{\varphi(m)}{(\varphi(m),d)}\\[3mm]\mathrm{ord}_m(a^d)=\varphi(m)\end{array}\right\}\Rightarrow 1<\varphi(m)=\dfrac{\varphi(m)}{(\varphi(m),d)}\Rightarrow (\varphi(m),d)=1$$

**定理 5**：给定大于 1 的整数 $m$，若存在一个整数 $a$ 是模 $m$ 的原根，则模 $m$ 有 $\varphi(\varphi(m))$ 个不同的原根。

证明：首先，由 $a$ 对模 $m$ 的指数 $\mathrm{ord}_m(a)$ 可知 $1=a^0,a,a^2,\cdots,a^{\mathrm{ord}_m(a)-1}$ 关于模 $m$ 两两不同余，这由反证法容易证得。特别地，当 $a$ 为模 $m$ 的原根时，对应的 $1=a^0,a,a^2,\cdots,a^{\varphi(m)-1}$ 也是关于模 $m$ 两两不同余，且构成关于模 $m$ 的简化剩余系的代表元。进一步，由于这 $\varphi(m)$ 个代表元能够成为模 $m$ 的原根的充要条件为相应的指数与 $\varphi(m)$ 互素，由 Euler 函数的定义可得，满足条件的代表元个数为 $\varphi(\varphi(m))$，故模 $m$ 的原根个数为 $\varphi(\varphi(m))$。

**例 4**：求模 7 的原根个数。

解：原根的个数为 $\varphi(\varphi(7))=\varphi(6)=2$。通过对指数的计算有

$$\mathrm{ord}_7(1)=1,\quad \mathrm{ord}_7(2)=3,\quad \mathrm{ord}_7(3)=6,\quad \mathrm{ord}_7(4)=3,\quad \mathrm{ord}_7(5)=6,\quad \mathrm{ord}_7(6)=2$$

不难发现，它的原根为 2 和 5，故原根个数为 2。同样，当模数为 11 时，它的原根个数为 $\varphi(\varphi(11))=\varphi(10)=4$。具体的指数计算为

$$\mathrm{ord}_{11}(1)=1,\quad \mathrm{ord}_{11}(2)=10,\quad \mathrm{ord}_{11}(3)=5,\quad \mathrm{ord}_{11}(4)=5,\quad \mathrm{ord}_{11}(5)=5,\quad \mathrm{ord}_{11}(6)=10$$

$$\mathrm{ord}_{11}(7)=10,\quad \mathrm{ord}_{11}(8)=10,\quad \mathrm{ord}_{11}(9)=5,\quad \mathrm{ord}_{11}(10)=2$$

考虑到指数是 $\varphi(m)$ 的因数，因此重点考察 $\varphi(m)$ 的因数 $d$ 是否满足 $a^d \equiv 1 (\mathrm{mod}\, m)$，这样也可有效减少具体的计算量。

指数之间的具体计算的相关性质列举如下。

**定理 6**：设 $m>1$，$m$ 为整数，且 $a$ 和 $b$ 为分别与 $m$ 互素的整数，若 $(\mathrm{ord}_m(a), \mathrm{ord}_m(b))=1$，则有

$$\mathrm{ord}_m(ab)=\mathrm{ord}_m(a)\cdot \mathrm{ord}_m(b)$$

证明：由于

$$a^{\mathrm{ord}_m(a)}\equiv 1(\mathrm{mod}\, m)\Rightarrow [a^{\mathrm{ord}_m(a)}]^{\mathrm{ord}_m(ab)}\equiv 1(\mathrm{mod}\, m)$$

所以可得到

$$b^{\mathrm{ord}_m(a)\cdot \mathrm{ord}_m(ab)}\equiv b^{\mathrm{ord}_m(a)\cdot \mathrm{ord}_m(ab)}a^{\mathrm{ord}_m(a)\cdot \mathrm{ord}_m(ab)}$$

$$\equiv (ab)^{\mathrm{ord}_m(a)\cdot \mathrm{ord}_m(ab)}\equiv [(ab)^{\mathrm{ord}_m(ab)}]^{\mathrm{ord}_m(a)}\equiv 1(\mathrm{mod}\, m)$$

则有

$$\left.\begin{array}{r}\mathrm{ord}_m(b)\big|\mathrm{ord}_m(a)\cdot \mathrm{ord}_m(ab)\\ (\mathrm{ord}_m(a),\mathrm{ord}_m(b))=1\end{array}\right\}\Rightarrow \mathrm{ord}_m(b)\big|\mathrm{ord}_m(ab)$$

同样的道理，可得到

$$\mathrm{ord}_m(a)\big|\mathrm{ord}_m(ab)$$

则有

$$[\mathrm{ord}_m(a),\mathrm{ord}_m(b)]\big|\mathrm{ord}_m(ab)$$

又因为

$$(\mathrm{ord}_m(a),\mathrm{ord}_m(b))=1$$

可得到

$$[\mathrm{ord}_m(a),\mathrm{ord}_m(b)]=\mathrm{ord}_m(b)\mathrm{ord}_m(a)$$

故有

$$(\mathrm{ord}_m(b)\cdot \mathrm{ord}_m(a))\big|\mathrm{ord}_m(ab)$$

此外，由于

$$(ab)^{\mathrm{ord}_m(a)\cdot\mathrm{ord}_m(b)} = (a)^{\mathrm{ord}_m(b)\cdot\mathrm{ord}_m(a)}(b)^{\mathrm{ord}_m(b)\cdot\mathrm{ord}_m(a)}$$
$$= [(a)^{\mathrm{ord}_m(a)}]^{\mathrm{ord}_m(b)}[(b)^{\mathrm{ord}_m(b)}]^{\mathrm{ord}_m(a)} \equiv 1(\mathrm{mod}\,m)$$

所以有

$$\mathrm{ord}_m(ab)\big|(\mathrm{ord}_m(b)\cdot\mathrm{ord}_m(a))$$

最终得到

$$\mathrm{ord}_m(ab) = \mathrm{ord}_m(b)\cdot\mathrm{ord}_m(a)$$

反过来，当 $\mathrm{ord}_m(ab) = \mathrm{ord}_m(b)\cdot\mathrm{ord}_m(a)$ 成立时，由

$$(ab)^{[\mathrm{ord}_m(b),\mathrm{ord}_m(a)]} = a^{[\mathrm{ord}_m(b),\mathrm{ord}_m(a)]}\cdot b^{[\mathrm{ord}_m(b),\mathrm{ord}_m(a)]} \equiv 1(\mathrm{mod}\,m)$$

则有

$$\left.\begin{array}{l} \mathrm{ord}_m(ab)\big|[\mathrm{ord}_m(b),\mathrm{ord}_m(a)] \\ \mathrm{ord}_m(ab) = \mathrm{ord}_m(a)\cdot\mathrm{ord}_m(b) \end{array}\right\} \Rightarrow (\mathrm{ord}_m(a)\cdot\mathrm{ord}_m(b))\big|[\mathrm{ord}_m(b),\mathrm{ord}_m(a)] \left.\right\}$$
$$[\mathrm{ord}_m(b),\mathrm{ord}_m(a)]\big|(\mathrm{ord}_m(a)\cdot\mathrm{ord}_m(b))$$
$$\Rightarrow [\mathrm{ord}_m(b),\mathrm{ord}_m(a)] = (\mathrm{ord}_m(a)\cdot\mathrm{ord}_m(b))$$

定理得证。

以上性质都是在模数 $m$ 不变的前提下给出的，当模数变化时，也有相应的结论。

**定理 7**：设正整数 $m$ 和 $n$ 都大于 1，整数 $a$ 满足 $(m,a)=1$，则当 $n\big|m$ 时，有 $\mathrm{ord}_n(a)\big|\mathrm{ord}_m(a)$；当 $(m,n)=1$ 且满足 $(a,n)=1$ 时，有 $\mathrm{ord}_{nm}(a) = [\mathrm{ord}_m(a),\mathrm{ord}_n(a)]$。

证明：由 $(m,a)=1$ 及 $n\big|m$，可得 $(n,a)=1$。由于 $a^{\mathrm{ord}_m(a)}\equiv 1(\mathrm{mod}\,m)$，$a^{\mathrm{ord}_n(a)}\equiv 1(\mathrm{mod}\,n)$，故可得到

$$\left.\begin{array}{l} a^{\mathrm{ord}_m(a)}\equiv 1(\mathrm{mod}\,m) \\ n\big|m \Rightarrow m=qn, q\in\mathbb{Z} \end{array}\right\} \Rightarrow a^{\mathrm{ord}_m(a)}\equiv 1(\mathrm{mod}\,n) \Rightarrow \mathrm{ord}_n(a)\big|\mathrm{ord}_m(a)$$

由于 $n\big|mn$，$m\big|mn$，则有

$$\mathrm{ord}_n(a)\big|\mathrm{ord}_{nm}(a), \quad \mathrm{ord}_m(a)\big|\mathrm{ord}_{nm}(a)$$

故得到

$$[\mathrm{ord}_n(a),\mathrm{ord}_m(a)]\big|\mathrm{ord}_{nm}(a)$$

又由于 $a^{\mathrm{ord}_m(a)}\equiv 1(\mathrm{mod}\,m)$，$a^{\mathrm{ord}_n(a)}\equiv 1(\mathrm{mod}\,n)$，则有

$$a^{[\mathrm{ord}_m(a),\mathrm{ord}_n(a)]}\equiv 1(\mathrm{mod}\,m) \text{ 和 } a^{[\mathrm{ord}_n(a),\mathrm{ord}_m(a)]}\equiv 1(\mathrm{mod}\,n)$$

又由于 $(m,n)=1$，进而可得到

$$a^{[\mathrm{ord}_m(a),\mathrm{ord}_n(a)]}\equiv 1(\mathrm{mod}\,mn)$$

故有

$$\mathrm{ord}_{nm}(a)\big|[\mathrm{ord}_n(a),\mathrm{ord}_m(a)]$$

最终得到

$$\mathrm{ord}_{nm}(a) = [\mathrm{ord}_n(a), \mathrm{ord}_m(a)]$$

所以，当整数 $a$ 是不包含以奇素数 $p, q(q \neq p)$ 为因数的整数时，必定有

$$(a, p) = 1, \ (a, q) = 1, \ (p, q) = 1$$

进而就有

$$\mathrm{ord}_{pq}(a) = [\mathrm{ord}_p(a), \mathrm{ord}_q(a)]$$

进一步，当模数 $m = 2^\alpha \prod_{i=1}^{k} p_i^{\beta_i}$，整数 $a$ 满足 $(a, m) = 1$ 时，则有

$$\mathrm{ord}_m(a) = [\mathrm{ord}_{2^\alpha}(a), \mathrm{ord}_{p_1^{\beta_1}}(a), \cdots, \mathrm{ord}_{p_k^{\beta_k}}(a)]$$

**定理 8**：设 $m$ 和 $n$ 都是大于 1 的整数，且 $(m, n) = 1$，对于整数 $a_i$，$i = 1, 2$，当满足 $(a_i, mn) = 1$ 时，一定存在整数 $a$，使得 $\mathrm{ord}_{mn}(a) = [\mathrm{ord}_m(a_1), \mathrm{ord}_n(a_2)]$ 成立。

证明：考虑一次同余式组

$$\begin{cases} x \equiv a_1 (\mathrm{mod}\, n) \\ x \equiv a_2 (\mathrm{mod}\, m) \end{cases}$$

有唯一解

$$x \equiv (M_1' M_1 a_1 + M_2' M_2 a_2)(\mathrm{mod}\, mn)$$

其中，$M_1 = m$，$M_2 = n$，$M_1' m \equiv 1(\mathrm{mod}\, n)$，$M_2' n \equiv 1(\mathrm{mod}\, m)$。故令

$$a \equiv x \equiv (M_1' M_1 a_1 + M_2' M_2 a_2)(\mathrm{mod}\, mn) \equiv (M_1' m a_1 + M_2' n a_2)(\mathrm{mod}\, mn)$$

则有

$$a \equiv a_2 (\mathrm{mod}\, n) \ \text{及} \ a \equiv a_1 (\mathrm{mod}\, m)$$

根据定理 2，得到

$$\mathrm{ord}_m(a) = \mathrm{ord}_m(a_1), \ \mathrm{ord}_n(a) = \mathrm{ord}_n(a_2)$$

由定理 7，最终得到

$$\mathrm{ord}_{mn}(a) = [\mathrm{ord}_m(a), \mathrm{ord}_n(a)] = [\mathrm{ord}_m(a_1), \mathrm{ord}_n(a_2)]$$

结论成立。

在讨论了指数的相关性质以后，自然需要讨论，在何种条件下与模数 $m$（$m > 1$）互素的整数 $a$ 对应的指数总是满足 $\mathrm{ord}_m(a) = \varphi(m)$，即在何种条件下，$a$ 是关于模数 $m$ 的原根。这需要根据模数 $m = 2^\alpha \prod_{i=1}^{k} p_i^{\beta_i}$ 的结构，分多种情况进行分析。

当模数是奇素数或奇素数的指数时，有如下一系列的结论。

**定理 9**：若 $p$ 为奇素数，则有如下结论。

（1）模 $p$ 的原根存在。

（2）若 $a$ 是模 $p$ 的一个原根，则 $a$ 或 $a+p$ 是模 $p^2$ 的原根。

（3）若 $a$ 是模 $p^2$ 的原根，则 $a$ 是模 $p^\beta$ 的原根，其中 $\beta \in \mathbb{N}$。

（4）设 $\beta \in \mathbb{N}$，若 $a$ 是模 $p^\beta$ 的原根，则 $a$ 与 $a+p^\beta$ 中的奇数是模 $2p^\beta$ 的一个原根。

证明：当模数 $p$ 为奇素数时，在模 $p$ 的简化剩余系 $1,2,\cdots,p-1$ 中，记

$$e_r = \operatorname{ord}_m(r),\quad e=[e_1,e_2,\cdots,e_r,\cdots,e_{p-1}]$$

其中，$1 \leqslant r \leqslant p-1$，故根据定理 8，存在整数 $a$，有

$$a^e \equiv 1 (\bmod p)$$

故得到

$$e \mid \varphi(p) \Rightarrow e \mid (p-1),\ \operatorname{ord}_p(r) \mid e,\ r=1,2,\cdots,p-1$$

可以得到 $x^e \equiv 1 (\bmod p)$ 有 $p-1$ 个解，分别为 $x \equiv 1 (\bmod p), x \equiv 2 (\bmod p), \cdots, x \equiv (p-1)(\bmod p)$，由于同余式的解的个数不超过同余式的次数，进而可得 $p-1 \leqslant e$，故 $a$ 的指数为 $p-1$，从而得到 $a$ 是模 $p$ 的原根。（1）得到证明。

当 $a$ 是模 $p$ 的原根时，则有 $\operatorname{ord}_p(a) = \varphi(p) = p-1$，设 $\operatorname{ord}_{p^2}(a) = n$，则有 $a^n \equiv 1(\bmod p)$，就有

$$\operatorname{ord}_p(a) \mid n \Rightarrow (p-1) \mid n$$

因为

$$\left.\begin{array}{c} a^{\varphi(p^2)} \equiv 1(\bmod p^2) \\ n = \operatorname{ord}_{p^2}(a) \end{array}\right\} \Rightarrow n \mid \varphi(p^2)$$

又因为 $\varphi(p^2) = p(p-1)$，所以得到 $n \mid p(p-1)$，由此可得，$n = p(p-1)$ 或 $n = (p-1)$。

若 $n = p(p-1)$，则有 $\operatorname{ord}_{p^2}(a) = p(p-1) = \varphi(p^2)$，这说明 $a$ 是模 $p^2$ 的原根；若 $n = p-1$，根据假设 $a^n \equiv 1(\bmod p^2)$ 得到

$$a^{p-1} \equiv 1(\bmod p^2)$$

需要证明 $a+p$ 是模 $p^2$ 的原根，由于

$$(a+p)^{p-1} = \sum_{i=0}^{p-1} C_{p-1}^i a^i p^{p-1-i}$$

故对其进行求模 $p^2$ 的运算，可得到

$$(a+p)^{p-1} = (\sum_{i=0}^{p-1} C_{p-1}^i a^i p^{p-1-i}) \equiv (a^{p-1} + pa^{p-2}(p-1))(\bmod p^2)$$

进而得到

$$(a+p)^{p-1} \equiv (1 - pa^{p-2})(\bmod p^2)$$

假设 $pa^{p-2} \equiv 0 (\bmod p^2)$ 成立，则有 $a^{p-2} \equiv 0 (\bmod p)$，这是不能做到的。

由此，根据 $(a+p)^{p-1} \equiv (1 - pa^{p-2})(\bmod p^2)$，无法推导出 $(a+p)^{p-1} \equiv 1 (\bmod p^2)$，所以对 $(a+g)$ 来说，$\operatorname{ord}_{p^2}(a+g) \neq p-1$，由此得到

$$\operatorname{ord}_{p^2}(a+g) = p(p-1) = \varphi(p^2)$$

这就说明了 $(a+g)$ 是模 $p^2$ 的一个原根。以上证明了（2）。

设 $a$ 是模 $p^2$ 的一个原根，且 $a^{p-1} \not\equiv 1 (\bmod p^2)$。

先来说明 $a^{p^{\alpha-2}(p-1)}$ 在模 $p^\alpha$ 的条件下不能与 1 同余，当 $\alpha \geq 2$ 时该结论总是成立的。实际上，当 $\alpha = 2$ 时，由 $a^{p-1} \not\equiv 1 (\bmod p^2)$ 可得结论成立。假设当 $\alpha$ 时，$a^{p^{\alpha-2}(p-1)}$ 在模 $p^\alpha$ 的条件下不能与 1 同余，即 $a^{p^{\alpha-2}(p-1)} \not\equiv 1 (\bmod p^\alpha)$ 成立；下面证明当 $\alpha + 1$ 时，这个结论还是成立的。考虑关系式

$$a^{p^{\alpha-2}(p-1)} = 1 + v_{\alpha-2} p^{\alpha-1}$$

其中 $v_{\alpha-2}$ 不能被 $p$ 整除。

对 $a^{p^{\alpha-2}(p-1)} = 1 + v_{\alpha-2} p^{\alpha-1}$ 做 $p$ 次方乘法运算，得到

$$a^{p^{\alpha-1}(p-1)} = (1 + v_{\alpha-2} p^{\alpha-1})^p = \sum_{i=0}^{p} C_p^i 1^i (v_{\alpha-2} p^{\alpha-1})^{p-i}$$

等式两边进行求模 $p^{\alpha+1}$ 运算，可以得到

$$a^{p^{\alpha-1}(p-1)} \equiv (1 + v_{\alpha-2} p^\alpha)(\bmod p^{\alpha+1})$$

由于 $v_{\alpha-2}$ 不能被 $p$ 整除，所以有

$$a^{p^{\alpha-1}(p-1)} \not\equiv 1 (\bmod p^{\alpha+1})$$

由此得到，$a^{p^{\alpha-2}(p-1)} \not\equiv 1 (\bmod p^\alpha)$ 是成立的。

设 $a$ 模 $p^\alpha$ 的指数为 $b$，有 $a^b \equiv 1 (\bmod p^\alpha)$，则 $a^b \equiv 1 (\bmod p^2)$ 也成立，所以有

$$\varphi(p^2) \big| b$$

而 $b \big| \varphi(p^\alpha)$，故把 $b$ 写成 $b = p^{r-1}(p-1), 2 \leq r \leq \alpha$，得到

$$(1 + v_{r-1} p^r) \equiv a^{p^{r-1}(p-1)} \equiv 1 (\bmod p^\alpha)$$

由此得到

$$v_{r-1} p^r \equiv 0 (\bmod p^\alpha)$$

又已知 $p$ 不能整除 $v_{r-1}$，可得 $r = \alpha$，这说明 $a$ 是模 $p^\alpha$ 的原根。也就是说，当 $a$ 是模 $p^2$ 的原根时，$a$ 也是模 $p^\alpha (\alpha \geq 2)$ 的原根。（3）得到证明。

设奇数 $a \geq 1$ 满足同余式

$$a^d \equiv 0 \bmod(p^\alpha)$$

则它也满足

$$a^d \equiv 0 \bmod(2)$$

由此得到

$$a^d \equiv 0 \bmod(2p^\alpha)$$

反之也同样成立。若 $a$ 是奇数，令 $d = \varphi(p^\alpha)$ ，则

$$\varphi(2p^\alpha) = \varphi(p^\alpha) = d$$

当 $a^d \equiv 1 \bmod(p^\alpha)$， $a^r \not\equiv 1(\bmod p^\alpha)$， $0 < r < d$ 时，就有

$$a^d \equiv 1 \bmod(2p^\alpha), \quad a^r \not\equiv 1(\bmod 2p^\alpha), \quad 0 < r < d$$

则 $a$ 是模 $2p^\alpha$ 的原根。

若 $a$ 是偶数，则 $a + p^\alpha$ 为奇数，令 $g = a + p^\alpha$ ，采用同样的方法，可以得到 $g = a + p^\alpha$ 是模 $2p^\alpha$ 的原根，故（4）得证。

当模数为 $2^\alpha$ 时，原根存在的相关结论可归结为如下的定理。

**定理 10**：当模数为 $2^\alpha$ 时，有以下结论。

（1）当 $a$ 为奇数时，对于任意的 $\alpha \geq 3$ ，有 $a^{\frac{\varphi(2^\alpha)}{2}} \equiv a^{2^{\alpha-2}} \equiv 1(\bmod 2^\alpha)$ 。

（2）当 $\alpha \geq 3$ 时，有 $\mathrm{ord}_{2^\alpha}(5) = \dfrac{\varphi(2^\alpha)}{2}$ 。

证明：当 $\alpha = 3$ 时，此时 $\dfrac{\varphi(2^\alpha)}{2} = \dfrac{\varphi(8)}{2} = 2$ ， $a$ 为奇数可表示为 $2k+1$ ，则有

$$\left.\begin{array}{l} a^{\frac{\varphi(2^\alpha)}{2}} = a^2 = 4k(k+1) + 1 \\ 2\big|k(k+1) \Rightarrow 8\big|4k(k+1) \end{array}\right\} = a^2 \equiv 1(\bmod 2^3)$$

结论成立。

假设结论对 $\alpha - 1$ 也成立，即满足

$$a^{2^{(\alpha-1)-2}} \equiv 1(\bmod 2^{\alpha-1})$$

则存在整数 $q_{\alpha-3}$ ，满足

$$a^{2^{(\alpha-1)-2}} = 1 + q_{\alpha-3} 2^{\alpha-1}$$

两边进行平方运算后，得到

$$a^{2^{(\alpha-2)}} = (1 + q_{\alpha-3} 2^{\alpha-1})^2 = (1 + (q_{\alpha-3} + 2^{\alpha-2} q_{\alpha-3}^2) 2^\alpha) \equiv 1(\bmod 2^\alpha)$$

这说明当 $\alpha$ 时，结论也成立。故（1）得证。

由于 5 是奇数，所以有

$$5^{2^{\alpha-2}} \equiv 1(\bmod 2^\alpha)$$

故可以得到

$$\mathrm{ord}_{2^\alpha}(5)\Big|2^{\alpha-2}$$

下面需要证明

$$\mathrm{ord}_{2^\alpha}(5)=2^{\alpha-2}$$

这等价于证明 $2^{\alpha-3}$ 不能被 $\mathrm{ord}_{2^\alpha}(5)$ 整除。这可由同余式 $5^{2^{\alpha-3}}\equiv(1+2^{\alpha-1})(\mathrm{mod}\,2^\alpha)$ 成立来保证，由此需要证明 $5^{2^{\alpha-3}}\equiv(1+2^{\alpha-1})(\mathrm{mod}\,2^\alpha)$ 对于任何 $\alpha\geq3$ 总是成立的。实际上，这可对 $\alpha$ 采用数学归纳法进行证明。

当 $\alpha=3$ 时，由

$$5^{2^{\alpha-3}}=5^{2^0}=5\equiv(1+2^{3-1})(\mathrm{mod}\,2^3)$$

结论成立。

假设当 $\alpha$（$\alpha\geq3$）时结论成立，满足

$$5^{2^{\alpha-3}}\equiv(1+2^{\alpha-1})(\mathrm{mod}\,2^\alpha)$$

则存在一个整数 $q$，有

$$5^{2^{\alpha-3}}=(1+2^{\alpha-1})+q2^\alpha$$

对等式两边做平方运算，得到

$$\begin{aligned}5^{2^{(\alpha+1)-3}}&=(1+2^{\alpha-1}+q2^\alpha)^2\\&=1+2^{\alpha-1}+q2^\alpha+2^{\alpha-1}+(2^{\alpha-1})^2+q2^{\alpha-1}2^\alpha+q2^\alpha+q2^\alpha2^{\alpha-1}+q^22^{2\alpha}\\&=1+2^\alpha+(2^{\alpha-3}+q+q2^{\alpha-1}+q^22^{\alpha-1})2^{\alpha+1}\end{aligned}$$

由此得到

$$5^{2^{(\alpha+1)-3}}\equiv(1+2^{(\alpha+1)-1})(\mathrm{mod}\,2^{\alpha+1})$$

这说明当 $\alpha+1$ 时，结论也成立。由此得到

$$\mathrm{ord}_{2^\alpha}(5)=2^{\alpha-2}$$

这就证明了（2）。

接下来考虑当模数为 $m$ 时原根存在的相关条件，有如下的定理。

**定理 11**：设 $m$ 是大于 1 的整数，有如下的结论。

（1）模 $m$ 的原根存在的充要条件为 $m=2,4,p^\alpha,2p^\alpha$，其中 $p$ 为奇素数，且 $\alpha\geq1$。

（2）当 $m>1$ 时，$\varphi(m)$ 所有的不同的素数因数记为 $q_1,q_2,\cdots,q_k$，则整数 $a$ 是模 $m$ 的一个原根的充要条件为 $a^{\frac{\varphi(m)}{q_i}}\not\equiv1(\mathrm{mod}\,m)$，$i=1,2,\cdots,k$。

证明：根据算术基本定理，模数 $m$ 可表示为 $m=2^\alpha\prod\limits_{i=1}^k p_i^{\alpha_i}$，其中 $p_i$ 为素数，$i=1,2,\cdots,k$，$\alpha_i\geq0$，$\alpha\geq0$。当整数 $a$ 与模数 $m$ 互素时，就有 $(a,2^\alpha)=1$，$(a,p_i^{\alpha_i})=1$，$i=1,2,\cdots,k$。

由 Euler 定理及定理 10，可得到

$$\begin{cases} a^{\zeta} \equiv 1 (\mathrm{mod}\, 2^{\alpha}) \\ a^{\varphi(p_1^{\alpha_1})} \equiv 1 (\mathrm{mod}\, p_1^{\alpha_1}) \\ a^{\varphi(p_2^{\alpha_2})} \equiv 1 (\mathrm{mod}\, p_2^{\alpha_2}) \\ \quad\quad \vdots \\ a^{\varphi(p_k^{\alpha_k})} \equiv 1 (\mathrm{mod}\, p_k^{\alpha_k}) \end{cases}$$

其中

$$\zeta = \begin{cases} \dfrac{\varphi(2^{\alpha})}{2} & \alpha \geqslant 3 \\ \varphi(2^{\alpha}) & \alpha \leqslant 2 \end{cases}$$

设 $\zeta, \varphi(p_1^{\alpha_1}), \varphi(p_2^{\alpha_2}), \cdots, \varphi(p_k^{\alpha_k})$ 的最小公倍数为 $\eta$ ，则整数 $a$ 与 $\eta$ 互素，且有

$$a^{\eta} \equiv 1 (\mathrm{mod}\, m)$$

下面讨论，在何种情况下有 $\eta = \varphi(m)$ ，进而使模 $m$ 存在原根。

对 $\alpha$ 和 $k$ 的取值逐一分析，不难得到，当 $\alpha \geqslant 3$ 时，取 $\zeta = \dfrac{\varphi(2^{\alpha})}{2}$ ，有

$$\eta \leqslant \frac{\varphi(m)}{2} < \varphi(m)$$

当 $k \geqslant 2$ 时，由于 $2 \big| \varphi(p_1^{\alpha_1}), 2 \big| \varphi(p_2^{\alpha_2})$ ，因此有

$$[\varphi(p_1^{\alpha_1}), \varphi(p_2^{\alpha_2})] \leqslant \frac{\varphi(p_1^{\alpha_1}) \cdot \varphi(p_2^{\alpha_2})}{2} < \varphi(p_1^{\alpha_1} \cdot p_2^{\alpha_2})$$

由此可得到 $\eta < \varphi(m)$ 。此外，当 $\alpha = 2$ ，$k = 1$ 时，有 $m = 2^2 p_1^{\alpha_1}$ （ $p_1$ 为素数），则 $\varphi(2^2) = 2$ ，$2 \big| \varphi(p_1^{\alpha_1})$ ，因此有

$$\eta = \varphi(p_1^{\alpha_1}) < 2\varphi(p_1^{\alpha_1}) = \varphi(2^2)\varphi(p_1^{\alpha_1}) = \varphi(m)$$

在以上这些情况下，都有 $\eta < \varphi(m)$ ，即模 $m$ 没有原根。

当 $\alpha$ 和 $k$ 的取值为 $(\alpha, k) = (1, 0), (2, 0), (0, 1), (1, 1)$ 时，可确保模 $m$ 存在原根，此时对应 $m$ 的取值为 $m = 2, 4, p^{\alpha}, 2p^{\alpha}$ 。由此对 $m = 2, 4, p^{\alpha}, 2p^{\alpha}$ 进行逐一验证，根据定理 9 的相关内容，容易得到结论。

由此证得（1），接下来证明（2）。

设整数 $a$ 是模 $m$ 的一个原根，故 $\mathrm{ord}_m(a) = \varphi(m)$ ，而 $\varphi(m)$ 的所有不同的素数因数 $q_i$ 都满足 $q_i \geqslant 2$ ，$i = 1, 2, \cdots, k$ ，由此可得

$$0 < \frac{\varphi(m)}{q_i} < \varphi(m), \quad i = 1, 2, \cdots, k$$

故根据原根和指数的定义，得到

$$a^{\frac{\varphi(m)}{q_i}} \not\equiv 1 (\mathrm{mod}\, m)$$

实际上，若对于某一个 $q_j$，它是 $\varphi(m)$ 的一个素数因数，且满足

$$a^{\frac{\varphi(m)}{q_j}} \equiv 1 (\mathrm{mod}\, m)$$

则有

$$\varphi(m) \left| \frac{\varphi(m)}{q_j} \right.$$

这是不可能的，故结论成立。

反过来，对于给定的模数 $m$，若有整数 $a$ 与之互素，由 Euler 定理，一定有

$$a^{\varphi(m)} \equiv 1 (\mathrm{mod}\, m)$$

设 $a$ 模 $m$ 的指数为 $\mathrm{ord}_m(a)$，则有

$$\mathrm{ord}_m(a) \left| \varphi(m) \right.$$

由题设可知，根据 $\varphi(m)$ 的所有不同的素数因数 $q_1, q_2, \cdots, q_k$，可得到对应的 $s_i$，$i = 1, 2, \cdots, k$，它们之间满足

$$s_i \cdot q_i = \varphi(m), \quad i = 1, 2, \cdots, k, \quad \text{且} \ s_i < \frac{2\varphi(m)}{3}$$

因此

$$a^{s_i} \not\equiv 1 (\mathrm{mod}\, m)$$

这说明

$$\mathrm{ord}_m(a) \neq s_i, \quad i = 1, 2, \cdots, k$$

而随着 $q_i$ 遍历 $\varphi(m)$ 的所有的素数因数，对应的 $s_i$ 也遍历所有的非自身的因数，最后只剩下

$$\mathrm{ord}_m(a) = \varphi(m)$$

这就说明 $a$ 是模 $m$ 的原根，（2）得证。

**例 5**：试问 41 是否存在原根？若存在，试求出最小原根。

**解**：因为 41 是奇素数，它满足定理 11 中的结论（1），所以存在原根。由 $\varphi(41) = 40 = 2^3 \times 5$，得到

$$1^{\frac{\varphi(41)}{2}} \equiv 1 (\mathrm{mod}\, 41), \quad 2^{\frac{\varphi(41)}{2}} \equiv 1 (\mathrm{mod}\, 41), \quad 3^{\frac{\varphi(41)}{2}} \equiv 1 (\mathrm{mod}\, 41), \quad 4^{\frac{\varphi(41)}{2}} \equiv 1 (\mathrm{mod}\, 41)$$

$$5^{\frac{\varphi(41)}{2}} \equiv 1 (\mathrm{mod}\, 41), \quad 6^{\frac{\varphi(41)}{2}} \equiv -1 (\mathrm{mod}\, 41), \quad 6^{\frac{\varphi(41)}{5}} = 6^{\frac{40}{5}} \equiv 10 (\mathrm{mod}\, 41)$$

从而得到 $x \equiv 6 (\mathrm{mod}\, 41)$ 是它的一个最小的正原根。

进一步，由模 $m$ 的原根引进指标的概念，其定义如下。

**定义 3**：设整数 $m$ 大于 $1$，整数 $g$ 是模 $m$ 的原根，则对于与 $m$ 互素的整数 $a$，存在唯一的整数 $r$，使得 $g^r \equiv a(\bmod m)$ 成立，这个 $r$ 称为以 $g$ 为底的 $a$ 对模 $m$ 的一个指标，记为 $r = \mathrm{ind}_g a$。

指标的定义中所谓的"唯一"应该在同余于 $\varphi(m)$ 的条件下给出，实际上，当

$$g^r \equiv a(\bmod m)$$

成立时，有

$$g^{k\varphi(m)+r} = g^r \cdot g^{k\varphi(m)} = g^r \cdot [g^{\varphi(m)}]^k \equiv g^r \cdot 1 \equiv a(\bmod m)$$

这说明 $r \equiv \mathrm{ind}_g a(\bmod \varphi(m))$。

此外，取 $a = 1$，则由 $g^r \equiv 1(\bmod m)$ 可知

$$\mathrm{ind}_g 1 \equiv r \equiv \varphi(m)(\bmod \varphi(m)) \Rightarrow \mathrm{ind}_g 1 \equiv 0(\bmod m)$$

关于指标有如下的结论。

**定理 12**：设整数 $m$ 大于 $1$，$g$ 是模 $m$ 的一个原根，若有正整数 $r$ 满足 $1 \leqslant r \leqslant \varphi(m)$，则以 $g$ 为底的对模数 $m$ 具有相同指标 $r$ 的所有整数构成模 $m$ 的一个简化剩余系。

证明：若 $g$ 是原根，则 $(g, m) = 1$，进而可以得到 $(g^r, m) = 1$，这是因为，设 $g = \prod_{i=1}^{s} p_i^{\alpha_i}$，$m = \prod_{i=1}^{s} p_i^{\beta_i}$，由 $(g, m) = \prod_{i=1}^{k} p_i^{\min\{\alpha_i, \beta_i\}} = 1 \Rightarrow \min\{\alpha_i, \beta_i\} = 0$，$i = 1, 2, \cdots, k$，可推导出 $g$ 与 $m$ 没有相同的素数因数，而 $g^r$ 的素数因数与 $g$ 一样，所以有 $(g^r, m) = 1$。若对于任意指标为 $r$ 的代表元 $b$，都有 $g^r \equiv b(\bmod m)$，则 $b$ 是以 $g^r$ 为代表元的模 $m$ 的一个简化剩余系。定理得证。

**定理 13**：设整数 $m$ 大于 $1$，$g$ 是模 $m$ 的一个原根，若 $b_1, b_2, \cdots, b_s$ 是分别与 $m$ 互素的 $s$ 个整数，则有

$$\mathrm{ind}_g\left(\prod_{i=1}^{s} b_i\right) \equiv \left(\sum_{i=1}^{s} \mathrm{ind}_g b_i\right)(\bmod \varphi(m))$$

证明：因为 $g^{\mathrm{ind}_g b_i} \equiv b_i(\bmod m)$，$i = 1, 2, \cdots, s$，则有

$$\prod_{i=1}^{s} g^{\mathrm{ind}_g b_i} \equiv \prod_{i=1}^{s} b_i(\bmod m)$$

进而有

$$\prod_{i=1}^{s} b_i \equiv g^{\sum_{i=1}^{s} \mathrm{ind}_g b_i}(\bmod m)$$

故有

$$\mathrm{ind}_g\left(\prod_{i=1}^{s} b_i\right) \equiv \left(\sum_{i=1}^{s} \mathrm{ind}_g b_i\right)(\bmod \varphi(m))$$

特别地，当 $b_1 = b_2 = \cdots = b_s = b$ 时，有

$$\text{ind}_g(b^s) \equiv (s(\text{ind}_g b))(\text{mod}\,\varphi(m))$$

此外，指数、原根与指标之间也存在一定的联系，在大于1的整数 $m$ 为模数的条件下，如果 $a$ 为模 $m$ 的一个原根，且另有整数 $b$ 与 $m$ 互素，那么可以得到，$b$ 对模 $m$ 的指数为 $\dfrac{\varphi(m)}{(\text{ind}_a b, \varphi(m))}$，若 $b$ 为模 $m$ 的原根，则有 $\dfrac{\varphi(m)}{(\text{ind}_a b, \varphi(m))} = \varphi(m)$，即满足 $(\text{ind}_a b, \varphi(m)) = 1$。

进一步设 $s = \dfrac{\varphi(m)}{(\text{ind}_a b, \varphi(m))}$，那么，指数为 $s$ 的个数为 $\varphi(s)$。

有了以上这些知识的准备，高次同余式解的问题就很容易解决了，它有结论如下。

**定理 14**：$n$ 次同余式 $x^n \equiv a(\text{mod}\,m)$ 有解的充要条件为 $(n, \varphi(m))\big|\text{ind}_g a$，而且在有解的情况下，它的解数为 $(n, \varphi(m))$。其中，$m$ 为大于1的整数，$g$ 是模 $m$ 的原根，整数 $a$ 与 $m$ 互素。

这个定理说明，判别 $n$ 次的同余式是否有解，可以转化为判别它的指标是否能被 $n$ 与 $\varphi(m)$ 的最大公因数整除。

证明：由 $g$ 是模 $m$ 的原根，以及 $a$ 与 $m$ 互素，可得到

$$\text{ord}_m(g) = \varphi(m), \quad g^r \equiv a(\text{mod}\,m), \quad r \equiv 0(\text{mod}\,\text{ind}_g a)$$

假设 $x^n \equiv a(\text{mod}\,m)$ 有解 $x \equiv x_0(\text{mod}\,m)$，则存在非负的整数 $u$，满足 $x_0 \equiv g^u(\text{mod}\,m)$，故得到

$$x^n \equiv a(\text{mod}\,m) \Rightarrow x_0^n = (g^u)^n \equiv g^r(\text{mod}\,m) \Rightarrow g^{un-r} \equiv 1(\text{mod}\,m)$$

故有

$$\text{ord}_m g\big|(un-r) \Rightarrow \varphi(m)\big|(nu-r) \Rightarrow nu \equiv r(\text{mod}\,\varphi(m))$$

把 $u$ 看作 $ny \equiv r(\text{mod}\,\varphi(m))$ 的一个解，说明该一次同余式的解存在，根据一次同余式有解的充要条件，得到

$$\left.\begin{array}{l}(n, \varphi(m))\big|r \\ r \equiv 0(\text{mod}\,\text{ind}_g a)\end{array}\right\} \Rightarrow (n, \varphi(m))\big|\text{ind}_g a$$

反过来，由于 $(n, \varphi(m))\big|\text{ind}_g a$ 成立，所以 $ny \equiv r(\text{mod}\,\varphi(m))$ 有解，记为 $y \equiv u(\text{mod}\,\varphi(m))$，且解数为 $(n, \varphi(m))$，由此得到

$$x_0 \equiv g^u(\text{mod}\,m)$$

它满足 $x^n \equiv a(\text{mod}\,m)$，且解的个数是 $(n, \varphi(m))$。

进一步，不难发现，上述 $n$ 次同余式有解的充要条件还可以表述为 $a^{\frac{\varphi(m)}{(n, \varphi(m))}} \equiv 1(\text{mod}\,m)$。由于 $n$ 次同余式有解，则有 $(n, \varphi(m))\big|\text{ind}_g a$，即满足

$$\text{ind}_g a \equiv 0(\text{mod}(n, \varphi(m)))$$

进而有

$$\frac{\varphi(m)\mathrm{ind}_g a}{(n,\varphi(m))} \equiv 0(\mathrm{mod}(\varphi(m)))$$

由此得到

$$a^{\frac{\varphi(m)}{d}} \equiv 1(\mathrm{mod}\, m)$$

由于这个过程是可逆的,所以,$a^{\frac{\varphi(m)}{d}} \equiv 1(\mathrm{mod}\, m)$ 是一个充要条件。

至此,解决了高次同余式解的存在条件及解的个数问题。

## 5.11  在密码学中的应用举例

上述理论是密码学中重要的理论基础,以下以 RSA 公钥密码体制和 Rabin 密码体制为例,进行简要说明。

RSA 公钥密码体制的安全性以数论中大整数因数分解是难解问题的假设为前提,这个假设实际上就是一个单向陷门函数问题,即已知因数 $p$ 和 $q$ 而求 $n = pq$ 是容易实现的,反过来,已知 $n$ 而求它的因数 $p$ 和 $q$ 是非常困难的。RSA 算法的实质可用如下的一个数学命题来概括。

**命题:** 设 $p$ 和 $q$ 是两个较大的素数且 $n = pq$,有整数 $a$ 与 $p$ 和 $q$ 互素,若整数 $e$ 满足 $1 < e < \varphi(pq) = \varphi(n)$ 且 $(e, \varphi(n)) = 1$,则存在整数 $d$ 满足 $1 < d < \varphi(n)$,有

$$ed \equiv 1(\mathrm{mod}\, \varphi(n))$$

而且,对于整数 $a^e \equiv c(\mathrm{mod}\, n)$, $1 \leqslant c < n$,有 $c^d \equiv a(\mathrm{mod}\, n)$。

**证明:** 因为 $(e, \varphi(n)) = 1$,设 $x$ 遍历 $\varphi(n)$ 的简化剩余系,所以 $ex$ 也遍历 $\varphi(n)$ 的简化剩余系,则存在某一个 $x_0$,有 $ex_0 \equiv 1(\mathrm{mod}\, \varphi(n))$。因为 $(1, \varphi(n)) = 1$,所以 1 是模数为 $\varphi(n)$ 的简化剩余系的一个代表,取 $d = x_0$,有 $ed \equiv 1(\mathrm{mod}\, \varphi(n))$。根据同余的性质,有 $ed = k\varphi(n) + 1$, $k \in \mathbb{Z}$。

又因为 $(a, p) = 1$,根据 Euler 定理,有 $a^{\varphi(p)} \equiv 1(\mathrm{mod}\, p)$,所以有

$$(a^{\varphi(p)})^{k\varphi(q)} \equiv (1)^{k\varphi(q)}(\mathrm{mod}\, p) \equiv 1(\mathrm{mod}\, p)$$

$$a(a)^{k\varphi(p)\varphi(q)} \equiv a(\mathrm{mod}\, p)$$

$$a^{k\varphi(p)\varphi(q)+1} \equiv a(\mathrm{mod}\, p)$$

$$a^{k\varphi(n)+1} \equiv a(\mathrm{mod}\, p)$$

$$a^{ed} \equiv a(\mathrm{mod}\, p)$$

因为素数 $(p, q) = 1$,所以有

$$\varphi(pq) = \varphi(p)\varphi(q) = \varphi(n)$$

对素数 $q$，同理有 $a^{ed} \equiv a(\mathrm{mod}\, q)$，又因为 $(p,q)=1$，所以有

$$a^{ed} \equiv a(\mathrm{mod}\, pq) \equiv a(\mathrm{mod}\, n)$$

$$a^{ed} \equiv (a^e)^d \equiv a(\mathrm{mod}\, n)$$

$$c \equiv a^e(\mathrm{mod}\, n)$$

$$c^d \equiv a(\mathrm{mod}\, n)$$

由于这里所选的是两个较大的素数，不会等于 2，因此它们也是奇数。这个命题涉及的 $p$、$q$、$e$、$d$ 等数字是有内在联系的，若对 $a$ 先做一种运算，得到一个值为 $c$，则对 $c$ 再做一种运算即可还原 $a$。由此，不妨令 $a$ 为明文，$c$ 为密文，$e$ 为加密密钥，而 $d$ 为解密密钥，这就构成 RSA 公钥密码体制。

在 RSA 公钥密码体制的算法中，它的密钥可通过以下的方式产生。

（1）选取两个保密的大素数 $p$ 和 $q$，并求得 $n = pq$，$\varphi(n) = \varphi(p)\varphi(q)$。

（2）选一个整数 $e$，其中，$1 < e < \varphi(n)$，满足 $(e, \varphi(n)) = 1$。

（3）由一次同余式 $ed \equiv 1(\mathrm{mod}\, \varphi(n))$ 求得 $d$。

（4）确定密钥对 $(e, d)$，其中 $e$ 为公钥，$d$ 为私钥，它们都与 $p$ 和 $q$ 有关。

RSA 公钥密码体制中的算法的加密过程为首先对明文进行分组，使每组对应的数值小于 $n = pq$，然后对每一组的加密过程为

$$C = E_{PK_r}[M] \Leftrightarrow c \equiv m^e(\mathrm{mod}\, n)$$

而对应的解密过程为

$$M = D_{SK_r}[C] \Leftrightarrow m \equiv c^d(\mathrm{mod}\, n) \equiv (m^e)^d(\mathrm{mod}\, n)$$

Rabin 密码体制可以认为是对 RSA 公钥密码体制的一种修正，相较 RSA 公钥密码体制中的算法，它有以下几个特点。

（1）因为破译该体制的难度与分解大数一样困难，所以其破译难度等价于大数分解的难度。

（2）同一密文解密后可能有两个以上的明文，如果把加密过程看作一个函数，那么这个函数不是单值函数。

（3）Rabin 密码体制中公钥确定为 2。

在 Rabin 密码体制中，假设明文为 $M$，密文为 $C$，加密过程为 $C \equiv M^2(\mathrm{mod}\, n)$（其中 $n = pq$ 为大整数），不难发现，这是一个二次同余式，那么对应的解密过程 $M = D_{SK_r}[C]$ 就转化为了求这个二次同余式的平方根的问题，进一步转化为 $C$ 是否是这个二次同余式的二次剩余问题。一旦确定 $C$ 是二次剩余，对应的二次同余式的解就可以通过如下途径求得。

由于 $C = M^2(\mathrm{mod}\, n)$ 且 $n = pq$，所以该二次同余式等价于二次同余式组

$$\begin{cases} M^2 \equiv C(\bmod p) \\ M^2 \equiv C(\bmod q) \end{cases}$$

其中 $p$ 和 $q$ 都是大素数，也一定是奇数，这个二次同余式组有解等价于 $C$ 是二次同余式的二次剩余。由 Euler 判别定理可知，有 $C^{\frac{p-1}{2}} \equiv 1(\bmod p)$，$C^{\frac{q-1}{2}} \equiv 1(\bmod q)$ 成立，并且当大素数满足 $p \equiv q \equiv 3(\bmod 4)$ 时，即有 $p+1 = 4k_1$，$q+1 = 4k_2$，$k_1 \in \mathbb{Z}$，$k_2 \in \mathbb{Z}$，可以得到

$$(C^{\frac{p+1}{4}})^2 = C^{\frac{p+1}{2}} = (C^{\frac{p-1}{2}}) \cdot C$$

得到

$$(C^{\frac{p-1}{2}}) \cdot C \equiv C(\bmod p)$$

即有

$$(C^{\frac{p+1}{4}})^2 \equiv C(\bmod p)$$

二次同余式的根为

$$M = kp \pm C^{\frac{p+1}{4}}, \ k \in \mathbb{Z}$$

同理得到

$$M = kq \pm C^{\frac{q+1}{4}}, \ k \in \mathbb{Z}$$

由此得到解密后的明文，但此时解密出来的解不唯一，因此需要额外增加相关信息进行甄别，进而得到唯一的解密结果。

在数论中已经有结论，即求解大整数 $n$ 的二次同余式与分解 $n$ 是等价的，这就说明上述两种密码体制的安全性能是相当的。

## 思考题

（1）设模数为整数 $m(m > 1)$，则它的最小正完全剩余系及最大负完全剩余系如何表达？

（2）设模数 $m > 2$，则 $0^2, 1^2, 2^2, \cdots, (m-1)^2$ 能否成为模 $m$ 的完全剩余系？

（3）证明当正整数 $n$ 满足 $n > 3$ 时，有 $(\sum\limits_{i=1}^{n-1} i) \equiv 0(\bmod n)$。

（4）已知，2012 年的 11 月 9 日为周五，则在该天后的第 $2^{20121109}$ 天是周几，在该天后的第 $2^{20121116}$ 天又是周几？

（5）请判断所给数字是否可以被 9 整除。① $n_1 = 123456654321$。② $n_2 = 1245665421$。

（6）计算 $3^{20121109}(\bmod 7)$。

（7）求所给一次同余式的解。① $2x \equiv 3(\bmod 5)$。② $5x \equiv 3(\bmod 7)$。③ $5x \equiv 14(\bmod 7)$。

（8）求以下同余式组的解。

① $\begin{cases} x \equiv 3 \pmod 5 \\ x \equiv 5 \pmod 7 \\ x \equiv 7 \pmod{11} \end{cases}$ 。② $\begin{cases} x \equiv 5 \pmod 3 \\ x \equiv 2 \pmod 7 \\ x \equiv 4 \pmod 5 \end{cases}$ 。

（9）求满足 $y^2 \equiv (x^3 + 3x + 5) \pmod 7$ 的所有解。

（10）求满足 $y^2 \equiv (x^3 + x^2 + 1) \pmod{11}$ 的所有解。

（11）判断 $x^2 \equiv 2 \pmod{11}$ 是否有解。

（12）求 Legendre 符号 $\left( \dfrac{2}{11} \right)$，$\left( \dfrac{3}{7} \right)$，$\left( \dfrac{15}{17} \right)$，$\left( \dfrac{18}{19} \right)$，$\left( \dfrac{46}{23} \right)$，$\left( \dfrac{31}{19} \right)$，$\left( \dfrac{13}{227} \right)$。

（13）证明 Gauss 引理。

（14）证明形式为 $4k+1$ 的素数有无穷多个。

（15）求 Jacobi 符号 $\left( \dfrac{2}{15} \right)$，$\left( \dfrac{20}{21} \right)$，$\left( \dfrac{4}{9} \right)$，$\left( \dfrac{18}{35} \right)$，$\left( \dfrac{46}{69} \right)$

（16）计算 5 和 11 模 13 的指数。

（17）求模 17 的原根。

（18）已知正整数 $a$ 和 $n$ 及 $m = a^n - 1$，证明 $\mathrm{ord}_m(a) = n$。

（19）求 $x^5 \equiv 9 \pmod{41}$ 的解。

（20）理解指数、原根及指标的定义，并分析它们之间的关系。

# 第 6 章

## 素性检验

对整数集合中的任一个元素来说，其既可能是素数，又可能是合数，但由算术基本定理可知，它一定是由素数构成的。由此不难发现，素数是构成整数的基础，要了解整数的性质需要从素数开始。因此，素数的理论在有关整数的理论中，具有根本的重要性。在以加密算法和认证技术等为核心的信息安全技术中，利用大数分解的难解问题，可以得到著名的 RSA 公钥密码体制和相应的认证技术。设计一个好的 RSA 公钥密码体制的关键是找到两个不同的大素数，由此，判别一个大整数是否为素数成了一个非常重要的课题，素性检验就是专门用来解决这个问题的理论和技术。

本章介绍素性检验理论。

## 6.1 素数概述

判别一个整数是否是素数，最直接的方式就是寻找它的因数，当其所有因数仅为 ±1 和它本身时，则可以判定它是一个素数，这是纯粹依据素数的定义进行的，需要使用穷举法来进行无遗漏验证，计算的繁复程度随着要验证的数的变大而增加，当这个数很大时，因其繁复程度超过计算机的计算能力，所以就成为一个难解问题。显然，难解问题造成了计算的困难，究其原因，是至今尚不清楚素数具体的生成规律。有一位名叫 Riemann 的先贤在很多年前就猜想"素数的生成是有规律的"，如果其猜想成立，找到了素数的具体生成规律，那么一个很大的整数是否是素数就可以很快得到确认，大数分解难解问题等也就不再存在，更进一步，由此设计的 RSA 等算法也就失去了存在的意义。

人们仍旧热衷研究和寻找素数的规律，同时也开始认同素数的随机性，并把概率理论引入了素数理论之中，将判别一个大整数是素数的正确程度用概率来定量表示，而概率的大小随着相关参数的变化而变化，它既反映了素数生成的随机性，同时也反映了人们认识素数的一个从不确定到确定的过程，符合具体的认知规律，这已经成为素数理论中的一个很重要的研究和发展方向。

判定某一个大整数是素数与判定该数不是素数是等价的，因此当需要判别某一个大整数是否是素数时，先做一些初步的判断，把能明确不是素数的大整数排除，这不仅在理论上是有价值的，在具体的计算中也能有效提高速度。

当一个整数不是很大时，可以采用查询相关的素数表等传统方式予以解决，也可以采用穷举法等逐一验证的方式得到最终的结论，如古老的埃拉托色尼（Eratosthenes）筛法，它可以具体确定地判别比某个给定的整数小的整数是否为素数，虽然计算量随着数的增大而趋于复杂，但不失为一条能解决问题的可行途径。但当给定的数充分大时，这些方法的有效性就很低了，需要采用其他更加有效的方法。

但在判别一个大整数是否是素数之前，对于一些显而易见的特性进行的归纳是有意义的。设一个大整数 $n \in \mathbb{Z}$，可以用十进制表示为 $n = \sum_{i=0}^{k} a_i 10^i$，其中 $a_i \in \{0,1,2,\cdots,9\}$，最直观的是当 $a_0$ 为 0、2、4、5、6、8 时，它一定不是素数。此外，当 $3 \left| (\sum_{i=0}^{k} a_0) \right.$ 和 $9 \left| (\sum_{i=0}^{k} a_0) \right.$ 成立时，可以判断对应的 $n$ 一定不是素数，进一步可以根据每一位数字及其组合运算后对应的特性来分析判别 $n$ 是否是素数，但是这些类似穷举法的方法需要花费大量的精力与物力，因此判别某个大整数是否为素数需要采用其他更有效的检验方法。

## 6.2  切比雪夫不等式及素数定理

给定某一个整数 $n$，将比它小的素数的个数记为 $\pi(n)$，即它有如下的形式

$$\pi(n) = \sum_{p \leq n} 1$$

从表达式不难看出，它是一个关于 $n$ 的单调不减函数，已知素数有无穷多个，所以，一定有

$$\lim_{n \to \infty} \pi(n) \to \infty$$

当 $n$ 很大时，这个趋于无穷大的函数的表达式的具体形式如何？在不能给出具体表达式的情况下，给出它的等阶或同阶的无穷大的表达式，对于深入理解 $\pi(n)$ 也是非常有帮助的。这些相关的结论在素数理论中有许多，以下仅给出两个形式比较简单的结论。

**定理 1**：设整数 $n > 1$，则对 $\pi(n)$ 来说，它满足

$$(\frac{\ln 2}{3}) \cdot \frac{n}{\ln n} < \pi(n) < (6 \ln 2) \cdot \frac{n}{\ln n}$$

这个不等式称为切比雪夫（Chebyshev）不等式。

**定理 2**：设有正数变量 $x$，满足 $\pi(x) = \sum_{p \leq [x]} 1$，则有

$$\lim_{x \to \infty} \pi(x) \cdot (\frac{\ln x}{x}) = 1$$

它被称为素数定理。这个定理表明，当正数 $x$ 充分大时，对应的趋于无穷大的 $\pi(x)$ 是 $\dfrac{x}{\ln x}$ 的等阶无穷大，所以，当 $x$ 足够大时，$\pi(x)$ 可以用 $\dfrac{x}{\ln x}$ 近似表示。

这两个结论可分别证明素数有无穷多个。以素数定理为例，因为有

$$\lim_{x \to \infty} \pi(x) \cdot \left(\frac{\ln x}{x}\right) = 1$$

则当 $x$ 足够大时，有

$$\pi(x) \to \left(\frac{x}{\ln x}\right)$$

而根据洛必达（L'Hosptial）法则，有

$$\lim_{x \to \infty} \left(\frac{x}{\ln x}\right) \to \infty$$

由此，则有

$$\lim_{x \to \infty} \pi(x) \to \infty$$

这就证明了素数有无穷多个。

此外，还可以看到，当 $n$ 充分大时，素数的分布仅是 $\dfrac{n}{\ln n}$ 的等阶无穷大，显然，其趋向无穷大的速度要比 $n$ 趋向无穷大的速度慢得多。

## 6.3 Miller-Rabin 素性检验方法

Miller-Rabin 素性检验方法中涉及强拟素数概念，强拟素数是相对某个确定的与之互素的整数来说的，实际上就是把可能是素数的范围缩小，这有利于减少素性检验的计算量。

设 $n$ 是一个奇数（$n = 2k + 1$，$k \in \mathbb{Z}$），$n - 1$ 可表示为 $2^t s$，其中 $s = 2l + 1$，$t \in \mathbb{Z}$，$l \in \mathbb{Z}$，另有整数 $a$，满足 $(a, n) = 1$，若 $n$ 关于 $a$ 满足 $a^s \equiv 1 (\bmod\, n)$，或存在一个整数 $r$，$r \in [0, t)$，有 $a^{2^r s} \equiv (n - 1)(\bmod\, n)$，则 $n$ 是关于 $a$ 的强拟素数，其中 $a$ 称作基数。

对强拟素数来说，已有的结论之一是当基数为 2 时，对应的强拟素数有无穷多个。此外，当 $n$ 是奇合数时，它关于基数 $a$ 构成强拟素数的概率不大于 $\dfrac{1}{4}$。

有了以上一些关于强拟素数的概念，就容易理解 Miller-Rabin 素性检验方法的理论依据，该方法的具体步骤如下。

第一步，给定所需素性检验的大整数 $n$，$n \geq 3$，验证它是否满足 $n - 1 = 2^t s$（这里的 $s$ 为奇数）。

第二步，在 $[2, n - 2]$ 内随机选取一个正整数 $a_1$，满足 $(n, a_1) = 1$。

第三步，计算 $r_0 \equiv a^s (\bmod\, n)$。

第四步，根据 $r_0 \equiv a^s (\bmod n)$ 获得的 $r_0$ 进行判断。

若 $r_0 = \pm 1$，则 $n$ 可能为素数，则随机选取 $a_2 \in [2, n-2]$，满足 $(n, a_2) = 1$，重复上述步骤；若 $r_0 \neq \pm 1$，则计算 $r_1 \equiv r_0^2 (\bmod n)$。

第五步，根据 $r_1$ 的值进行判断。

若 $r_1 = -1$，则 $n$ 可能为素数，随机选取 $a_2 \in [2, n-2]$，并重复上述步骤；否则，计算 $r_2 \equiv r_1^2 (\bmod n)$。

第六步，根据 $r_2$ 的值进行判断。

若 $r_2 = -1$，则随机选取 $a_3 \in [2, n-2]$，并重复上述步骤；否则，计算 $r_3 \equiv r_2^2 (\bmod n)$。

如此下去，对于一般项，计算 $r_i \equiv r_{i-1}^2 (\bmod n)$，且满足 $i \leq t-1$。

第七步，若 $r_{t-1} = n-1$，则 $n$ 可能为素数，重复随机选取与 $n$ 互素的位于 $[2, n-2]$ 中的基数；若 $r_{t-1} \neq n-1$，则可以判断 $n$ 为合数。

对于适合采用 Miller-Rabin 素性检验方法的大整数，它首先需要以 $n-1 = 2^t s$ 的形式表示；其次，迭代计算的步骤需要进行 $t$ 步，每一步都有可能判断出是合数，但当进行了 $t$ 次还未判断出该数是合数时，该数是素数的概率可以达到 $1 - 2^{-t}$。当 $t$ 充分大时，则几乎可以确定，通过 Miller-Rabin 素性检验的方法得到的素数的准确率是非常高的。

## 6.4　Fermat 素性检验方法

Fermat 素性检验方法的实质就是充分利用 Fermat 小定理来计算选定的大整数是大素数的可能性。

根据 Fermat 小定理，若整数 $n$ 为素数，则对于任意一个与之互素的整数 $a$，一定有 $a^{\varphi(n)} \equiv 1 (\bmod n)$ 成立；与之相对应的，对于整数 $n$，若能找到一个与之互素的整数 $a$，$a^{n-1} \equiv 1 (\bmod n)$ 不能成立，则可以判断，$n$ 一定不是素数。

由此，对于大整数 $n$，要判别它是否为素数，可转化为验证 $a^{n-1} \equiv 1 (\bmod n)$ 是否成立，其中 $(n, a) = 1$。只要有一个 $a_i \in \mathbb{Z}$，满足 $(n, a_i) = 1$，有 $a_i^{n-1} \equiv 1 (\bmod n)$ 不成立，就可以确定 $n$ 为合数。所以，素性检验的过程，实际上就成为在找到与之互素的整数后，进行相关的同余运算的过程。这就提供了一种具体的解决方案，一般称找到的与 $n$ 互素的整数 $a$ 为基数 $a$。

此外，设 $n$ 为奇合数，若存在某个整数 $a$，满足 $(n, a) = 1$，且有 $a^{n-1} \equiv 1 (\bmod n)$ 成立，则称 $n$ 为关于基数 $a$ 的拟素数。所谓拟素数可解释为与素数相近的，可能是素数的整数。举一个最简单的例子，当基数为 2 时，有很多奇数是关于基数 2 的拟素数，而若对于所有的基数 $a$，都有同余式 $a^{n-1} \equiv 1 (\bmod n)$ 成立，则这样的合数 $n$ 称为 Carmichael 数。

关于拟素数有如下的结论。

**定理**：设有奇合数 $m \in \mathbb{Z}$，则有以下结论。

（1）$m$ 是关于与它互素的整数 $a$ 的拟素数的充要条件是 $a$ 模 $m$ 的指数能整除 $m-1$。

（2）若 $m$ 既是关于与它互素的整数 $a_1$ 的拟素数，又是关于与它互素的整数 $a_2$ 的拟素数，则它也是关于整数 $a_1 \cdot a_2$ 的拟素数。

（3）进一步，若存在一个与 $m$ 互素的整数 $c$，使得 $c^{n-1} \equiv 1 (\bmod\, m)$ 不能成立，则在模 $m$ 的简化剩余系中至少存在一半的数使得上式成立。

证明：①当 $m$ 是关于与它互素的整数 $a$ 的拟素数时，一定有 $a^{m-1} \equiv 1 (\bmod\, m)$ 成立，且根据原根与指数的相关性质，一定有

$$\mathrm{ord}_m(a) \big| (m-1)$$

反之，当 $\mathrm{ord}_m(a) \big| (m-1)$ 时，可以得到，$\exists q \in \mathbb{Z}$，有 $m-1 = q \cdot \mathrm{ord}_m(a)$，则有

$$a^{n-1} \equiv (a^{\mathrm{ord}_m(a)})^q \equiv (1)^q \equiv 1 (\bmod\, n)$$

②设 $a_1$ 和 $a_2$ 是与 $m$ 互素的整数，$m$ 对于它们分别构成拟素数，则有

$$a_1{}^{m-1} \equiv 1 (\bmod\, m)$$
$$a_2{}^{m-1} \equiv 1 (\bmod\, m)$$

从而

$$(a_1 a_2)^{m-1} = (a_1)^{m-1}(a_2)^{m-1} \equiv 1 (\bmod\, m)$$

故根据拟素数的定义可得，$m$ 是关于整数 $a_1 a_2$ 的拟素数。

③对于模 $m$，它有 $\varphi(m)$ 个元构成简化剩余系，其代表元设为 $a_1, a_2, a_3, \cdots, a_{\varphi(m)}$，不妨设前 $t$ 个元分别与 $m$ 互素，且满足

$$a_i{}^{m-1} \equiv 1 (\bmod\, m), \quad i = 1, 2, \cdots, t$$

而余下的 $\varphi(m) - t$ 个元不能满足 $a_i{}^{m-1} \equiv 1 (\bmod\, m)$，$i = t+1, t+2, \cdots, \varphi(m)$。此外根据题设，存在 $a \in \mathbb{Z}$，$(m,a)=1$，且 $a^{m-1} \equiv 1 (\bmod\, m)$ 不能成立，故有 $aa_1, aa_2, \cdots, aa_t$ 个元，它们虽是关于模 $m$ 的不同简化剩余系，但 $(aa_i)^{m-1} \equiv 1 (\bmod\, m)$，$i = 1, 2, \cdots, t$，不能成立，由此得到 $t \leqslant \varphi(m) - t$，进一步得到 $t \leqslant \dfrac{\varphi(m)}{2}$，故 $\varphi(m) - t \geqslant \dfrac{\varphi(m)}{2}$，这就证明了结论（3）。

所以，当给定大整数 $m$ 时，在十进制的表示下，先根据一般要求进行预判断，当判断结果可能是素数时，再进行如下的处理。

选择一个整数 $b \leqslant m-1$，求 $(b,m)$。当 $(b,m) \neq 1$ 时，可以判断 $m$ 为合数，则素性检验过程结束；当 $(b,m)=1$ 时，进一步计算 $r \equiv b^{m-1} (\bmod\, m)$，若 $r \neq 1$，则可得到 $m$ 为合数，若 $r=1$，则 $m$ 可能为素数，且可能为素数的概率不小于 $1 - \dfrac{1}{2}$。在这基础上，再选择一个整数 $d \leqslant m-1$，重复上面的步骤，先求 $(d,m)$，再根据最大公因数是否为 1 来进行相关的运算，这就构成了 Fermat 素性检验方法的基本思路。

由此得到一般性的 Fermat 素性检验方法的步骤如下。

第一步，根据给定的大整数 $n$，进行预处理。

第二步，当初步断定 $n$ 可能是素数时，确定安全参数 $k$。

第三步，随机取 $b$，求 $(b,n)$，若 $(b,n) \neq 1$，则判定 $n$ 为合数，结束检验过程；若 $(b,n)=1$，进行下一步。

第四步，求 $r \equiv b^{n-1} (\mathrm{mod}\, n)$，若 $r \neq 1$，则判定 $n$ 为合数，结束检验过程；若 $r=1$，则重复上一步。

第五步，将第三步和第四步重复进行 $k$ 次。

结论：若重复进行 $k$ 次后还不能检验得出 $n$ 为合数，则 $n$ 是素数的概率为 $1-(\frac{1}{2})^k$。若认为该概率表达的 $n$ 是素数的可能性已经足够大，则可结束检验，认定 $n$ 为素数。

关于 Fermat 素性检验方法的相对高效的程序设计，可有效提高计算速度，迄今仍旧是一个有意义的研究方向，并且已经有较好的快速算法出现。

## 6.5 Solovay-Stassen 素性检验方法

对于一个大于 2 的素数 $n$，若考虑 $x^2 \equiv b(\mathrm{mod}\, n)$，则 $b$ 是否是二次剩余可以使用 Euler 判别定理和 Legendre 符号来判别。但若采用 Jacobi 符号，则对于任意的整数 $b$，不论它是否是二次剩余，总有 $b^{(n-1)/2} \equiv (\frac{b}{n})(\mathrm{mod}\, n)$ 成立。反过来，对选择的某个整数 $b$，求 $b^{(n-1)/2}(\mathrm{mod}\, n)$，若 $b^{(n-1)/2} \neq (\frac{b}{n})(\mathrm{mod}\, n)$，则可以确定 $n$ 一定不是素数。

这样的整数是存在的，先举一例以说明问题。

**例**：设 $n=181$，$b=2$，进行判别是否满足等式 $b^{(n-1)/2} \neq (\frac{b}{n})(\mathrm{mod}\, n)$。下面先分别进行计算。

$$b^{(n-1)/2}(\mathrm{mod}\, 341) = 2^{170}(\mathrm{mod}\, 341) \Rightarrow 2^{170} \equiv 1(\mathrm{mod}\, 341)$$

$$(\frac{b}{n}) = (\frac{2}{341}) = (-1)^{\frac{341^2-1}{8}} = (-1)^{\frac{342 \times 340}{8}} = (-1)^{171 \times 85} = -1$$

故有 $2^{170}(\mathrm{mod}\, 341) \neq (\frac{2}{341})(\mathrm{mod}\, 341)$。

一般地，设一个大于 2 的整数 $n$，若存在一个整数 $b$ 与之互素，且满足 $b^{(n-1)/2} \equiv (\frac{b}{n})(\mathrm{mod}\, n)$，则称 $n$ 是关于基数 $b$ 的 Euler 拟素数。

一个基本的结论是，Euler 拟素数不一定是素数，但素数一定是 Euler 拟素数。这是因为当 $n$ 是素数时，它一定符合 Euler 拟素数的定义要求。此外，Euler 拟素数也一定是拟素

数，这是因为，若 $n$ 是关于基数 $b$ 的 Euler 拟素数，则一定有

$$b^{(n-1)/2} \equiv (\frac{b}{n})(\bmod n)$$

对上式做平方运算，则有

$$b^{(n-1)} \equiv (\frac{b}{n})^2(\bmod n)$$

而 Jacobi 符号的平方一定是 $1$，则有 $b^{(n-1)} \equiv 1(\bmod n)$，故 $n$ 是关于 $b$ 的拟素数。

在判别是否是 Euler 拟素数的过程中进行素性检验，这是著名的 Solovay-Stassen 素性检验方法的核心思想，它的具体实现步骤可归纳如下。

第一步，确定需要素性检验的正整数 $n$，以及用来控制迭代循环的参数 $k$。

第二步，在 $[2, n-2]$ 中随机选取整数 $b_1$，求 $b_1^{(n-1)/2}(\bmod n)$，得到 $r \equiv b_1^{(n-1)/2}(\bmod n)$。

第三步，根据 $r$ 值进行判断，若 $r \neq \pm 1$，则判定 $n$ 为合数，过程结束；若 $r = \pm 1$，则计算 Jacobi 符号 $(\frac{b_1}{n})$，并进行判断，若 $r \neq (\frac{b_1}{n})$，则 $n$ 为合数，过程结束，若 $r = (\frac{b_1}{n})$，则 $n$ 有可能是素数。

第四步，在 $[2, n-2]$ 中随机选取另一个整数 $b_2$，重复第二步，第三步的过程。

$\vdots$

一般地，在 $[2, n-2]$ 中随机选取另一个整数 $b_i$，重复第二步，第三步的过程。

直至在 $[2, n-2]$ 中随机选取另一个整数 $b_k$，重复第二步和第三步。

结论：若在完成这些步骤后，还不能确定 $n$ 为合数，则判定 $n$ 为素数。

这样判定得到的素数不一定是真正的素数，具有一定的风险，随着 $k$ 的增大，相应的风险就随之降低，但验证的计算量也随之增大。有效降低计算复杂度的一种办法是充分运用迭代的优势。

## 6.6　一种确定性的素性检验方法

结合 Eratosthenes 筛选法，以及给定某一个正数 $x$，有 $\lim\limits_{n \to \infty} \sqrt[n]{x} = 1$ 成立，可以由此设计一种切实可行的素性检验方法，而且，由该方法得到的素性检验结果具有确定性。

给定一个大整数 $m$，判定它是否是素数。首先，把该问题转化为确定某一个常数 $k \geqslant 1$，得到新的一个数 $M = m + k$，寻找比 $M$ 小的素数的问题。由此，根据 Eratosthenes 筛选法，可以逐一得到比 $M$ 小的素数，然后再判断 $m$ 是否在这些素数中，若存在，则可确定 $m$ 就是素数；若不存在，则给定的整数 $m$ 为合数。这样，不论结果如何，都可一次性获得对 $m$ 的素性检验。

如何根据 $M$ 的值快速有效地进行 Eratosthenes 筛选，是另一个关键问题。因此，先对

$M$ 进行诸如 $\sqrt{M}$ 的运算，在第一次运算后，得到 $[\sqrt{M}]$，令 $M_1 = [\sqrt{M}]+1$，再对 $M_1$ 进行平方根运算，得到 $[\sqrt{M_1}]$，然后令 $M_2 = [\sqrt{M_1}]+1$，再重复进行平方根运算。若在进行如此若干次运算后，得到的 $M_i$ 较小，则停止这样的运算。

接下来，根据得到的 $M_i$，进行 Eratosthenes 筛选，寻找相关的素数。实际上，素数可分别从 $[2, M_i]$，$[M_i, M_{i+1}]$，…和 $[M_1, M]$ 中寻找，最后在 $[M_1, M]$ 段的素数中比对是否存在 $m$，若存在，则它是素数；若不存在，则其为合数。

这种类似迭代的计算方法，很巧妙地用到了平方根运算，而且由于分段的上端点刚好处于下一个数段中的上端点的平方根附近（有的时候，可能由 $[M_i, M_{i+1}]$ 得到 $M_i = \sqrt{M_{i+1}} \in \mathbb{N}$），因此，更容易实现 Eratosthenes 筛选。而最后检验给定的整数是否是素数，实际上只要在 $M$ 附近进行比对就可以，这样的检验方法易于在计算机中实现。若再借助整数的其他相关特性，则它的计算速度还可以显著地提高。

**例**：检验 $m = 625^2 - 2$ 是否是素数。

解：首先，通过观察可知 $m = 625^2 - 2$ 一定是奇数，所以有可能为素数；接下来，取 $k = 2$，得到 $M = 625^2$，进行一次平方根运算，可得到 $M_1 = [\sqrt{625^2}] = 625$，采用同样的方法，取 $k = 2$，进行平方根运算，可得到 $M_1 = [\sqrt{625+2}] = 25$，因为 $M_2 = 25$ 已经足够小，所以相关平方根运算就不再进行，接下来用 Eratosthenes 筛选法进行素数筛选。

首先把需要检验的数的范围分成 3 段，分别为

$$[1, M_2] = [1, 25], \quad [M_2, M_1] = [25, 625], \quad [M_1, M] = [625, 625^2]$$

然后在 $[1, M_2] = [1, 25]$ 段进行 Eratosthenes 素数筛选，由于 $[\sqrt{M_2}] = [\sqrt{25}] = 5$，所以比它小的素数为 2 和 3，通过筛选，得到符合要求的素数为

$$2, 3, 5, 7, 11, 13, 17, 19, 23$$

接着在 $[M_2, M_1] = [25, 625]$ 段中进行素数筛选，此时因为有 $\sqrt{M_1} = \sqrt{625} = 25$，所以已经获得比它小的素数，再对该段进行筛选，得到比 $M_1$ 小的素数，它们分别为

$$2, 3, 5, 7, 11, 13, 17, 19, 23, 29, 31, 37, 41, 43, 47, 53, 59, \cdots$$

同理，由于 $[\sqrt{M}] = 625$，而比 $M_1 = 625$ 小的素数已经罗列出来，因此在 $[M_1, M] = [625, 625^2]$ 中删去这些素数的倍数，剩下的就是比 $M$ 小的素数，由此得到比 $M$ 小的素数的集合。

最后，在接近 $M$ 处比对是否存在 $m = M - k = 625^2 - 2$ 这个数，若存在，则它是素数；若不存在，则它是合数。至此，即可完成素性检验。

## 6.7 其他的素性检验方法

素性检验是素数理论中的一个重要分支，历来都有人关注这个研究方向，在最近的十几年中，相关结论有了新的进展。

**结论 1**：设 $a \in \mathbb{Z}$，$p \in \mathbb{Z}$，$p > 2$，且 $(a, p) = 1$，则 $p$ 是素数的充要条件为

$$(x - a)^p \equiv (x^p - a^p)(\bmod p)$$

这个结论非常简约，但它是充要条件，这样就把素性检验的过程等价于判断以上等式是否成立的过程，为素性检验提供了新的思路。下面给出证明。

证明：对 $(x - a)^p$ 进行二次项展开，得到

$$(x - a)^p = x^p + \sum_{i=1}^{p-1} \binom{p}{i} x^i (-a)^{p-i} + (-a)^p$$

由于 $p$ 为素数，则可以得到 $p \left| \binom{p}{i} \right.$，由此，求关于 $p$ 的模，则得到

$$(x - a)^p \equiv (x^p + \sum_{i=1}^{p-1} \binom{p}{i} x^i (-a)^{p-i}) + (-a)^p)(\bmod p)$$

$$\equiv (x^p + (-a)^p)(\bmod p) \equiv (x^p - a^p)(\bmod p)$$

其中，因为大于 2 的素数 $p$ 一定为奇数，所以 $(-a)^p = -a^p$。

特别地，当 $p = 2$ 时，对于与 $p = 2$ 互素的整数 $a$，有 $(x - a)^2 = x^2 - 2xa + a^2$，两边取模 2，则得到 $(x - a)^2 \equiv (x^2 + a^2)(\bmod 2)$。

反过来，若在满足上式的条件下，$p$ 为合数，则由算术基本定理，对于 $p$ 的素因数 $q$，一定有 $q^\alpha | p$，但 $q^{\alpha+1}$ 不能整除 $p$，故 $q^\alpha$ 不能整除 $\binom{p}{q}$。而 $(q^\alpha, a) = 1$，对 $q^\alpha$ 的系数做模 $p$ 运算后其不为零，故 $(x - a)^p - (x^p - a^p)$ 在有限域 $F_p$ 上不恒为零，且 $(x - a)^p \equiv (x^p - a^p)(\bmod p)$ 不能恒成立，由此与题设矛盾，假设不能成立。

此外，还有印度三位学者首先提出的一个结论，它能检验一个整数是否是某个素数的幂次，这使确定某一个数是否为素数的研究进程，又前进了一大步。

**结论 2**：设 $n \in \mathbb{N}$，$p$ 和 $q$ 为素数，且 $S$ 是以有限个整数为元素的集合，若满足

（1）$p | (q - 1)$。

（2）$n^{(q-1)/p}(\bmod q) \notin \{0, 1\}$。

（3）$(n, a - a') = 1$，对所有不同的 $a \in S$，$a' \in S$。

（4）$\binom{p + \#S - 1}{\#S} \geq n^{\sqrt{q}}$。

（5）在环 $\mathbb{Z} / n\mathbb{Z}[x]$ 中，对所有的 $a \in S$，都有 $(x + a)^n \equiv (x^n + a)(\bmod(x^q - 1))$。

则 $n$ 一定是一个素数的幂。其中，"#"表示某一集合类中的元素个数。

根据这个结论，当能确定幂次为1时，则 $n$ 就是素数。这样素性检验确定的素数，具有确定性，也就是一旦确定为素数，则其就是素数，不存在误判的情况。

此外，还有孪生素数等素性检验方法。华裔数学家张益唐证明了有无穷多的两个相邻素数之间的绝对差值小于 7000 万，也就是说，假定 $n$ 为素数，那么在 $(n, n+7\times10^7]$ 中很有可能至少有一个对应的素数分布，它为判别素数提供了某些帮助，但这些帮助既不是充分的，也不是必要的，只是对素数的分布给出了某种进一步的细化而已，人类在深入探析素数的规律，尤其是分布规律等的征途中，还会遇到很多艰难险阻，任重而道远。

## 6.8 素性检验的应用

在 RSA 公钥密码体制中，密钥生成是一个非常重要的步骤，它关系到设计的密码的安全性能是否可靠。在这个过程中，首先需要选取两个保密的大素数 $p$ 和 $q$，然后计算 $n = p \cdot q$ 和 $\varphi(n) = (p-1)(q-1)$，为确保 $p$ 和 $q$ 是大素数，首要的步骤是对其进行素性检验。同样的道理，在 Rabin 密码体制中，对于所选的参数 $p$ 和 $q$，也需要进行素性检验。

此外，在许多数字签名体制中也需要用到大素数，在这个过程中也需要对所选定的大整数进行素性检验，如 ElGamal 签名体制，Okamoto 签名体制等，这些在相关认证技术的资料中都有详细的介绍。

## 思考题

（1）分析几种拟素数的特性。

（2）分析 Fermat 素性检验方法的过程，试着编程实现。

（3）分析 Eratosthenes 筛选法在素性检验中的优缺点。

（4）用素数定理证明素数有无穷多个。

（5）分析 Solovay-Stassen 素性检验方法，并试着编程实现。

# 第7章

## 抽象代数基础

本章介绍抽象代数的相关内容。

对于抽象代数，其实质就是在一个非空集合中定义某一种或几种运算规则，并根据确定的运算规则，赋予集合中的元素相应的运算，运算后形成的新元素，除仍旧隶属于原来的集合外，还满足一定规律和展现某些特性。由此，抽象代数中的相关代数结构具有构造性，理解这一点非常重要。

下面对抽象代数中最基本的群、环、域、模进行介绍。

## 7.1 抽象代数中的相关概念

设 $\Phi$ 为一个非空集合，由 $\Phi \times \Phi \to \Phi$ 定义一种运算 $T$，规定 $\forall a \in \Phi$，$\forall b \in \Phi$，若 $T(a,b) = ab \in \Phi$，则这种运算称为乘积运算；若 $T(a,b) = a+b \in \Phi$，则称其为加法运算。在定义了运算以后，可以寻找元素之间遵循的相应规律，通常的规律有结合律、交换律和结合律等。当 $a \in \Phi$，$b \in \Phi$，$c \in \Phi$ 时，若 $abc = a(bc)$ 成立，则称为满足乘法运算规则下的结合律；若 $a+b+c = a+(b+c)$ 成立，则称为满足加法法则下的结合律。所谓满足交换律，即对于 $a \in \Phi$，$b \in \Phi$，满足 $ab = ba$，称为满足乘法法则的交换律；当满足 $a+b = b+a$ 时，则称为满足在加法法则下的交换律；若在非空集合中同时定义了加法和乘法运算，对于 $a \in \Phi$，$b \in \Phi$，$c \in \Phi$，满足 $(a+b)c = ac + bc$，则称其满足分配律。

**定义 1**：非空集合在定义的运算规则下有非常特殊的元素，称为单位元，其与定义的运算法则有直接的关系。对于乘法法则，若一个元素 $a \in \Phi$，对于 $\forall b \in \Phi$，总是满足 $ab = b$，则称 $a$ 为集合 $\Phi$ 中关于乘法运算的单位元；同样的道理，对于加法法则，若 $a+b = b$，则称 $a$ 为集合 $\Phi$ 中关于加法运算的单位元。

不管对于何种运算法则，其对应的集合 $\Phi$ 中的单位元都是唯一的，这可以通过命题证明。

**命题**：在非空集合 $\Phi$ 上定义的运算下的单位元是唯一的。

证明：迄今为止，我们仅定义了两种不同的运算法则，下面分别进行证明。

设在 $\Phi$ 中定义了乘法运算,并存在两个单位元 $a$ 和 $a'$,则对于 $\forall b \in \Phi$,对应 $a$ 有 $ab = b$,则取 $a' = b \in \Phi$,有 $aa' = a'$;同样的道理,对应 $a'$ 有 $a'b = b$,故取 $a = b \in \Phi$,$a'a = a$,则最终可得到 $a = aa' = a'$,故在乘法法则条件下,单位元确实唯一的;同理,在加法法则条件下,由于

$$a + a' = a', \; a' + a = a, \; a, \; a' \in \Phi$$
$$a = a + a' = a'$$

因此命题得到了证明。

在有了单位元的概念后,可以得到逆元的概念,它也是受集合中的元素和运算法则制约的。所谓逆元,就是在某种运算法则下的给定的元素的逆,具体描述如下。

**定义 2**:在非空集合中规定的运算法则 $F(\cdot,\cdot)$ 下,该集合存在单位元 $e$,若集合中的某一个元素 $a$,以及与之对应的元素 $b$,满足 $F(a,b) = e$,则称 $b$ 是该运算法则下关于元素 $a$ 的逆元,通常记为 $a^{-1}$,而元素 $a$ 称为可逆的,而且逆元是唯一的,这是因为,若存在 $b'$,也满足 $F(a,b') = e$,则有 $b' = a^{-1} = b$。

在规定的运算法则下,集合中是否有逆元是一个重要的条件,这往往是确定代数结构的决定因素。此外,有单位元的代数结构未必一定有在该运算法则条件下的逆元,而有逆元的代数结构一定有在该运算法则下的单位元。

代数结构的本质是在集合中的元素之间规定的相应的运算规则,而对集合来说,还存在子集合,因此,相关的代数结构也可以在子集合中进行规定,从而构成子代数结构。

在代数结构之间的关系中,同态和同构关系非常重要,其实质就是满足一定条件的映射,具体定义如下。

**定义 3**:若在两个代数结构 $\Phi$ 和 $\Phi'$ 的元素之间存在一种函数 $f: \Phi \to \Phi'$,且对于 $\forall a,b \in \Phi$,有 $f(ab) = f(a)f(b)$ 成立,则称 $f$ 是一个从 $\Phi$ 到 $\Phi'$ 的同态。

而在同态的基础上,可定义同构,对于从 $\Phi$ 到 $\Phi'$ 的同态 $f$,若它是单映射,则称为单同态;若它是满映射,则称为满同态;既单又满的同态称为同构。特别地,当满足 $\Phi = \Phi'$ 时,$f$ 被称为自同态或自同构。

同构中的单映射和满映射,指的是在集合中的元素之间存在一一对应的关系,它具有较广泛的含义,若将其看作函数关系,则既单又满的映射就是具有反函数的函数。

## 7.2 群

### 7.2.1 群的定义

群是一个代数结构,简单地说,群是一个在非空集合中定义了一种运算法则后,具有单位元和逆元,且满足结合律的代数结构,因此有如下定义。

**定义**：在非空集合 $G$ 中定义某种运算法则 $F$，若在该运算法则的条件下，$G$ 满足以下条件，则 $G$ 称作一个群。

（1）存在单位元。（2）存在逆元。（3）满足结合律。

如果仅满足条件（3），那么称 $G$ 为半群。

群中的元素的个数称为阶，记作 $|G|$，当 $|G| < \infty$ 时，称 $G$ 为有限群；当 $|G| \to \infty$ 时，称 $G$ 为无限群。

作为群，它的元素一定满足结合律，若其同时满足交换律，则这样的群称作交换群或 Abel 群。

群虽然是一个抽象的代数结构，但有很多具体的例子如下。

**例 1**：若在整数集 $\mathbb{Z}$ 上定义加法运算，则 $\mathbb{Z}$ 为一个群，进一步，$\mathbb{Z}$ 构成一个交换群。

证明：要证明 $\mathbb{Z}$ 为一个加法群，只需要证明 $\mathbb{Z}$ 有单位元和逆元，并满足结合律。实际上，在加法运算规则的条件下，0 是单位元，由于 $\forall a \in \mathbb{Z}$，$\exists b \in \mathbb{Z}$，所以有 $a + 0 = a$，$a + b = 0$。此外，$\forall a \in \mathbb{Z}$，$\forall b \in \mathbb{Z}$，$\forall c \in \mathbb{Z}$，有 $a + b + c = a + (b + c)$，由此得到 $\mathbb{Z}$ 是一个群，又由于在 $\mathbb{Z}$ 中满足 $a + b = b + a$，故它是一个交换群。

**例 2**：若 $\mathbb{Z}$ 中定义了乘法运算法则，则 $\mathbb{Z}$ 是一个半群。

证明：$\mathbb{Z}$ 为非空集合，由于 $\forall a \in \mathbb{Z}$，$\forall b \in \mathbb{Z}$，$\forall c \in \mathbb{Z}$，$abc = a(bc)$，所以 $\mathbb{Z}$ 为半群。

**例 3**：以一个大于 1 的正整数 $m$ 为模数，对应的剩余类记作 $\mathbb{Z} / m\mathbb{Z} = \{0, 1, 2, \cdots, m-1\}$，若在 $\mathbb{Z} / m\mathbb{Z}$ 中定义一种加法运算法则

$$a + b \equiv ((a+b)(\mathrm{mod}\, m))$$

则 $\mathbb{Z} / m\mathbb{Z}$ 不仅构成一个群，还构成一个交换群。

实际上，首先，$\mathbb{Z} / m\mathbb{Z}$ 为非空集合，根据运算法则可以得到，单位元为 0，因为它总满足 $0 + b \equiv ((0+b)(\mathrm{mod}\, m)) \equiv b(\mathrm{mod}\, m)$。

此外，$a$ 的逆元为 $m - a$，因为根据同余的性质，它是满足结合律的，所以根据群的定义，$\mathbb{Z} / m\mathbb{Z}$ 是一个群。进一步，因为 $a + b = ((a+b)(\mathrm{mod}\, m))$，$b + a = ((a+b)(\mathrm{mod}\, m))$，故 $a + b = b + a$ 成立，即 $\mathbb{Z} / m\mathbb{Z}$ 也是一个交换群。

**例 4**：一个由 $n$ 阶可逆方阵组成的集合，在矩阵乘法法则规定的运算下，构成一个群。

证明：因为组成的集合非空，$n$ 阶单位矩阵为单位元，且有 $n$ 阶可逆矩阵的逆存在，更有矩阵运算满足结合律，这四个条件成立，所以它构成一个群。

群是一个抽象的概念，它不仅可以由具体的数构成，还可以把映射或函数关系作为元素，对这些以映射或函数关系为元素的集合进行运算法则的定义。

设有一个非空集合 $\Phi$，将 $\Phi$ 到自身的所有一一对应的映射 $f$ 组成一个集合，记作 $\Psi = \{f \mid f : \Phi \overset{1-1}{\to} \Phi\}$，并将映射之间的复合作用作为运算规则，则 $\Psi$ 构成一个群，将其称作

对称群，$\varPsi$ 中的元素称作一个置换。

对 $\varPsi$ 来说，它非空且恒等映射为单位元 $e$，对于 $\forall f \in \varPsi$，由 $fg = e \in \varPsi$，可得 $f$ 的逆 $g$，而 $\forall f_i \in \varPsi$，$i = 1,2,3$，由 $f_1 f_2 f_3 = f_1(f_2 f_3)$ 成立，可知 $\varPsi$ 满足结合律，由此可知 $\varPsi$ 为一个群。进一步，这些一一对应的映射，与非空集合 $\varPhi$ 有关，当 $\varPhi$ 中的元素个数为有限数 $k$ 时，将 $\varPsi$ 称作 $k$ 元对称群。

设 $k$ 元对称群 $\varPsi$ 中的元素为 $f_1, f_2, \cdots, f_n$，则定义这 $n$ 个元素的乘积为

$$f_1 f_2 \cdots f_{n-1} f_n = (f_1 f_2 \cdots f_{n-1}) f_n$$

定义 $n$ 个元素的加法为

$$f_1 + f_2 + \cdots + f_{n-1} + f_n = (f_1 + f_2 + \cdots + f_{n-1}) + f_n$$

对于在乘法法则下的 $k$ 元对称群 $\varPsi$，若它的元素还满足交换律，则有如下的性质。

设任意的一个关于 $1,2,\cdots,n$ 的排列为 $i_1, i_2, \cdots, i_n$，则有

$$f_{i_1} f_{i_2} \cdots f_{i_{n-1}} f_{i_n} = f_1 f_2 \cdots f_{n-1} f_n$$

实际上，由于 $f_i f_j = f_j f_i$，进行逐位交换，就可以得到

$$f_{i_1} f_{i_2} \cdots f_{i_{n-1}} f_{i_n} = f_1 f_2 \cdots f_{n-1} f_n$$

若假设 $f_1 = f_2 = \cdots = f_n = a$，则 $f_1 f_2 \cdots f_n = a^n$，它就构成 $a$ 的 $n$ 次幂，特别地，把 $a^0$ 记为单位元 $e$，而根据 $a^{-j} = (a^{-1})^j$，$1 \leq j \leq n$，则 $a^{-j}$ 为 $a$ 的逆元 $a^{-1}$ 的 $j$ 次幂。

根据以上所述，下面的命题成立。

**命题：** 假设群 $G$ 中有任意元素 $a$，另有任意的整数 $m$，$n$，则有

$$a^m a^n = a^{m+n}, \ (a^n)^m = a^{nm}$$

证明：分别对不同情况的 $m$ 和 $n$ 进行分析，当 $m$ 和 $n$ 都是大于零的整数时，则根据对称群的性质，结论成立；若在 $m$ 和 $n$ 中有一个为零，而另一个为正整数时，不妨设 $m = 0$，$n > 0$，由 $a^0 = e$，则有

$$a^m a^n = a^0 a^n = e a^n = a^{n+0} = a^{n+m}$$
$$(a^n)^m = (a^n)^0 = e = a^{n \cdot 0}$$

故结论同样成立；当 $m$ 和 $n$ 都为小于零的整数时，则

$$a^m a^n = a^{-(-m)} a^{-(-n)} = (a^{-1})^{-m} (a^{-1})^{-n} = (a^{-1})^{-m-n} = a^{n+m}$$

当有一个整数大于 0，另一个整数小于 0 时，不妨设 $m < 0$，$n > 0$，则

$$a^m a^n = a^{-(-m)} a^n = (a^{-1})^{-m} a^n = \begin{cases} (a^{-1})^{-m} a^{-m} a^{n-(-m)} = e a^{n+m} = a^{n+m}, & |m| < n \\ e = a^{n+m}, & n + m = 0 \\ (a^{-1})^{-m-n} = a^{m+n}, & |m| > n \end{cases}$$

同理有

$$(a^m)^n = ((a^{-1})^{-m})^n = (a^{-1})^{-mn} = a^{mn}$$

根据以上分析，命题结论得到证明。

若集合 $W$ 是群 $G$ 的子集，即 $W \subset G$，且在群 $G$ 所规定的运算法则下，集合 $W$ 仍旧构成群，则称 $W$ 为群 $G$ 的子群。从集合的角度来看，它的元素个数不多于原来的群 $G$ 的元素个数，且它与原来的群具有相同的运算法则。$G$ 本身就是 $G$ 的子群，而若 $W = \{e\}$，则 $W$ 也是子群，满足这两种情况的子群称作平凡子群，不是平凡子群的子群称作真子群。

判别群 $G$ 的子集为子群，除可以采用子群的定义以外，还可以采用以下的两个定理。

**定理 1**：若 $W$ 是群 $G$ 的非空子集，则 $W$ 是群 $G$ 的子群的充要条件为，对于 $\forall a,b \in W$，有 $ab^{-1} \in W$。

证明：若 $W$ 是群 $G$ 的子群，则对于 $\forall a,b \in W$，有 $b^{-1} \in W$，$ab^{-1} \in W$，结论成立。

反之，已知 $W$ 为非空集合，以及在 $W$ 上定义了运算法则，根据条件，对于 $\forall a,b \in W$，有 $ab^{-1} \in W$，特别地，取 $b = a$，则有 $ab^{-1} = aa^{-1} = e \in W$，说明 $W$ 有单位元。又因为 $a^{-1} = ea^{-1} \in W$，故 $W$ 也存在逆元。此外，对于 $\forall a,b,c \in W$，有 $abc = a(bc)$ 成立，这是因为 $a$、$b$、$c$ 是 $W$ 的元素，当然也是群 $G$ 的元素，所以它们满足结合律。根据以上分析，结论成立。

**定理 2**：设 $\{W_i\}$，$i \in I$ 为群 $G$ 的子群族，则 $\bigcap\limits_{i \in I} W_i$ 也是群 $G$ 的子群。

证明：设 $\forall a,b \in W_i$，$i \in I$，由于 $W_i$ 为群，则 $ab^{-1} \in W_i$，$i \in I$，故有 $a \in \bigcap\limits_{i \in I} W_i$，$b \in \bigcap\limits_{i \in I} W_i$，以及 $ab^{-1} \in \bigcap\limits_{i \in I} W_i$，故 $\bigcap\limits_{i \in I} W_i$ 构成子群。

这个定理说明，群的子群族的交集还具有群的特性，这实际上提供了一种构造子群的途径。由此可以定义一个生成子群的新概念，具体描述如下。

设有一个群 $G$ 的子集 $X$，$\{W_i, i \in I\}$ 为群 $G$ 的子群族，且每一个子群包含集合 $X$，即有 $W_i \supset X$，$i \in I$，则群 $\bigcap\limits_{i \in I} W_i$ 称为群 $G$ 的由 $X$ 生成的子群，记为 $<X>$，即 $\bigcap\limits_{i \in I} W_i = <X>$。

其中，$X$ 中的元素称为 $<X>$ 的生成元，若 $X = \{a_1, a_2, \cdots, a_n\}$，则 $<X>$ 记为 $<a_1, a_2, \cdots, a_n>$，进一步，如果群 $G$ 本身是由 $X$ 生成的群，即 $G = <a_1, a_2, \cdots, a_n>$，则 $G$ 称为有限生成的群；若 $G = <a>$，则 $G$ 称为由 $a$ 生成的循环群。

### 7.2.2 群的结构分析

群是一种代数结构，研究群的生成和结构是重要的内容，研究群的结构的一种重要手段就是考察群之间的元素是否可以建立同态或同构关系。

群同态是这样描述的，设 $f$ 是两个群 $G$、$H$ 之间的一个映射，即 $f : G \to H$，对于群 $G$ 中的任意两个元素 $a$ 和 $b$，有 $f(a) \in H$，$f(b) \in H$，且满足 $f(ab) = f(a)f(b)$，则称 $f$ 为一个群同态。

群同构是指两个群之间的同态是既单又满的。若两个群之间存在既单又满的同态，则这两个群被称为同构的。顾名思义，群同构就是指两个群具有相同的结构。同构也是等价关系，具有自反性、对称性和传递性，彼此同构的群从结构上可以看成一个单一的群，且其中一个群可被另一个群代替。

群同态和群同构的性质可归纳为如下的定理。

**定理 1：** 设 $f$ 是两个群 $G$、$H$ 之间的一个同态，那么有如下的结论。

（1）设群 $G$ 中的单位元为 $e_G$，群 $H$ 中的单位元为 $e_H$，则 $f(e_G) = e_H$。

（2）设 $a \in G$，则 $f(a^{-1}) = f(a)^{-1}$。

（3）记 $\ker f = \{a | a \in G, f(a) = e_H\}$，则 $\ker f$ 为群 $G$ 的一个子群，同时 $f$ 是单同态的充要条件为 $\ker f = \{e_G\}$，也就是说，$\ker f = \{e_G\}$ 是群 $G$ 的平凡子群。

（4）记 $f(G) = \{a | a \in G\}$，则 $f(G) = \{a | a \in G\}$ 为群 $H$ 的子群，特别地，$f$ 是满同态的充要条件为 $f(G) = \{a | a \in G\} \supseteq H$。

（5）设群 $H'$ 为群 $H$ 的子群，则 $f^{-1}(H') = \{a | a \in G, f(a) \in H'\}$ 是群 $G$ 的子群。

证明：①因为 $e_G$ 是群 $G$ 的单位元，$f$ 为同态，则

$$f(e_G e_G) = f(e_G) f(e_G) = f(e_G) \in H$$

因为 $H$ 为群，则存在 $f(e_G)^{-1}$，所以有

$$\left. \begin{aligned} f(e_G)^{-1} f(e_G) f(e_G) = f(e_G)^{-1} f(e_G) = e_H \\ f(e_G)^{-1} f(e_G) f(e_G) = f(e_G) \end{aligned} \right\} \Rightarrow f(e_G) = e_H$$

（1）得到证明。

②根据①的证明，有如下等式成立，即

$$f(e_G) = e_H = f(a) f(a)^{-1}$$
$$f(aa^{-1}) = f(a) f(a^{-1}) = e_H = f(a) f(a)^{-1}$$
$$f(a)^{-1} f(a) f(a^{-1}) = f(a)^{-1} f(a) f(a)^{-1}$$
$$(f(a)^{-1} f(a)) f(a^{-1}) = f(a)^{-1} (f(a) f(a)^{-1})$$
$$f(a^{-1}) = f(a)^{-1}$$

则（2）得证。

③设有 $\forall a \in \ker f$，$\forall b \in \ker f$，则 $f(a) = e_H$，$f(b) = e_H$，则有

$$f(ab^{-1}) = f(a) f(b^{-1}) = f(a) f(b)^{-1} = e_H (e_H)^{-1} = e_H$$

从而得到 $ab^{-1} \in \ker f$，则 $\ker f$ 为群 $G$ 的子群。

此外，若 $f$ 为单同态，则对于 $\forall a, b \in G$，当 $a \neq b$ 时，有 $f(a) \neq f(b)$，故当 $a \neq e_G$ 时，$f(a) \neq f(e_G) = e_H$，由此，得到 $\ker f = \{e_G\}$；反之，由于 $\ker f = \{e_G\}$，故对于 $\forall a, b \in G$，当 $f(a) = f(b)$ 成立时，因为 $f(ab^{-1}) = f(a) f(b)^{-1} = f(b) f(b)^{-1} = e_H$ 成立，则 $ab^{-1} \in \ker f$，所

以当且仅当 $ab^{-1}=e_G$ 时，$ab^{-1}\in\ker f=\{e_G\}$ 成立，故 $a=b$，这就证明了 $f$ 为单同态。

④由 $f(G)=\{a|a\in G\}$，可以得到

$$\forall a\in G,\ f(a)\in f(G),\ \forall b\in G,\ f(b)\in f(G),\ f(b^{-1})\in f(G)$$

故有

$$f(a)f(b)^{-1}=f(a)f(b^{-1})=f(ab^{-1})\in f(G)$$

由此得到 $f(G)=\{a|a\in G\}$ 为 $H$ 的子群，且 $f(G)=\{a|a\in G\}\subseteq H$。

此外，若 $f$ 是满同态，即 $H$ 中的每一个元素都是 $G$ 中的元素的 $f$ 映射，则 $H\subseteq f(G)$，而 $f(G)\subseteq H$ 是显然的，由此则得到 $H=f(G)$；反之，由于 $H=f(G)$，则 $H$ 由 $G$ 的元素的像充满，故 $f$ 为满映射，进而 $f$ 是满同态。(4) 的条件中，强调 $H\subseteq f(G)$，实际上就是为了说明 $H=f(G)$，所以当满足 $H=f(G)$ 时，相应结论也同样成立。

⑤因为 $H'$ 为群 $H$ 的子群，则有 $\forall a',\ b'\in H'$，有 $a'(b')^{-1}\in H'$，同时根据同态 $f$，可得到群 $G$ 中的元素 $a$ 和 $b$，它们分别满足 $f(a)=a',\ a\in G,\ f(b)=b',\ b\in G$。则对于 $ab^{-1}\in G$，有

$$f(ab^{-1})=f(a)f(b^{-1})=f(a)f(b)^{-1}=a'(b')^{-1}\in H'$$

由此得到 $ab^{-1}\in\{a\in G|f(a)\in H'\}$，故 $f^{-1}(H')=\{a\in G|f(a)\in H'\}$ 为子群。

由此，这五个结论得到证明。

一般的，把 $\ker f$ 称为核子群，$f(G)=\{a|a\in G\}$ 被称为像子群。

上述结论反映了两个群的元素之间的各种内在联系，如果把这些关系看成函数，那么它们就是地道的函数分析，当然这里的含义更加抽象，指代的范围更加宽广，也体现了抽象函数的特色。

关于群之间的同态的例子有很多，这里仅举几个例子如下。

**例 1：** 加群 $\mathbb{Z}$ 到加群 $\mathbb{Z}/m\mathbb{Z}=\{0,1,2,\cdots,m-1\}$ 之间的映射 $f:a\to a(\bmod m)$ 构成一个同态，在前面的例子中已经验证了相应的同态关系需要的条件。

**例 2：** 对于加群 $\mathbb{Z}$ 到生成元为 $g$ 的 $<g>=\{g^m|m\in\mathbb{Z}\}$ 之间的映射 $f:m\to g^m$，当其满足 $f(n+m)=g^{n+m}=g^ng^m=f(n)f(m)$，$\forall m,\ n\in\mathbb{Z}$ 时，$f$ 为一个同态。

**例 3：** 设群 $G$ 中有一个元素 $a$，且由 $G$ 到 $G$ 的映射 $f$ 满足条件

$$f(b)=aba^{-1}\in G,\quad \forall b\in G$$

则 $f$ 是一个同态。

实际上，只要验证 $f(bc)=f(b)f(c)$ 即可，因为

$$f(bc)=a(bc)a^{-1}=aba^{-1}aca^{-1}=(aba^{-1})(aca^{-1})=f(b)f(c)$$

所以 $f$ 为同态。

下一步研究群的结构，先引进重要的陪集、商集和正规子群等概念。

**定义**：设 $H$ 是群 $G$ 的子群，在群 $G$ 中任取一元素 $a$ 构成集合 $aH = \{ah|h \in H\}$，将 $aH$ 称作群 $G$ 中的左陪集；对应地，构成的集合 $Ha = \{ha|h \in H\}$ 称作群 $G$ 中的右陪集；特别地，当 $aH = Ha$ 成立时，$aH$ 称作群 $G$ 的陪集。若群 $G$ 是交换群，则所有的左陪集和右陪集均满足 $aH = Ha$，也就是说，所有的左陪集和右陪集都是群 $G$ 的陪集。

引进陪集的概念，可以有效分解群的结构，进而对于了解群有直接的帮助。为了更深入地了解抽象的陪集概念，下面举一个数论中的例子。

对于加群 $\mathbb{Z}$，它有一个子集 $H = m\mathbb{Z}$，$m \in \mathbb{N}/\{1\}$（$\mathbb{N}/\{1\}$ 表示除去1的自然数集合），其中 $m$ 是一个模数，$H = \{mk|k \in \mathbb{Z}\}$，它是 $\mathbb{Z}$ 的子群，因此在 $\mathbb{Z}$ 中任选一个元素 $a$，令

$$aH = a + m\mathbb{Z} = \{a + mk|k \in \mathbb{Z}\}$$

$$Ha = m\mathbb{Z} + a = \{a + mk|k \in \mathbb{Z}\}$$

可以验证，$aH$ 为加群 $\mathbb{Z}$ 的左陪集，$Ha$ 为加群 $\mathbb{Z}$ 的右陪集。又由于加群 $\mathbb{Z}$ 满足交换律，故 $Ha$ 构成陪集，其实质就是取模后的一个剩余类。

关于陪集，有性质如下。

**定理2**：设 $H$ 是群 $G$ 的子群，则有以下性质成立。

（1）群 $G$ 中的任意元素 $a$，有 $aH = \{b|b \in G, b^{-1}a \in H\}$，$Ha = \{b|b \in G, ab^{-1} \in H\}$ 成立。

（2）对于 $\forall a, b \in G$，$aH = \{ah|h \in H\} = bH = \{bh|h \in H\}$ 的充要条件为 $b^{-1}a \in H$。而对应的 $Ha = Hb$ 的充要条件为 $ab^{-1} \in H$。

（3）$\forall a, b \in G$，$aH \bigcap bH = \phi$ 的充要条件为 $b^{-1}a \notin H$，对应的 $Ha \bigcap Hb = \phi$ 的充要条件为 $ab^{-1} \notin H$，这里 $\phi$ 表示空集。

（4）若群 $G$ 中的任意元素 $a$ 满足 $a \in H$，则 $aH = H$，$Ha = H$。

证明：①记 $H_1 = \{b|b \in G, b^{-1}a \in H\}$，则性质（1）可写为 $H_1 = aH$，下面给出具体证明。

已知 $aH = \{ah|h \in H\}$，则 $\forall x \in aH$，$x = ah$，$h \in H$，故得到

$$x = ah \Rightarrow (x)^{-1} = h^{-1}a^{-1} \Rightarrow (x)^{-1}a = h^{-1}a^{-1}a = h^{-1}(a^{-1}a)$$

$$x^{-1}a = h^{-1} \in H$$

进而得到

$$x \in \{b|b \in G, b^{-1}a \in H\}$$

故有 $aH \subseteq H_1$。设 $\forall c \in H_1$，则对于 $\forall a \in G$，有 $c^{-1}a \in H$，不妨设 $c^{-1}a = h^{-1} \in H$，则

$$c^{-1}a = h^{-1} \Rightarrow (c^{-1}a)^{-1} = (h^{-1})^{-1} \Rightarrow a^{-1}c = h$$

由此得到 $a^{-1}c = h \Rightarrow c = ah$，故 $H_1 \subseteq aH$，最终得到 $H_1 = aH$。

当其为右陪集时，可采用相同的方法证明。

②当 $aH = \{ah|h \in H\} = bH = \{bh|h \in H\}$ 时，有 $b = be \in aH$，故设 $b = ah^{-1}$，$h^{-1} \in H$，从

而得到 $b = ah^{-1} \Rightarrow b^{-1} = h^{-1}a^{-1}$，进而有 $b^{-1} = ha^{-1} \Rightarrow b^{-1}a = h \in H$。反之，根据已知条件有 $b^{-1}a \in H$，不妨设 $b^{-1}a = h$，对 $\forall x \in aH$，有 $x = ah_1$，故 $x = ah_1 = bhh_1 = b(hh_1) \in bH$，得到 $aH \subseteq bH$；反之，$\forall y \in bH$，则 $y = bh_2$，$h_2 \in H$，进而有 $y = bh_2 = ah^{-1}h_2 = a(h^{-1}h_2)$，得到 $y \in aH$，进而有 $bH \subseteq aH$，最终得到 $bH = aH$。

当其为右陪集时，可采用同样的方法证明 $Hb = Ha$ 的充要条件为 $ab^{-1} \in H$。

③当 $b^{-1}a \notin H$ 时，假设 $aH \bigcap bH = \phi$ 不成立，则一定存在 $x \in aH$ 且 $x \in bH$，故这个元素可以写成 $x = ah_1 = bh_2$，其中，$h_1, h_2 \in H$ 进而有 $b^{-1}ah_1 = b^{-1}bh_2 \Rightarrow b^{-1}a = h_2h_1^{-1} \in H$，这与条件矛盾，因此假设不能成立，所以 $aH \bigcap bH = \phi$ 成立。

反之，当 $aH \bigcap bH = \phi$ 时，则根据性质（2），得到 $b^{-1}a \notin H$。

④当 $a \in H$ 时，考察 $aH = \{ah | h \in H\}$，因为 $H$ 是一个子群，所以 $ah \in H$，故有 $aH \subseteq H$，反之，对于 $\forall h \in H$，当 $a \in H$ 时，总可以写成 $h = aa^{-1}h = a(a^{-1}h) \in aH$，故 $H \subseteq aH$，最终得到 $aH = H$。

同样的方式可以证明 $Ha = H$，最终可得到 $aH = H = Ha$。

这个定理给出了群分解的一个途径，根据性质（3），群 $G$ 可以分解成 $G = \bigcup a_i H$，$i \in I$，$a_j^{-1}a_i \notin H$。

在加群 $\mathbb{Z}$ 中，若存在大于 1 的整数 $m$，则 $m\mathbb{Z} = H$ 为 $\mathbb{Z}$ 的子群，从而得到陪集 $aH = a + m\mathbb{Z} = \{a + km | k \in \mathbb{Z}\}$，对于不同的 $a$，$\mathbb{Z}$ 可以分解成

$$\mathbb{Z} = \bigcup a_i H = \bigcup a_i(m\mathbb{Z}), \quad a_i = 1, 2, 3, \cdots, m$$

进一步，以群 $G$ 中的不同的左陪集为元素，构成一个新的集合 $\{aH | a \in G\}$，这个集合中的每一个元素就是群 $G$ 的一个子集，称作 $H$ 在 $G$ 中的商集，记作 $G / H$，而集合中不同左陪集的个数称作 $H$ 在 $G$ 中的指标，记为 $[G:H]$。

商集的实质是群 $G$ 被子集 $H$ 划分成的互不相交的不同左陪集，之所以把它叫作商集，是因为它与将一个数被另一个数除后所得到的值称为商的含义相似。

群 $G$ 的阶与子群 $H$ 的阶、商集 $G / H$ 中的元素个数之间存在内在的关系，它实际上就是一个除式关系，具体有如下的定理。

**定理 3：**设集合 $H$ 是群 $G$ 的子群，则有 $|G| = |H| \cdot [G:H]$。若另有 $H_1$ 是 $H$ 的子群，则有 $[G:H_1] = [G:H] \cdot [H:H_1]$。

证明：因为 $H$ 是群 $G$ 的子群，所以由 $H$ 构成的陪集可以划分群 $G$，即 $G = \bigcup a_i H$，且由 $a_j^{-1}a_i \notin H$，得到 $a_j H \bigcap a_i H = \phi$，由此得到 $|G| = |\bigcup a_i H| = \sum_{i=1}^{[G:H]} |a_i H|$，而对于 $|a_i H|$，因为由 $H$ 到 $aH$ 的映射 $f : h \to ah$ 是一对一的，所以 $|H| = |aH|$，由此得到 $|G| = |\bigcup a_i H| = \sum_{i=1}^{[G:H]} |a_i H| = \sum_{i=1}^{[G:H]} |H|$，得到 $|G| = \sum_{i=1}^{[G:H]} |H| = |H| \cdot [G:H]$。

此外，对于 $H_1$，$|G| = |\bigcup a_i H_1| = \sum_{i=1}^{[G:H_1]} |a_i H_1| = [G:H_1] \cdot |H_1|$，而群 $G$ 对子群 $H$ 来说，有 $|G| = |\bigcup a_i H| = = [G:H] \cdot |H|$，又因为群 $H_1$ 是群 $H$ 的子群，所以 $|H| = [H:H_1] \cdot |H_1|$，最后得到 $|G| = [G:H_1] \cdot |H_1| = [G:H] \cdot [H:H_1] \cdot [H_1]$，进而得到 $[G:H_1] = [G:H] \cdot [H:H_1]$，定理得到证明。

**定理 4**：设 $H$ 为群 $G$ 的子群，则有如下的三个条件。

（1）$\forall a \in G$，$aH = Ha$。（2）$\forall a \in G$，$aHa^{-1} = H$。（3）$\forall a \in G$，$aHa^{-1} \subset H$。它们互为充分条件，即有（1）$\Leftrightarrow$（2）$\Leftrightarrow$（3）。

证明：先证（1）$\Leftrightarrow$（2），对于 $\forall a \in G$，由 $\forall x \in aH$，可得 $x = ah_1$，$h_1 \in H$，根据 $aH = Ha$，可得 $\exists h_2 \in H$，$x = ah_1 = h_2 a$，故根据 $ah_1 = h_2 a$ 可得 $ah_1 = h_2 a \Rightarrow ah_1 a^{-1} = h_2 \in H$，故 $aHa^{-1} \subseteq H$；反之，对于 $\forall h \in H$，可以得到 $h = aa^{-1} haa^{-1} = a(a^{-1} ha)a^{-1}$。此外，因为 $\forall a \in G$ 有 $aH = Ha$，所以由 $a$ 得到 $a^{-1}$，对于 $\forall h \in H$，$\exists k \in H$，有 $a^{-1} h = ka^{-1}$，得到 $a^{-1} ha = k \in H$，进而得到 $h = a(a^{-1} ha)a^{-1} = aka^{-1} \in aHa^{-1}$，故有 $H \subseteq aHa^{-1}$，最终得到 $H = aHa^{-1}$，即（1）$\Rightarrow$（2）得证。

反过来，根据条件（2），对于 $\forall a \in G$，有 $aHa^{-1} = H$；对于 $\forall x \in H$，存在 $k \in H$，有 $x = aka^{-1} \in H$，可得 $xa = ak$，这说明对于 $\forall xa \in Ha$，有 $xa = ak \in aH$，得到 $Ha \subseteq aH$；同理，可以证明 $aH \subseteq Ha$，故最终得到 $aH = Ha$。

故（1）$\Leftrightarrow$（2）得到证明，而（2）$\Rightarrow$（3）是显然的，这是因为由 $aHa^{-1} = H$，可得到 $aHa^{-1} \subset H$。

下证（3）$\Rightarrow$（1），已知对于 $\forall a \in G$，有 $aha^{-1} \in aHa^{-1} \subset H$，故当 $\forall a \in G$ 时，对于 $\forall ah \in aH$，$\exists k \in H$，有 $aha^{-1} = k \subset H$，进而有 $ah = ka \in Ha$，故得到 $aH \subseteq Ha$。同样的道理，$aha^{-1} = k \Rightarrow a^{-1} aha^{-1} = a^{-1} k \Rightarrow ha^{-1} = a^{-1} k$，故当 $h (h \in H)$ 在 $H$ 中遍历（在集合中取值取遍）时，对应的 $k (k \in H)$ 也在 $H$ 中遍历，进而有 $Ha \subseteq aH$。从而，最终得到 $aH = Ha$。

这样证明了定理的结论。

在这基础上，引进一个新的概念"正规子群"，它是这样具体定义的：若集合 $H$ 是群 $G$ 的子群，且它满足上述定理 4 中等价的条件的任意一个条件，则 $H$ 被称为群 $G$ 的正规子群，一般记作 $N$。

对于正规子群，有如下的性质。

**定理 5**：在群 $G$ 的正规子群 $N$ 生成的商集 $G/N$ 中规定一种运算 $(aN)(bN) = abN$，则商集 $G/N$ 构成一个群。

证明：要证商集 $G/N$ 构成群，则需要逐一验证是否符合群的条件。对于 $G/N = \{aN | a \in G\}$ 中的元素，由于它在规定的运算法则下，满足结合律，即 $aNbNcN = (abN)cN = (abc)N$，而对应有 $aN(bNcN) = (aN)(bc)N = (abc)N$，故规定的运算法则满足结合律。

对于 $G/N$ 中的元素 $aN$，在规定的运算法则下，它的运算不依赖于所选的代表元，即对于 $a_1N = a_2N$，$b_1N = b_2N$，有

$$a_1Nb_1N = a_1b_1N = a_1(b_1N) = a_1(b_2N) = a_1(Nb_2) = (a_1N)b_2 = a_2b_2N = a_2Nb_2N$$

此外，在 $G/N = \{aN|a \in G\}$ 中的单位元为 $eN$，这是因为对于任意的 $aN \in G/N$，有 $eNaN = eaN = aN, aNeN = aeN = aN$；进一步，相应的逆元也存在，对应于 $aN \in G/N$，有 $a^{-1} \in G$，有 $aNa^{-1}N = aa^{-1}N = eN \in G/N$，以及 $a^{-1}NaN = a^{-1}aN = eN$，故 $aN$ 的逆元为 $a^{-1}N$。

根据以上分析，得到商集 $G/N = \{aN|a \in G\}$ 在定义的运算法则下构成群。

这样的群称作群 $G$ 对于正规子群 $N$ 的商群。此外，若 $G/N = \{a+N|a \in G\}$，以及所规定的运算为 $(a+N)+(b+N) \triangleq (a+b)+N$，则 $G/N = \{a+N|a \in G\}$ 同样构成一个群。

分析商集 $G/N$ 之所以成为商群，关键在于使用定理 3 中的构成正规子群的条件。

**定理 6：** 设群 $G$ 到 $G'$ 之间有同态 $f$，则 $\ker f$ 是群 $G$ 的正规子群；如果 $N$ 是群 $G$ 的正规子群，则映射 $s : G \to G/N$，$s(a) = aN$，$a \in G$ 是核为 $N$ 的同态。

证明：$\ker f$ 为群 $G$ 的子群，而且对于 $\forall a \in G, c \in \ker f$，要证明 $aca^{-1}$ 是 $\ker f$ 中的元素，即 $f(aca^{-1}) = f(a)f(c)f(a^{-1}) = f(a)e'f(a)^{-1} = e'$，故 $aca^{-1} \in \ker f$。$\ker f$ 为群 $G$ 的正规子群。

此外，根据映射 $s : G \to G/N$，$s(a) = aN$，$a \in G$，而当 $N$ 为正规子群时，对 $\forall a \in G$，有 $aN = Na$。故对于 $\forall a, b \in G$，$s(ab) = (ab)N$，$s(a) = aN, s(b) = bN$，得到

$$s(a)s(b) = aNbN = (abN)N = abN，故得到 s(ab) = s(a)s(b)，则映射 s 为同态。此外，因$$

为 $s(a) = aN = N$ 的充要条件为 $\forall a \in N$，所以得到 $\ker s = N$。

一般地，把 $s : G \to G/N$，$s(a) = aN$，$a \in G$ 称为自然同态。它在以下要介绍的群之间的同态和同构等关系中是重要的一环。

**定理 7：** 若群 $G$ 到 $G'$ 之间有同态 $f$，则存在由 $G/\ker f$ 到群 $f(G)$ 之间的同构 $t$，满足如下的映射关系，即 $t(a\ker f) = f(a)$，并使得 $f = i \circ t \circ \sigma$，其中 $\sigma$ 是群 $G$ 到 $G/\ker f$ 的自然同态，而 $i$ 是由群 $f(G)$ 到 $G'$ 的恒等同态。而且由 $f = i \circ t \circ \sigma$ 可知，$f$，$i$，$\sigma$ 都是确定的，故同构 $t$ 是唯一的。

证明：根据题设，$\ker f$ 是群 $G$ 的正规子群，则 $G/\ker f$ 为群 $G$ 的商群。由 $G/\ker f$ 到 $f(G)$ 的映射 $t$，对 $\forall a\ker f \in G/\ker f$，$\forall b\ker f \in G/\ker f$，有

$$t((a\ker f)(b\ker f)) = t((ab)\ker f) = f(ab) = f(a)f(b) = t(a\ker f)t(b\ker f)$$

故 $t$ 是同态，而且 $t$ 是单的，这只要证明单位元对应于单位元即可，事实上，对于 $\forall a\ker f \in \ker(t)$，就有 $t(a\ker f) = f(a) = e'$，由此就有 $a \in \ker f$，从而 $a(\ker f) = \ker f$。还需要证明 $t$ 是满的，对于 $\forall d \in f(G)$，则一定存在 $a \in G$，有 $d = f(a)$，而由 $t(a(\ker f)) = f(a) = d$，得到 $f(G)$ 中的元素一定是 $G/\ker f$ 中的元素 $a\ker f$ 在 $t$ 作用下的映射值，由此得到 $t$ 是满的。

进一步得到，$t$ 是既单又满的同态，故 $t$ 为同构，而且满足 $f = i \circ t \circ \sigma$，这是因为对于 $\forall a \in G$，有

$$i \circ t \circ \sigma(a) = i(t(\sigma(a))) = i(t(a \ker f)) = i(f(a)) = f(a)$$

假设还有另一个同构映射 $t_1$，也满足 $f = i \circ t_1 \circ \sigma$，那么对于 $\forall a \ker f \in G / \ker f$，就有

$$t_1(a \ker f) = i(t_1(\sigma(a))) = i \circ t_1 \circ \sigma(a) = f(a) = t(a \ker f)$$

从而得到这两个同构映射相等。

此外，实际上，对于等式 $f = i \circ t \circ \sigma$，由于 $f$，$\sigma$，$i$ 都是确定的，则 $t$ 也能够唯一确定。

这个定理非常重要，它具体给出了两个群之间的同构映射，从同构的角度来看，两个群可看作同一个群，这提供了一条了解未知群的途径。

定理 7 表述的群之间的关系如图 7-1 所示。

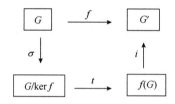

图 7-1　群之间的关系图示

进一步还有如下的结论。

**结论 1**：设群 $G$ 的正规子群为 $N$，群 $G$ 的包含 $N$ 的子群为 $H$，则集合 $H / N = \{hN | \forall h \in H\}$ 是商群 $G / N$ 的子群；同时，由 $H$ 到 $H / N = \{hN | \forall h \in H\}$ 的映射是群 $G$ 的包含 $N$ 的子群到 $G / N = \{aN | \forall a \in G\}$ 的子集的一一对应。进一步，群 $H$ 是包含 $N$ 的群 $G$ 的正规子群的充要条件为 $H / N = \{hN | \forall h \in H\}$ 是 $G / N = \{aN | \forall a \in G\}$ 的正规子群。

**结论 2**：设 $N$ 为群 $G$ 的正规子群，群 $H$ 为群 $G$ 的子群，$HN = \{hn | \forall h \in H, \forall n \in N\}$，$H \cap N = \{a | a \in H, a \in N\}$，则有以下结论。

（1）$HN$ 是群 $G$ 的子群，且其包含 $N$。

（2）$H \cap N$ 是 $H$ 的正规子群。

# 7.3　几种具体的群

这一节主要介绍几种具体的群的构成与性质。

## 7.3.1　循环群

对于循环群 $G = <a>$，因为它的生成元为 $a$，所以 $a$ 在循环群中具有非常重要的地位。$a$ 和以它为基础构成的元组成循环群的元素，循环群中的元素个数构成群的阶，阶可以是

有限的，也可以是无限的。有一个命题如下。

**命题**：加群 $\mathbb{Z}$ 的每一个循环子群都可以表示为 $<0>$ 或 $<m>=m\mathbb{Z}$，其中 $m$ 是循环群中的最小正整数，而且当 $m \neq 0$ 时，循环子群 $<m>$ 为无限的。

证明：设加群 $\mathbb{Z}$ 的循环子群为 $X$，则 $X=<0>$ 或 $X=<m>$，当 $X=<0>$ 时，它是平凡子群，结论显然成立。

此外，当 $X=<m>$ 时，设 $a$ 为 $X$ 中的元素，则 $-a \in X$，因此，$X$ 中存在正整数。

再来证明 $X=<m>=m\mathbb{Z}$ 中的 $m$ 是最小的正整数。对于 $\forall a \in X$，存在正整数 $r$ 和 $q$，由欧几里得定理得到 $a=qm+r$，$0 \leq r \leq m-1$，进而得到 $r=a-mq \in X$，若 $r \neq 0$，则与 $m$ 为生成元的假设矛盾，所以有 $r=0$，$a=qm \in m\mathbb{Z}$，结论成立。

这个命题把加群 $\mathbb{Z}$ 的循环子群的性质进行了归纳，进一步有如下的定理。

**定理 1**：无限循环群与加群 $\mathbb{Z}$ 同构，阶为 $m$ 的有限循环群与加群 $\mathbb{Z}/m\mathbb{Z}$ 同构。

证明：若无限循环群与加群 $\mathbb{Z}$ 同构，则一定存在一个既单又满的同构映射，因此设无限循环群为 $<a>=\{a^n | n \in \mathbb{Z}\}$，并构建映射 $f:\mathbb{Z} \to <a>$，具体为 $f(n)=a^n$，$n \in \mathbb{Z}$，$a^n \in <a>$，则映射 $f$ 为一个同态，这是因为对于 $\forall n \in \mathbb{Z}$，$m \in \mathbb{Z}$，都有 $f(n+m)=a^{n+m}=a^n a^m=f(n)f(m)$，而且它又是满的，即满足 $f(\mathbb{Z})=<a>$，由此根据上一节的定理 4，若在 $\mathbb{Z}/\ker f$ 与 $f(\mathbb{Z})=<a>$ 之间存在同构映射，则加群 $\mathbb{Z}$ 的 $\ker f$ 只可能有两种情况，即 $\ker f=<0>$ 或 $\ker f=m\mathbb{Z}$，当 $\ker f=<0>$ 时，则 $\mathbb{Z}/\ker f$ 为无限循环群；当 $\ker f=m\mathbb{Z}$ 时，则 $\mathbb{Z}/\ker f=\mathbb{Z}/m\mathbb{Z}$ 为 $m$ 阶循环群。由此得到 $f(\mathbb{Z})=<a>$ 的生成结构。因此在同构的观点下看循环群，它们就可以用加群 $\mathbb{Z}$ 的循环子群来代表。

对于一个群 $G$ 中的元素 $a$，则循环群 $<a>$ 的阶也可以称为元素 $a$ 的阶，记为 $\operatorname{ord}(a)$，由此当 $<a>$ 为无限循环群时，对应的 $\operatorname{ord}(a)$ 为无限阶。

**定理 2**：设 $a$ 为群 $G$ 中的一个元素，则当 $\operatorname{ord}(a)$ 为无限阶时，当且仅当 $n=0$ 时有 $a^n=e$，以及 $<a>$ 中的元素都两两不相同。

当 $\operatorname{ord}(a)$ 是有限阶 $n$ 时，则有以下结论。

（1）$n$ 是使 $a^n=e$ 成立的最小的正整数，对于整数 $k$，$a^k=e$ 成立的充要条件为 $n|k$，且 $<a>=\{e,a,a^2,\cdots,a^{n-1}\}$。

（2）$a^r=a^n$ 的充要条件为 $r \equiv k(\bmod n)$。

（3）$a^r \in <a>$，$r \in \mathbb{Z}/n\mathbb{Z}$ 是两两不相同的。

（4）对于 $1 \leq d \leq n$，有 $\operatorname{ord}(a^d)=\dfrac{n}{(n,d)}$。

证明：首先建立一个从群 $\mathbb{Z}$ 到群 $G$ 的映射 $f$，使其满足 $f(n)=a^n$，则 $f$ 为同态，因 $\forall n \in \mathbb{Z}$，$\forall m \in \mathbb{Z}$，总有 $f(n+m)=a^{n+m}=a^n a^m=f(n)f(m)$ 成立。从而有 $\mathbb{Z}/\ker f$ 同构于 $f(\mathbb{Z})=<a>$，而 $\operatorname{ord}(a)$ 为无限阶，等价于 $\ker f=<0>$，此时就有，当且仅当 $n=0$ 时，$a^n=e$，

以及 $<a>$ 中的元素都两两不相同。

而当 $\mathrm{ord}(a)$ 为有限阶 $n(n>0)$ 时，等价于 $\ker f = n\mathbb{Z}$，则 $\mathbb{Z}/n\mathbb{Z}$ 的元素可表示为 $\{b\,|\,b=nq+r,r=1,2,\cdots,n-1,n\}$，由于 $\mathbb{Z}/n\mathbb{Z}$ 同构于 $<a>$，则对应的 $<a>$ 中的元素可表示为 $\{a^b\,|\,a^{nq+r},r=1,2,\cdots,n-1,n\}$，又由于 $\mathrm{ord}(a)=n$，则 $a^n=e$，且 $n$ 是对应的最小正整数，由此得到 $<a>=\{a^1,a^2,\cdots,a^{n-1},a^n=e\}$。此外若 $a^k=e$，则有 $k\in\ker f=n\mathbb{Z}$，得到 $n|k$，这样就证明了结论（1）。

此外，若 $a^r=a^n$，则有 $a^{r-n}=e$，故有 $(r-k)\in\ker f=n\mathbb{Z}$，则等价于 $r\equiv k(\mathrm{mod}\,n)$，这就证明了结论（2）。

结论（3）是显然的，这是因为在 $\mathbb{Z}/n\mathbb{Z}$ 中的两两不相同的元，其对应的 $<a>$ 中的元素两两不相同。对于 $1\le d\le n$，当 $(a^d)^k=e$ 时，有 $dk\in n\mathbb{Z}\Leftrightarrow n\Big|dk\Leftrightarrow \dfrac{n}{(n,d)}\Big|\dfrac{dk}{(n,d)}$，又因为 $\left(\dfrac{n}{(n,d)},\dfrac{d}{(n,d)}\right)=1$，所以有 $\dfrac{n}{(n,d)}\Big|k$，最终得到 $\mathrm{ord}(a^d)=\dfrac{n}{(n,d)}$。

**定理 3**：循环群的子群也是循环群。

证明：建立由加群 $\mathbb{Z}$ 到循环群 $<a>$ 之间的映射 $f$，使其满足 $f(n)=a^n$，则对于 $<a>$ 的子群 $G$，对应有 $\mathbb{Z}$ 的子群 $H$，满足 $H=f^{-1}(G)$，因为 $H$ 作为 $\mathbb{Z}$ 的子群是循环群，所以 $G=f(H)$ 为循环群，结论成立。

**定理 4**：设 $<a>$ 是循环群，当它是无限阶时，$<a>$ 的生成元为 $a$ 和 $a^{-1}$；当它的阶是有限值 $n$ 时，当且仅当 $(k,n)=1$ 时 $a^k$ 是 $<a>$ 的生成元。

证明：由 $\mathbb{Z}$ 到 $<a>$ 建立映射 $f$：$f(m)=a^m$，则 $f$ 为同态映射，故有 $\mathbb{Z}/\ker f$ 与 $<a>$ 同构，则 $<a>$ 中的生成元对应于 $\mathbb{Z}/\ker f$ 中的生成元。对 $\mathbb{Z}/\ker f$ 来说，当 $\ker f=0$ 时，它的生成元为 $1$ 和 $-1$，故 $<a>$ 的对应的生成元为 $a^1$ 和 $a^{-1}$；当 $\ker f=n\mathbb{Z}$，$n>0$ 时，若 $\mathbb{Z}/\ker f$ 的生成元为 $k$，则有 $(k,n)=1$，故对应的 $<a>$ 的生成元为 $a^k$，且 $(k,n)=1$。

循环群与有限的 Abel 群之间，也存在具体的内在关系，一个有限交换群，可以用以群中元素为生成元的循环群的组合来构成，在介绍这个结论之前，引进如下两个引理。

**引理 1**：有限交换群中的任意两个元素 $a$ 和 $b$，若 $(\mathrm{ord}(a),\mathrm{ord}(b))=1$，则有

$$\mathrm{ord}(ab)=\mathrm{ord}(a)\mathrm{ord}(b)$$

证明：已知 $(ab)^{\mathrm{ord}(ab)}=e$，$a^{\mathrm{ord}(a)}=e$，$b^{\mathrm{ord}(b)}=e$，$ab=ba$，则

$$(ab)^{\mathrm{ord}(ab)\mathrm{ord}(a)}=[(ab)^{\mathrm{ord}(ab)}]^{\mathrm{ord}(a)},\quad (ab)^{\mathrm{ord}(ab)\mathrm{ord}(b)}=[(ab)^{\mathrm{ord}(ab)}]^{\mathrm{ord}(b)}$$

根据以上所列条件，可以得到

$$(ab)^{\mathrm{ord}(ab)\mathrm{ord}(a)}=a^{\mathrm{ord}(ab)\mathrm{ord}(a)}b^{\mathrm{ord}(ab)\mathrm{ord}(a)}=(a^{\mathrm{ord}(a)})^{\mathrm{ord}(ab)}b^{\mathrm{ord}(ab)\mathrm{ord}(a)}=b^{\mathrm{ord}(ab)\mathrm{ord}(a)}=e$$

以及

$$(ab)^{\text{ord}(ab)\text{ord}(b)} = a^{\text{ord}(ab)\text{ord}(b)}b^{\text{ord}(ab)\text{ord}(b)} = a^{\text{ord}(ab)\text{ord}(b)}\left[(b)^{\text{ord}(b)}\right]^{\text{ord}(ab)} = a^{\text{ord}(ab)\text{ord}(b)} = e$$

根据以上两式可得到

$$\text{ord}(b)\big|\text{ord}(ab)\text{ord}(a) \text{ 和 } \text{ord}(a)\big|\text{ord}(ab)\text{ord}(b)$$

又已知 $(\text{ord}(a),\text{ord}(b)) = 1$，则有

$$\text{ord}(b)\big|\text{ord}(ab) \text{ 和 } \text{ord}(a)\big|\text{ord}(ab)$$

进而 $\text{ord}(b)$ 和 $\text{ord}(a)$ 是 $\text{ord}(ab)$ 的两个互素的因数，则可以得到

$$(\text{ord}(a)\text{ord}(b))\big|\text{ord}(ab)$$

此外由

$$(ab)^{(\text{ord}(a)\text{ord}(b))} = a^{(\text{ord}(a)\text{ord}(b))}b^{(\text{ord}(a)\text{ord}(b))} = e$$

可以得到

$$\text{ord}(ab)\big|(\text{ord}(b)\text{ord}(a))$$

最终得到

$$\text{ord}(ab) = \text{ord}(a)\text{ord}(b)$$

引理得证。

需要指出的是，仅在满足群为交换群的条件时以上引理成立，因为元素可交换。当不满足交换群的条件时，结论不能成立。

推广引理 1，对于任何关系的 $\text{ord}(b),\text{ord}(a)$，也有相应的结论，这就是引理 2。

**引理 2：** 设交换群中的任意两个元素为 $a$ 和 $b$，则一定存在群中的元素 $c$，使得

$$\text{ord}(c) = [\text{ord}(a),\text{ord}(b)]$$

这个引理说明在交换群中，以任意的两个元素作为生成元而各自生成的有限循环群的阶的最小公倍数，一定是该交换群中的另一个元素所生成的有限循环群的阶，进一步，对无限循环群来说，因为其阶都是无穷大，无穷大的两个整数的最小公倍数也是无穷大，所以这个结论也成立。

证明：对于正整数 $\text{ord}(a)$ 和 $\text{ord}(b)$，一定存在整数 $s$ 和 $t$，分别有 $s\big|\text{ord}(a)$ 和 $t\big|\text{ord}(b)$，而且 $(s,t) = 1$，故由算术基本定理得到 $[\text{ord}(a),\text{ord}(b)] = s \cdot t$，现在考察 $a^{\frac{\text{ord}(a)}{s}}$ 和 $b^{\frac{\text{ord}(b)}{t}}$，它们也是有限交换群中的元素，即有

$$\text{ord}(a^{\frac{\text{ord}(a)}{s}}) = s, \quad \text{ord}(b^{\frac{\text{ord}(b)}{t}}) = t$$

这是因为

$$\text{ord}(a^{\frac{\text{ord}(a)}{s}}) = \frac{\text{ord}(a)}{(\text{ord}(a),\frac{\text{ord}(a)}{s})} = \frac{\text{ord}(a)}{\frac{\text{ord}(a)}{s}} = s$$

$$\mathrm{ord}(b^{\frac{\mathrm{ord}(b)}{t}}) = \frac{\mathrm{ord}(b)}{(\mathrm{ord}(b), \frac{\mathrm{ord}(b)}{t})} = t$$

再根据引理 1，得到

$$\mathrm{ord}(a^{\frac{\mathrm{ord}(a)}{s}} b^{\frac{\mathrm{ord}(b)}{t}}) = \mathrm{ord}(a^{\frac{\mathrm{ord}(a)}{s}})\mathrm{ord}(b^{\frac{\mathrm{ord}(b)}{t}}) = s \cdot t = [\mathrm{ord}(a), \mathrm{ord}(b)]$$

由此取 $c = a^{\frac{\mathrm{ord}(a)}{s}} \cdot b^{\frac{\mathrm{ord}(b)}{t}}$，则有

$$\mathrm{ord}(c) = [\mathrm{ord}(a), \mathrm{ord}(b)]$$

有限交换群 $G$ 可以由以该群中的元素为生成元的循环群组成，证明如下。

**定理 5**：若 $G$ 为有限交换群，则 $G$ 中存在元素 $a_1, a_2, \cdots, a_t$，而且这些元素为生成元各自生成的循环群 $<a_1>, <a_2>, \cdots, <a_t>$，对应的阶分别为 $n_1, n_2, \cdots, n_t$，满足 $n_1|n_2, n_2|n_3, \cdots, n_i|n_{i+1}, \cdots, n_{t-1}|n_t$，并且有 $G = <a_1><a_2>\cdots<a_t>$。

证明：因为 $G$ 是有限交换群，满足 $|G| < \infty$，则 $G$ 中的元素可穷举式地罗列出来，不妨设 $G = \{b_1, b_2, \cdots, b_k\}$，根据引理 2，存在 $c_1 \in G$，有 $\mathrm{ord}(c_1) = [\mathrm{ord}(b_1), \cdots, \mathrm{ord}(b_k)]$，以 $c_1$ 为生成元，得到 $<c_1>$，并作

$$G/<c_1> = \{b_{11}<c_1>, b_{12}<c_1>, \cdots b_{1k_1}<c_1>\}$$

则有 $k_1 = [G : <c_1>] < k$。

现在以 $G/<c_1>$ 为研究对象，则根据引理 2，存在 $c_2$，有

$$\mathrm{ord}(c_2) = [\mathrm{ord}(b_{11}), \mathrm{ord}(b_{12}), \cdots, \mathrm{ord}(b_{1k_1})]$$

同样的，可以作 $<c_2>$，进而可得到

$$G/(<c_1><c_2>) = \{b_{21}<c_1><c_2>, b_{22}<c_1><c_2>, \cdots, b_{2k_2}<c_1><c_2>\}$$

$$k_2 = [G : <c_1><c_2>] < k_1$$

同样的做法，可以找到 $c_3, c_4, \cdots, c_t$ 和构造相应的 $<c_3>, <c_4>, \cdots, <c_t>$，引用引理 2，得到

$$\mathrm{ord}(c_i) = [\mathrm{ord}(b_{i-11}), \mathrm{ord}(b_{i-12}), \cdots, \mathrm{ord}(b_{i-1k_{i-1}})]$$

并作

$$G/(<c_1><c_2>\cdots<c_i>) = \{b_{i1}(<c_1><c_2>\cdots<c_i>), \cdots b_{ik_i}(<c_1><c_2>\cdots<c_i>)\}$$

可得

$$k_i = [G : (<c_1><c_2>\cdots<c_i>)] < k_{i-1}$$

根据有限交换群的条件，在最后一步时有

$$k_t = 1, \quad G = (<c_1><c_2>\cdots<c_t>)$$

根据所选的 $c_i$，$i = 1, 2, \cdots, t$，可以得到

$$\text{ord}(c_i)\big|\text{ord}(c_{i-1}),\ 2\leqslant i\leqslant t$$

所以，只要取 $a_i = c_{t-i+1}$，$1\leqslant i\leqslant t$，则所要求的结论就都满足。

这样，有限交换群可通过以它自身的元素作为生成元所构造的循环群组合得到。这里还需要指出的是，讨论的循环群都应该是有限阶的，只有此时，这些具体的数量关系才能成立，当阶数是无限时，因为都涉及无穷大的数，所以其具体的数量关系难以描述和确定。

### 7.3.2 置换群

有一种相对特殊的群称为置换群，其元素是离散序列的位置置换，位置置换也是一种映射。具体地，设集合 $S = \{1,2,3,\cdots,n\}$，建立映射 $f:S\to S$，$f(k)=i_k$，其中 $k$ 是 $S$ 中的第 $k(1\leqslant k\leqslant n)$ 个元素，则映射 $f$ 可表示为

$$f=\begin{pmatrix}1 & 2 & \cdots & n-1 & n\\ f(1) & f(2) & \cdots & f(n-1) & f(n)\end{pmatrix}=\begin{pmatrix}1 & 2 & \cdots & n-1 & n\\ i_1 & i_2 & \cdots & i_{n-1} & i_n\end{pmatrix}$$

其中 $i_1,i_2,\cdots,i_{n-1},i_n$ 是 $1,2,\cdots,n-1,n$ 的一个排列，则称 $f$ 为 $S$ 上的一个置换。

同样的，若有映射 $g:S\to S$，满足 $g(k)=j_k$，则有

$$g=\begin{pmatrix}1 & 2 & \cdots & n-1 & n\\ j_1 & j_2 & \cdots & j_{n-1} & j_n\end{pmatrix}$$

进一步可以定义置换的乘积 $t:S\to S$，满足 $t=f\cdot g$，$t$ 也是一个置换，且有

$$t(k)=(f\cdot g)(k)=f(g(k))=f(j_k), j_k\in\{1,2,\cdots,n\}$$

为了更具体地说明置换的概念，现举例如下。

**例**：设 $f=\begin{pmatrix}1 & 2 & 3 & 4 & 5\\ 3 & 5 & 4 & 2 & 1\end{pmatrix}$，$g=\begin{pmatrix}1 & 2 & 3 & 4 & 5\\ 5 & 1 & 4 & 2 & 3\end{pmatrix}$，计算 $f\cdot g$，$g\cdot f$，$f^{-1}$。

**解**：$f\cdot g=\begin{pmatrix}1 & 2 & 3 & 4 & 5\\ 3 & 5 & 4 & 2 & 1\end{pmatrix}\begin{pmatrix}1 & 2 & 3 & 4 & 5\\ 5 & 1 & 4 & 2 & 3\end{pmatrix}=\begin{pmatrix}1 & 2 & 3 & 4 & 5\\ 1 & 3 & 2 & 5 & 4\end{pmatrix}$，同样的，有

$g\cdot f=\begin{pmatrix}1 & 2 & 3 & 4 & 5\\ 5 & 1 & 4 & 2 & 3\end{pmatrix}\begin{pmatrix}1 & 2 & 3 & 4 & 5\\ 3 & 5 & 4 & 2 & 1\end{pmatrix}=\begin{pmatrix}1 & 2 & 3 & 4 & 5\\ 4 & 3 & 2 & 1 & 5\end{pmatrix}$，因为 $f=\begin{pmatrix}1 & 2 & 3 & 4 & 5\\ 3 & 5 & 4 & 2 & 1\end{pmatrix}$，

$ff^{-1}=I=\begin{pmatrix}1 & 2 & 3 & 4 & 5\\ 1 & 2 & 3 & 4 & 5\end{pmatrix}$，所以 $f^{-1}=\begin{pmatrix}3 & 5 & 4 & 2 & 1\\ 1 & 2 & 3 & 4 & 5\end{pmatrix}=\begin{pmatrix}1 & 2 & 3 & 4 & 5\\ 5 & 4 & 1 & 3 & 2\end{pmatrix}$。

因此，对集合 $S$ 来说，以在集合 $S$ 上的置换为元素，构成一个新的集合 $S_n$，因为恒等置换 $e=\begin{pmatrix}1 & 2 & 3 & \cdots & n\\ 1 & 2 & 3 & \cdots & n\end{pmatrix}$ 总是存在的，所以 $S_n$ 非空。此外，在 $S_n$ 中的元素规定为乘法运算后，相应的运算结果对 $S_n$ 是封闭的，且满足结合律。进一步，在 $S_n$ 中也存在逆元，这是因为，假设置换 $g=\begin{pmatrix}1 & 2 & \cdots & n-1 & n\\ j_1 & j_2 & \cdots & j_{n-1} & j_n\end{pmatrix}\in S_n$，则有 $g^{-1}=\begin{pmatrix}j_1 & j_2 & \cdots & j_{n-1} & j_n\\ 1 & 2 & \cdots & n-1 & n\end{pmatrix}\in S_n$，它们

满足 $g^{-1}g = gg^{-1} = e$，由此，对于非空集合 $S_n$，其在规定的乘法运算的条件下构成群，而且对于 $n$ 位长的 $S$，所有的置换实际上就是 $n$ 位的序列的排序，这样的排序的个数共计为 $p_n^1 p_{n-1}^1 \cdots p_2^1 p_1^1 = n!$，这就是 $S_n$ 中的元素个数，也是群 $S_n$ 的阶。

进一步分析 $S_n$ 中的元素的特性，不难发现，对于一个 $n$ 元的置换 $f$，它只是使 $\{1,2,\cdots,n\}$ 中的一部分元素的位置发生变化，而其余的元素的位置保持不变，这种置换称为轮换。若在 $\{1,2,\cdots,n\}$ 中有 $k$ 个位置的元素发生变化，而其余的 $n-k$ 个位置的元素的位置不变，则将这种置换称为 $k$ – 轮换，其中 $k$ 代表轮换的长度，1 – 轮换就是恒等置换，2 – 轮换就是两个元素的位置调换，称为对换。若有 $k$ – 轮换和 $l$ – 轮换，当 $k+l$ 个元素都不同时，则这两个轮换称为不相交。

在了解了轮换的概念以后，可以证明，所有的置换都可以由不相交的轮换的乘积生成，且在不考虑轮换的次序时，置换被轮换的乘积表示的形式是唯一的。

**命题 1**：任一个置换都可表示为一些不相交的轮换的乘积，在不考虑乘积的次序的前提下，其表示形式是唯一的。

证明：这里通过具体的构造过程来证明命题的正确性。设 $f$ 是 $S = \{1,2,\cdots,n\}$ 上的任意一个置换，在 $S$ 中任取一个元素 $i_1^1$，对 $i_1^1$ 做运算，得到 $f(i_1^1)$，$f^2(i_1^1)$，$\cdots$，$f^{n-1}(i_1^1)$，$f^n(i_1^1)$，则这 $n+1$ 个元素都在集合 $S$ 中，而 $S$ 只有 $n$ 个元素，由此可知，在这 $n+1$ 个元素中，必定至少有两个相同，不妨设有 $k$ 和 $l$，且 $k < l$，满足 $f^k(i_1^1) = f^l(i_1^1)$，然后在上式两边同时作用 $(f^{-1})^k$，则得到

$$(f^{-1})^k f^k(i_1^1) = (f^{-1})^k f^l(i_1^1) = f^{l-k}(i_1^1) = i_1^1$$

进一步，由 $f^{k_1}(i_1^1) = i_1^1$ 得到不大于 $n$ 的最小正整数 $k_1$，进而令

$$i_2^1 = f(i_1^1), \quad i_3^1 = f^2(i_1^1), \quad \cdots, \quad i_{k_1}^1 = f^{k_1-1}(i_1^1)$$

则 $(i_1^1, i_2^1, i_3^1, \cdots, i_{k_1}^1)$ 构成一个 $k_1$ – 轮换，若 $k_1 = n$，则结论成立；若 $k_1 < n$，则在 $S - \{i_1^1, i_2^1, \cdots, i_{k_1}^1\}$ 中重复进行以上步骤，先取一个元素 $i_1^2 \in (S - \{i_1^1, i_2^1, \cdots, i_{k_1}^1\})$，取 $k_2 \leqslant n$，使 $k_2$ 成为满足 $f^{k_2}(i_1^2) = i_1^2$ 的最小正整数，同样的，令

$$i_2^2 = f(i_1^2), \quad i_3^1 = f^2(i_1^2), \quad \cdots, \quad i_{k_2}^1 = f^{k_2-1}(i_1^2)$$

则 $(i_1^2, i_2^2, i_3^2, \cdots, i_{k_2}^2)$ 为一个与 $(i_1^1, i_2^1, i_3^1, \cdots, i_{k_1}^1)$ 不相交的 $k_2$ – 轮换，这样重复进行，得到一般性的 $k_j$ – 轮换 $(i_1^j, i_2^j, i_3^j, \cdots, i_{k_j}^j)$，其与前面的所有轮换都不相交，又因为 $S$ 中仅有 $n$ 个元素，所以在进行有限步后就可以完成，不妨设共进行了 $r$ 步，对应的可以得到 $k_1$ – 轮换 $\tau_1$，$k_2$ – 轮换 $\tau_2$，$\cdots$，$k_r$ – 轮换 $\tau_r$，它们互不相交，且有 $k_1 + k_2 + \cdots + k_r = n$，以及对于 $\forall i \in S$，有 $\tau_1 \tau_2 \cdots \tau_r(i) = f(i) \in S$。

这就证明了任意一个置换总可以用不相交的轮换的乘积来表示。此外，在具体构造轮换的过程中，因为选择的元素不同，不相交的轮换有前后之分，最终的轮换乘积的表达式

中的具体的轮换的位置也不尽相同，所以当不考虑轮换的前后顺序时，轮换的表达式可看作唯一。命题得证。

特别地，当 $k$ – 轮换中的 $k = 2$ 时，则对应的轮换就是对换，因此对对换来说，上述命题也成立。

设 $m$ 元排列 $a_1, a_2, \cdots, a_i, \cdots, a_j, \cdots, a_m$ 中的两个元 $a_i$ 和 $a_j$ 构成 $(a_i, a_j)$，若当 $i < j$ 时，有 $a_i > a_j$，则 $(a_i, a_j)$ 元素对称为逆序，对于给定的一个排列，它所有逆序的个数称为逆序数，记作 $[a_1, a_2, \cdots, a_i, \cdots, a_j, \cdots, a_m]$。

一个置换，总可以表示成一系列对换的乘积，而每一个对换涉及排列中的两个元的位置进行的对换，不妨设 $m$ 元排列 $a_1, a_2, \cdots, a_i, \cdots, a_j, \cdots, a_m$ 中的 $a_i$ 与 $a_j$ 进行了位置对换，进而就产生了新的共计 $2|j-i|+1$ 对的逆序，设原来的逆序数为 $[a_1, a_2, \cdots, a_i, \cdots, a_j, \cdots, a_m]$，则通过对换后，新的逆序数为 $\left| [a_1, a_2, \cdots, a_i, \cdots, a_j, \cdots, a_m] \pm 2|j-i|+1 \right|$，因为 $2|j-i|+1$ 为奇数，所以，对换改变了排列的逆序数的奇偶性。进一步，研究排列中的逆序数与对换的个数之间的关系，不难发现，它们具有相同的奇偶性。这可归结为如下的命题。

**命题 2**：任意一个置换 $f$ 总可以表示成一系列对换的乘积，且对换的个数的奇偶性与排列的逆序数的奇偶性相同。

证明：设任意一个置换 $f$ 可以用 $n$ 个对换的乘积表示为 $f = \tau_1 \tau_2 \cdots \tau_n$，而 $1, 2, \cdots, m$ 通过 $f$ 置换后的排列为 $f(1), f(2), \cdots, f(m)$，对应的逆序数为 $[f(1), f(2), \cdots, f(m)]$，由于 $[f(1), f(2), \cdots, f(m)]$ 的奇偶性与 $[1, 2, \cdots, m] + n = 0 + n = n$ 的奇偶性相同，所以命题的结论成立。

因此，对于任一个置换，将其用一系列的对换的乘积来分解，若分解得到的对换的个数是偶数，则这样的置换称为偶置换，同样的，若其为奇数，则该置换称为奇置换。

已知，在 $S$ 为 $n$ 元上的置换构成的集合是一个个数为 $n!$ 的有限群，且当 $n > 2$ 时，一定有 $n! \equiv 0 (\mathrm{mod}\, 2)$，故这个群中的偶数与奇数的个数一样多，分别为 $\dfrac{n!}{2}$，其恒等置换为偶置换，偶置换的逆置换还是偶置换，且同样满足结合律，由此得到，偶置换组成的集合构成一个子群。

因为奇置换与偶置换的乘积是奇置换，所以 $n$ 元奇置换可以用一个确定的奇置换与偶置换的乘积来表示，设偶置换群为 $S_n^o$，奇置换群为 $S_n^j$，则有 $S_n^j = \{\tau \rho \mid \rho \in S_n^o\}$，而 $S_n^o$ 一般被称为交错群。

置换或对换作为一种映射，在密码学中有广泛的应用，尤其在块密码中，因为混淆和替换是加强保密性的主要手段，且它们的本质就是换位置，所以了解这种变换作用的基本规律，对于更有效地利用混淆和替换等变换，提高块密码的保密性能，具有根本的重要性。

### 7.3.3 有限生成交换群

现在讨论有限生成交换群，它是由有限个元 $a_1, a_2, \cdots, a_n$ 生成的群，记为 $<a_1, a_2, \cdots, a_n>$，且其中的元素在规定的运算规则下又满足交换律。

对于一个加法交换群 $G$，它有一个非空子集 $A$，则有

$$n_1a_1 + n_2a_2 + \cdots + n_ia_i = \sum_{k=1}^{i} n_k a_k$$

其中，$i \in \mathbb{N}$，$n_i \in \mathbb{Z}$，$a_i \in A$，记 $A_g = \{g \mid g = n_1a_1 + n_2a_2 + \cdots + n_ia_i, i \in \mathbb{N}, n_i \in \mathbb{Z}, a_i \in A\}$，则 $A_g$ 构成加法交换群 $G$ 的子群，且其是由 $A$ 生成的；特别地，若 $A$ 是只有一个元素 $a$ 的集合，则有 $A_g = <a> = \{nx \mid n \in \mathbb{Z}\}$。$A_g$ 为群 $G$ 的子群的原因是 $A_g$ 中的元素在加法运算下，不管取怎样的 $n_i \in \mathbb{Z}$，总是自封闭的。

对一个交换群 $G$ 的子集 $A$ 来说，当 $A$ 满足 $<A> = G$，以及对 $A$ 中任意不同的元素所组成的加法组合 $n_1a_1 + n_2a_2 + \cdots + n_ia_i$，有 $n_1a_1 + n_2a_2 + \cdots + n_ia_i = 0$ 时，当且仅当 $n_j = 0$，$j = 1, 2, \cdots, i$ 成立时，称 $A$ 为群 $G$ 的基底，$a_1, a_2, \cdots, a_i$ 在群 $\mathbb{Z}$ 上称为加法法则下的线性无关。

与加法运算中的 $a_1, a_2, \cdots, a_i$ 的线性无关相对应，还有在乘法运算下的线性无关，即对乘法组合 $a_1^{n_1} \cdot a_2^{n_2} \cdot a_i^{n_i}$ 来说，当 $a_1^{n_1} \cdot a_2^{n_2} \cdot a_i^{n_i} = e$ 时，当且仅当 $n_j = 0$，$j = 1, 2, \cdots, i$ 成立，称 $a_1, a_2, \cdots, a_i$ 为乘法法则下的线性无关。

还有直和及直积的概念如下。设交换群 $G$ 的 $k(k \in \mathbb{N})$ 个子群为 $A_1, A_2, \cdots, A_k$，若它们之间满足 $(A_1 + A_2 + \cdots + A_{i-1} + A_{i+1} + \cdots + A_k) \bigcap A_i = \{0\}$，$2 \leq i \leq k-1$，以及对于 $A_1$ 和 $A_k$ 分别有 $A_1 \bigcap (A_2 + A_3 + \cdots + A_k) = \{0\}$ 和 $(A_1 + A_2 + \cdots + A_i + \cdots + A_{k-1}) \bigcap A_k = \{0\}$，则 $A_1 + A_2 + \cdots + A_k$ 称作 $A_1, A_2, \cdots, A_k$ 的直和，记作 $A_1 \oplus \cdots \oplus A_k$；当写成乘法形式时，若 $A_1 \bigcap (A_2 \cdots A_k) = \{e\}$，$A_k \bigcap (A_1 \cdots A_{k-1}) = \{e\}$ 和 $A_i \bigcap (A_1 \cdots A_{i-1}A_{i+1} \cdots A_k) = \{e\}$，$2 \leq i \leq k-1$ 分别成立，则相应的 $A_1A_2 \cdots A_k$ 是 $A_1, A_2, \cdots, A_k$ 的直积，记作 $A_1 \otimes A_2 \otimes \cdots \otimes A_k$。

由以上的相关概念做铺垫，将有限生成交换群的相关性质列举如下。

**定理 1**：若交换群有一组非空的基底，则该交换群是一组循环群的直和，当基底个数有限时，它们所含元素的个数相同。

证明：设交换群为 $G$，$A$ 是 $G$ 的非空基底，则 $G = <A>$ 可表示为 $G = <A> = \sum_{a_i \in G} <a_i>$，若对于 $A$ 中任意一个元 $a$，它不等于不同的 $k$ 个元 $a_1, a_2, \cdots, a_k$ 中的任何一个，则进行如下的运算

$$<a> \bigcap \sum_{i=1,k} <a_i> = y$$

需要证明 $y = 0$，事实上，若 $y \neq 0$，则存在 $n \in \mathbb{N}$，有

$$y = na = \sum_{i=1}^{k} n_i a_i, \ n_i \in \mathbb{Z}$$

则得到 $0 = \sum_{i=1}^{k} n_i a_i$，$n_i - na$，若 $A$ 是 $G$ 的非空基底，$a \neq a_i$，$i = 1, 2, \cdots, k$，则 $a, a_1, \cdots, a_k$ 线性无关，从而，仅有 $n = n_i = 0$，$i = 1, 2, \cdots, k$，故 $y = na = \sum_{i=1}^{k} n_i a_i$，$n_i = 0$，这与假设矛盾，所以有 $<a> \cap \sum_{i=1,k} <a_i> = \{0\}$，则 $G$ 是由一组循环群组成的直和，这样的群称为自由交换群。

不妨设 $G = <A> = <a_1, a_2, \cdots, a_k> = <b_1, b_2, \cdots, b_l>$，$H = 2G = <2a_1, 2a_2, \cdots, 2a_k>$，则 $H$ 是群 $G$ 的正规子群，因为对交换群来说，$\forall a \in G$，$aH = Ha$ 总是成立的，所以则可得到商群

$$G / H = \{ (\sum_{i=1}^{k} n_i a_i) H \big| n_i \in \mathbb{Z} / 2\mathbb{Z}, \ 0 < i \leq k \}$$

以及

$$[G : H] = 2^k$$

当取基底为 $b_1, \cdots, b_l$ 时，则有

$$H = 2G = <2a_1, 2a_2, \cdots, 2a_l>$$

进而同样的得到 $[G : H] = 2^l$，而且对于确定的交换群 $G$，以及它的正规子群 $H$，$[G : H]$ 的值是相等的，即有 $k = l$。当基底个数为有限值时，结论成立；当其所含元素为无穷多个时，因为都是无穷大，所以也可以认为它们个数相等。

对于有限生成交换群的进一步的相关性质，有如下的定理。

**定理 2**：每一个交换群 $G$ 都是一个秩为 $|A|$ 的自由交换群的同态像子群，$A$ 为群 $G$ 的生成元集。

证明：只要构造一个满同态就可以证明该结论，设群 $G$ 的生成元集 $A = \{a_1, a_2, \cdots, a_i, \cdots\}$，而 $i$ 为集合集 $I$ 中的元，对应地在整数集 $\mathbb{Z}$ 中，由集合集 $I$ 的标号，得到集合

$$\mathbb{Z}^I = \{ (n_1, n_2, \cdots n_i, \cdots) \big| n_i \in \mathbb{Z}, i \in I \}$$

则 $\mathbb{Z}^I$ 为秩为 $|A|$ 的自由交换群，由此可建立从 $\mathbb{Z}^I$ 到 $G$ 的映射 $f$

$$f : (n_1, n_2, \cdots, n_i, \cdots) \rightarrow \sum_{j=1}^{i} n_j a_j$$

$f$ 是一个满同态，进而有 $f(\mathbb{Z}^I) = G$，结论成立。

对有限生成交换群来说，它总是可以用有限个循环群，通过直和的方式构建起来，而且生成元的阶满足后一个生成元的阶被前一个生成元的阶整除的规律。

### 7.3.4 离散对数问题及在数字签名中的应用

离散对数问题是公钥制体制的重要理论基础，它可以描述如下。

在有限循环群 $G$ 中，有一个生成元 $a$，给定任意一个整数 $n$，由 $a^n = b \in G$ 计算是非常容易的，但反过来，已经知道 $b \in G$，以及有限循环群的生成元 $a$，根据 $a^n = b$ 求出 $n$ 却非常困难，它构成了一个难解问题。

之所以反向求整数 $n$ 非常困难，一方面是因为有限循环群的阶是有限的，对应于相同的 $b$，实际上有无穷多个解，设 $\text{ord}(a) = m$，则对应的解需要满足 $r \equiv n(\text{mod}(\text{ord}(a)))$，而从许多解中确定某一个值，显然是一件困难的事；另外，倘若还不知道相应的循环群的阶，也就是不知道具体的 $m$，那么求解 $n$ 就更困难了。

利用这个类似于单向函数的特性，人们设计了具体的数字签名认证方法，如 ElGamal、Okamoto 等签名方案都利用了离散对数的难解问题，整个过程可以分为系统参数设置、签名产生过程及签名验证过程三个部分，对于一般的基于离散对数难解问题的签名体制，可以进行如下的统一性的构造。

（1）系统参数设置。

第一步：确定有限循环群的阶 $p$。这里选择一个大素数 $p$，$G = p\mathbb{Z} - \{0\}$ 构成有限循环群；确定一个大素数 $q$，它可以是 $p-1$，也可以是 $p-1$ 的素因数。

第二步：在 $G = p\mathbb{Z} - \{0\}$ 中随机选定生成元 $g$，满足 $g^q \equiv 1(\text{mod } p)$。

第三步：签名方生成自己的私钥 $n$，它可以被限制在一定的范围内；生成公钥 $K$，满足 $K = g^n(\text{mod } p)$。

（2）签名产生过程。

第一步：设需要签名的消息为 $m$，则签名方先计算关于 $m$ 的杂凑值 $H(m)$，在 $(1, q)$ 范围内，选择随机数 $k$，由计算 $r \equiv g^k(\text{mod } p)$ 而得到 $r$。

第二步：由签名方程 $ak \equiv (b + cs)(\text{mod } q)$ 求出相应的 $s$ 的值，而方程的系数 $a$、$b$、$c$ 与 $H(m)$ 之间存在一定的关系，这可由签名方决定，根据得到的 $r$ 和 $s$ 值，可构建具体的签名 $(r, s)$。

（3）签名验证过程。

接收方收到消息及签名 $(r, s)$，然后应用验证方程检验收到的签名是否是真实的，进而可判断发送方的身份真伪。一般地，验证其是否满足 $r^a = g^b y^c(\text{mod } p)$，其中 $a$、$b$、$c$ 是签名方程中的相应系数。

具体的 ElGamal 签名体制、Okamoto 签名体制等基于离散对数难解问题的数字签名算法，可参看其他的相关专门文献。

## 7.4　环

### 7.4.1　环的定义及基本性质

环是另一种代数结构，它在一个非空集合上定义两种运算，在这些运算规则下满足相应的规律和准则。

**定义（环）**：设在非空集合 $R$ 上规定了两种运算法则，一种称为加法，另一种称为乘法。对加法来说，$R$ 构成一个交换群。对乘法来说，$R$ 满足结合律，即 $\forall a \in R$，$b \in R$，$c \in R$，有 $abc = a(bc)$。对加法与乘法来说，$R$ 满足分配律，即对于 $\forall a \in R$，$b \in R$，$c \in R$，有

$$(a + b)c = ab + bc, \quad a(b + c) = ab + ac$$

这样的代数结构被称为环。

显然，环是一种加群，它比群要复杂，针对加法运算来说，它存在单位元，但对于乘法运算，它仅仅满足其元素的乘法是封闭的，且满足结合律和分配律，是否存在乘法运算下的单位元是不确定的。因此，$\exists e_R \in R$，对于 $\forall a \in R$，有 $ae_R = a$ 时，则称 $e_R$ 为环的右单位元，环 $R$ 称为具有右单位元的环；同样的，$\exists e_L \in R$，对于 $\forall a \in R$，有 $e_L a = a$，则称 $e_L$ 为环的左单位元，环 $R$ 称为具有左单位元的环；当 $e_R = e_L = e$ 时，环 $R$ 称为具有单位元的环。

进一步，若 $\forall a \in R$，$\forall b \in R$，有 $ab = ba$，则 $R$ 称为交换环。

若一个集合是环 $R$ 的子集，同时保留了环 $R$ 的运算规则及满足构成环的条件，则这个集合称作环 $R$ 的子环。

环的性质由如下命题归纳。

**命题**：环 $R$ 的性质列举如下。

（1）对于 $\forall a \in R$，有 $0a = a0 = 0$，其中 $0$ 是关于加法运算的单位元。

（2）对于 $\forall a \in R$，$\forall b \in R$，有 $(-a)b = a(-b) = -ab$。

（3）对于 $\forall a \in R$，$\forall b \in R$，有 $(-a)(-b) = ab$。

（4）对于 $\forall a_i \in R$，$\forall b_j \in R$，$i = 1, n$，$j = 1, m$，有 $(\sum_{i=1}^{n} a_i)(\sum_{j=1}^{m} b_j) = \sum_{i=1}^{n} \sum_{j=1}^{m} a_i b_j$。

证明：环 $R$ 中的元 $0$，满足 $0 + 0 = 0$，因此对于 $\forall a \in R$，有 $(0 + 0)a = 0a = 0a + 0a = 0a = 0$ 和 $a(0 + 0) = a0 = a0 + a0 = a0 = 0$，则有 $a0 = 0a = 0$，性质（1）得证。

由于 $R$ 为环，对于 $\forall a \in R$，$\forall b \in R$，则 $-a \in R$，$-b \in R$，因此有 $((-a) + a)b = 0b = (-a)b + ab = 0$ 和 $a(-b + b) = a0 = a(-b) + ab = 0$，由此则得到结论为 $(-a)b + ab = a(-b) + ab = 0$，最终有 $(-a)b = a(-b) = -ab$。性质（2）得证。

由性质（2）可得，对于 $\forall a \in R$，$\forall b_1 \in R$，有 $(-a)b_1 = a(-b_1) = -ab_1$，特别地，取 $b = -b_1$，则上式变为 $(-a)b_1 = a(-b_1) = -ab_1 \Rightarrow (-a)(-b) = ab$，性质（3）得证。

对于 $\forall a_i \in R$，$\forall b_j \in R$，$i = 1, n$，$j = 1, m$，由结合律和分配律可得

$$(\sum_{i=1}^{n} a_i)(\sum_{j=1}^{m} b_j) = (a_1 + a_2 + \cdots + a_n)(b_1 + b_2 + \cdots + b_m) = (\sum_{j=1}^{m} a_1 b_j) + (\sum_{j=1}^{m} a_2 b_j) + \cdots + (\sum_{j=1}^{m} a_n b_j) = \sum_{i=1}^{n} \sum_{j=1}^{m} a_i b_j$$

特别地，取 $a_i = a$，$i = 1, 2, \cdots, n$，$j = 1$，$b_1 = b$，则

$$(\sum_{i=1}^{n} a_i)(\sum_{j=1}^{m} b_j) = (a_1 + a_2 + \cdots + a_n)b_1 = nab$$

若取 $a_i = a, i = 1, 2, \cdots, n; b_j = b, j = 1, \cdots, m$，则有

$$(\sum_{i=1}^{n} a_i)(\sum_{j=1}^{m} b_j) = (a_1 + a_2 + \cdots + a_n)(b_1 + b_2 + \cdots + b_m) = \sum_{i=1}^{n} \sum_{j=1}^{m} a_i b_j = (nm)ab = nmab$$

在有单位元的交换环中，对于 $\forall a \in R$，$\forall b \in R$，有

$$(a + b)^n = \sum_{i=0}^{n} \frac{n!}{i!(n-i)!} a^i b^{n-k}$$

其中 $n \in \mathbb{N}$。进一步对于 $\forall a_i \in R$，$i = 1, 2, \cdots, k$，则

$$(a_1 + a_2 + \cdots + a_k)^n = \sum_{i_1 + i_2 + \cdots + i_k = n} \frac{n!}{i_1! i_2! i_k!} a_1^{i_1} a_2^{i_2} \cdots a_k^{i_k}$$

与环相关的概念比较多，大致罗列如下。

左零因子：对于环 $R$ 中的非零元 $a$，存在非零元 $b$，有 $ab = 0$ 成立，则 $a$ 称为环 $R$ 的左零因子（Left Zero Divisor）。

右零因子：与左零因子相对应，对于环 $R$ 中的非零元 $a$，存在非零元 $b$，有 $ba = 0$ 成立，则 $a$ 称为环 $R$ 的右零因子（Right Zero Divisor）。

左逆元和右逆元：设环 $R$ 中有单位元 $e$，对于 $R$ 中的元素 $a$，若存在另一元素 $b$，有 $ab = e$，则 $a$ 称为左逆元，对应的 $b$ 称为 $a$ 的右逆。对应地，若存在 $c \in R$，有 $ca = e$，则 $a$ 称为右逆元，$c$ 称为 $a$ 的左逆。当元素 $a$ 同时存在左逆和右逆时，则称其为可逆的。

整环：一个只有单位元，但没有零因子的交换环，称为整环。

在环的概念中引进整除，定义如下。

整除：设在交换环 $R$ 中有元素 $a$ 和 $b$，且 $b \neq 0$，若在交换环中存在一元素 $d$，满足 $bd = a$，则称作 $b$ 整除 $a$，或 $a$ 被 $b$ 整除，记作 $b|a$，且 $a$ 为 $b$ 的倍元，$b$ 为 $a$ 的因子（因数），进一步，若 $b$ 不是单位元，则 $b$ 为 $a$ 的真因子。

环 $R$ 中的元素称作不可约的或是素元的，当且仅当该元素只有单位元是它的因子。

在环中，整除、因子、素元等概念实际上都是整数的相关概念的推广，显而易见，整数集在定义了加法运算和乘法运算的条件下，就是一个环，而且是一个整环。

## 7.4.2　理想

理想（Idea）是一个子环，同时满足一些特殊的条件。具体的定义如下。

**定义**：对于环 $R$ 的子环 $I$，若对于 $\forall a \in R$，$\forall b \in I$，当 $ab \in I$ 成立时，则称 $I$ 是环 $R$ 的左理想；当 $ba \in I$ 成立时，则称 $I$ 是环 $R$ 的右理想。若 $I$ 既是环 $R$ 的左理想，又是环 $R$ 的右理想，则 $I$ 被称为环 $R$ 的理想。

环的理想是确实存在的，最简单的理想有 $\{0\}$ 和 $R$ 本身，因为对于环 $R$ 中的任意元素 $a$，总有 $a0 = 0a = 0 \in \{0\}$，所以它满足理想的条件；对环 $R$ 本身来说，因为元素进行运算后具有封闭性，所以自然满足理想的条件。

设有环 $R$ 的一族理想 $\{I_k\}_{k \in K}$，则 $\bigcap\limits_{k \in K} I_k$ 也是环 $R$ 的理想。进一步，设集合 $X$ 是环 $R$ 的一个子集，$\{I_k\}_{k \in K}$ 是包含 $X$ 的一族理想，则 $\bigcap\limits_{k \in K} I_k$ 是包含 $X$ 的理想，称作由 $X$ 生成的理想，记作 $(X)$，即 $\bigcap\limits_{k \in K} I_k = (X)$，由此，$X$ 中的元素称作 $(X)$ 的生成元，当 $X$ 中的元素有限时，则 $(X)$ 称作有限生成的，而当生成元仅为一个元素 $a$ 时，则对应的理想被称为主理想，记作 $(a)$。

关于主理想，有命题如下。

**命题 1**：在交换 $R$ 上，设元素 $a \in R$ 及集合 $X \subset R$，则有如下的结论成立。

（1）主理想 $(a)$ 可记为

$$(a) = \{ ra + as + ma + \sum_{j,\ k=1,n} r_j as_k \,\big|\, r \in R, s \in R, r_j \in R, s_k \in R, m \in \mathbb{Z}, n \in \mathbb{N} \}$$

（2）如果交换 $R$ 上有单位元，则

$$(a) = \{ \sum_{j,k=1,n} r_j as_k \,\big|\, r_j \in R, s_k \in R, n \in \mathbb{N} \}$$

若 $a \in R$，且又是 $R$ 的中心，则

$$(a) = \{ ra + ma \,\big|\, r \in R, m \in \mathbb{Z} \}$$

**证明**：对于 $a \in R$，则与 $a$ 相关的，仅涉及加法运算和乘法运算的可能的元素的集合可表示为

$$\Re = \{ ra + as + ma + \sum_{j,\ k=1,n} r_j as_k \,\big|\, r \in R, s \in R, r_j \in R, s_k \in R, m \in \mathbb{Z}, n \in \mathbb{N} \}$$

故可以得到 $(a) \subset \Re$，而主理想为由 $a \in R$ 生成的最大的包含 $a$ 的子环，故 $(a) \supset \Re$，根据这些条件，可以得到 $(a) = \Re$。

此外，当环 $R$ 上有单位元 $e$ 时，则有 $ra = rae, ma = mea, as = eas$，故由 $a$ 生成的主理想就变成了 $(a) = \{ \sum_{j,k=1,n} r_j as_k \,\big|\, r_j \in R, s_k \in R, n \in \mathbb{N} \}$；而若 $a$ 在环 $R$ 的中心，则有 $as = sa$，以及 $\sum_{j,k=1,n} r_j as_k = (\sum_{j,k=1,n} r_j s_k)a$ 成立，则 $(a) = \{ ra + ma \,\big|\, r \in R, m \in \mathbb{Z} \}$ 成立。

若环 $R$ 的所有理想都是主理想，则环 $R$ 为主理想环，整数环就是主理想环。关于环的理想的相关性质补充如下。

**命题 2**：设 $I$、$A$、$B$ 和 $I_1, I_2, \cdots, I_k$ 是环 $R$ 的理想，那么如下结论成立。

（1）$I_1 + I_2 + \cdots + I_k$ 和 $I_1 \cdot I_2 \cdot \cdots \cdot I_k$ 都是环 $R$ 的理想。

（2）$(I + A) + B = I + (A + B)$，$(IA)B = I(AB) = IAB$。

（3）$A(I_1 + I_2 + \cdots + I_k) = AI_1 + AI_2 + \cdots + AI_k$，$(I_1 + I_2 + \cdots + I_k)B = I_1B + I_2B + \cdots + I_kB$。

证明：①因为 $I_1 + I_2 + \cdots + I_k = \{i_1 + i_2 + \cdots + i_j + \cdots + i_k \,|\, i_j \in I_i, \ j = 1, 2, \cdots, k\}$，所以在该集合中的任意元素 $b$，总可以表示为 $b = i_1^1 + i_2^1 + \cdots + i_j^1 + \cdots + i_k^1$，$j = 1, 2, \cdots, k$，另外对于 $\forall a \in R$，分别得到 $ab = a(i_1^1 + i_2^1 + \cdots + i_k^1) = ai_1^1 + ai_2^1 + \cdots + ai_k^1$ 和 $ba = (i_1^1 + i_2^1 + \cdots + i_k^1)a = i_1^1 a + i_2^1 a + \cdots + i_k^1 a$，因为 $I_j$ 为环 $R$ 的理想，所以 $ai_j^{i_j} \in I_j$，$i_j^{i_j} a \in I_j$，$j = 1, 2, \cdots, k$，则 $ab \in I_1 + I_2 + \cdots + I_k$，$ba \in I_1 + I_2 + \cdots + I_k$，故由理想的定义得到 $I_1 + I_2 + \cdots + I_k$ 为环 $R$ 的理想。用同样的方法可以证得 $I_1 \cdot I_2 \cdot \cdots \cdot I_k$ 为环 $R$ 的理想。结论（1）得证。

②设 $\forall x \in (I + A) + B$，则 $x$ 总可以表示成 $x = (i_I + i_A) + i_B = i_I + (i_A + i_B) \in I + (A + B)$，故得到 $(I + A) + B \subset I + (A + B)$，用同样的方式可以得到 $(I + A) + B \supset I + (A + B)$，最终得到 $(I + A) + B = I + (A + B) = I + A + B$。同理可得 $(IA)B = I(AB) = IAB$。

③由结论（1）和结论（2）的证明，可以直接得到结论（3）。

此外，环 $R$ 的理想为 $I$，则 $\forall r \in R$，$\forall a \in I$，总满足 $ra \in I$，$ar \in I$，若对 $I$ 仅考虑加法运算，则根据理想中的元素的封闭性，$r + I = \{r + i \,|\, r \in R, i \in I\} = I$，由此得到 $I$ 是加群 $R$ 的正规子群，故存在商群 $R/I = \{r + I \,|\, r \in R\}$。

研究集合 $R/I = \{r + I \,|\, r \in R\}$，显然它非空，且定义加法运算，即对于 $\forall a \in R$，$\forall b \in R$，就有

$$a + I + b + I = (a + b) + I$$

而环对加法运算来说，它构成一个交换群，故定义的加法运算满足群的相应规律。

相应地，在集合 $R/I = \{r + I \,|\, r \in R\}$ 上定义乘法，设 $\forall a \in R$，$\forall b \in R$，定义 $(a + I)(b + I)$ 为 $(a + I)(b + I) = ab + aI + Ib + I \cdot I = ab + I$

因为 $I$ 是理想，则有 $aI \subset I$，$Ib \subset I$，$I \cdot I = I$，所以在集合的意义下，上式写为 $(a + I)(b + I) = ab + I$ 是合理的，又由于

$$((a + I)(b + I))(c + I) = (ab + I)(c + I) = abc + I$$
$$(a + I)((b + I)(c + I)) = (a + I)(bc + I) = abc + I$$

所以它对乘法满足结合律。由此，在 $R/I$ 上定义了加法与乘法运算后，$R/I$ 构成了一个环，进一步，若环 $R$ 有单位元且将其称为交换环，则对应的 $R/I$ 也有单位元，也称为交换环。$R/I$ 被称为商环。

还有素理想，它是这样定义的，设 $P$ 是环 $R$ 的理想，且 $P \neq R$，则对于环 $R$ 中的任意的理想 $A$ 和 $B$，当 $AB \subset P$ 时，仅有 $A \subset P$ 或 $B \subset P$ 成立。

素理想的概念是从集合的角度来定义的，自然需要考虑如何从集合中的元素角度来判

别素理想，就有如下的结论。

**定理 1**：有环 $R$ 的理想 $P$，且 $P \neq R$，若有 $\forall a \in R$，$\forall b \in R$，当 $ab \in P$ 时，有 $a \in P$ 或 $b \in P$，则 $P$ 是素理想。若 $P$ 是素理想，且 $R$ 是交换环，则对 $\forall a \in R$，$\forall b \in R$，当 $ab \in P$ 时，有 $a \in P$ 或 $b \in P$。

证明：因为 $P$ 是素理想，在交换环 $R$ 中，对于 $\forall a \in R$，$\forall b \in R$，当 $ab \in P$ 成立时，有 $(ab) \subset P$，而 $(ab) = (a)(b)$，$a \in (a)$，$b \in (b)$，故可得到 $(a) \subset P$ 或 $(b) \subset P$，由此得到 $a \in P$ 或 $b \in P$。

而对于环 $R$ 的理想 $P$，假设另有理想 $A$ 和 $B$，满足 $AB \subset P$ 且理想 $B$ 不被 $P$ 包含，则根据条件，存在元素 $b \in B$，且 $b \notin B$，对于任意元素 $a \in A$，由 $ab \in AB \subset P$，可得 $a \in P$，故有 $A \subset P$，同样的道理也可以证得 $B \subset P$，由此则得到理想 $P$ 为素理想。

**定理 2**：设 $P$ 是交换环 $R$ 中的理想，当交换环 $R$ 中存在非零单位元时，$P$ 是素理想的充要条件是 $R / P$ 为整环。

证明：已知交换环 $R$ 有非零单位元 $e$，则对 $R / P$ 来说，就有单位元 $e + P$ 和零元 $0 + P$，而 $P$ 是素理想，则 $e + P \neq P$。此外，若设 $(a + P)(b + P) = ab + P = P$，则 $ab \in P$，进而得到 $a \in P$ 或 $b \in P$，故有 $a + P = P$ 或 $b + P = P$，而 $(a + P)(b + P) = ab + P = P$ 为 $R / P$ 的零元成立的条件为，当且仅当它的因子至少有一个是零元，这就证得 $R / P$ 有单位元，但无零因子，则 $R / P$ 为整环。

反之，由于 $R / P$ 为整环，对于 $(a + P)(b + P) = ab + P = P$，当且仅当 $a + P = P$ 或 $b + P = P$ 时成立，因此对于 $ab \in P$，就有 $a \in P$ 或 $b \in P$ 成立，进而得到，$P$ 为交换环的素理想。

设环 $R$ 中的理想为 $A$，且 $A \neq R$，则对于环 $R$ 的任意包含 $A$ 的理想 $B$，要么是 $A = B$，要么是 $B = R$，此时环 $R$ 的理想 $A$ 被称为最大理想。

在存在单位元的非零环中，由于每一个理想都包含一个最大理想，因此，最大理想总是存在的。

### 7.4.3 同态和同构

为了研究分析环的结构及环之间的关系，引进同态和同构的概念。因为在环的结构中规定了两种运算法则，所以环结构中的同态与同构的概念要比爱群中的复杂些。

**定义 1**：设由环 $R$ 到 $R'$ 之间的一个映射 $f$，它满足如下两个条件。

（1）$\forall a \in R$，$\forall b \in R$，则 $f(a + b) = f(a) + f(b)$。

（2）$\forall a \in R$，$\forall b \in R$，则 $f(ab) = f(a)f(b)$。

则称 $f$ 为同态。若 $f$ 是一对一的，则称 $f$ 为单同态；若 $f$ 是满的，则称 $f$ 为满同态；若 $f$ 为既单又满的，则称 $f$ 为同构。

**定义 2：** 若对于两个环 $R$ 和 $R'$，由 $R$ 到 $R'$ 存在一个同构映射 $f$，则称 $R$ 与 $R'$ 环同构。从同构的意义上，可以把两个环看成同一个，同构是一种等价关系。

结合环中的零因子（Zero Divisor）的概念，可以引进特征这个概念。

**定义 3：** 在环 $R$ 中，如果存在一个最小的正整数 $n$，使得 $\forall a \in R$，都有 $na = 0$，那么称这个整数 $n$ 为环 $R$ 的特征，当不存在这个正整数 $n$，则环 $R$ 的特征为 $0$，这时环 $R$ 中没有零化子。

在交换环上，关于特征有这样一个结论。

**定理 1：** 设素数 $p$ 是交换环 $R$ 上的特征，则对于环中的任意两个元素 $a$ 和 $b$，有

$$(a+b)^p = a^p + b^p$$

**证明：** 在交换环 $R$ 中，由于 $(a+b)^p = \sum_{i=0}^{p} \frac{p!}{i!(p-i)!} a^i b^{p-k}$ 成立，即有

$$(a+b)^p = \sum_{i=1}^{p} \frac{p!}{i!(p-i)!} a^i b^{p-k} = a^p + b^p + \sum_{i=1}^{p-1} \frac{p!}{i!(p-i)!} a^i b^{p-k}$$

又因为素数 $p$ 是 $\frac{p!}{i!(p-i)!}$，$i = 1, 2, \cdots, p-1$ 的因子，环 $R$ 的特征为 $p$，所以 $\frac{p!}{i!(p-i)!} a^i b^{p-k} = 0$，最终就得到

$$(a+b)^p = \sum_{i=1}^{p} \frac{p!}{i!(p-i)!} a^i b^{p-k} = a^p + b^p + \sum_{i=1}^{p-1} \frac{p!}{i!(p-i)!} a^i b^{p-k} = a^p + b^p$$

设 $f$ 是环 $R$ 到 $R'$ 的一个同态，则 $\ker f \subset R$，且 $\ker f$ 是 $R$ 的理想，如果 $I$ 是环的理想，那么存在商环 $R/I$，由此，构建由环 $R$ 到环 $R$ 的商环 $R/I$ 上的映射 $\sigma$，则 $\sigma$ 是一个同态，且 $\ker \sigma = I$，而同态 $\sigma$ 被称为自然同态。

与群结构中的定理类似，在环结构中有如下的重要定理。

**定理 2：** 设 $f$ 是环 $R$ 到 $R'$ 之间的同态，则存在由 $R/\ker f$ 到 $f(R)$ 之间的同构 $t$，满足 $t(a\ker f) = f(a)$，并使得 $f = i \circ t \circ \sigma$，其中 $\sigma$ 是群 $R$ 到 $R/\ker f$ 的自然同态，而 $i$ 是由 $f(R)$ 到 $R'$ 的恒等同态。而且由 $f = i \circ t \circ \sigma$ 可知，$f$、$i$、$\sigma$ 都是确定的，故同构 $t$ 是唯一确定的。

若两个环之间存在同构映射，则可以认为它们在同构意义下是同一个环，这是针对环的结构特性来说的，当对于一个环的结构特性还不了解时，可通过与已知的环建立同态或同构映射来全部或部分地了解未知环的结构特性，环之间的关系如图 7.2 所示。

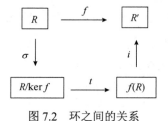

图 7.2　环之间的关系

### 7.4.4　环结构举例

环这种代数结构是存在的，这里介绍两种环，一种是整数环，即在整数集中定义加法运算与乘法运算，对于加法运算，它是一个加群，而且是交换群，但对于乘法，它满足结合律和分配律，且有单位元 1，故它是一个环，而且对于乘法满足交换律，进一步，它没有零因子，则它构成整环。虽然整数环有单位元，但是没有逆元。整除等相关的性质，已在第四章中具体讲述，在这里不再具体展开。下面具体介绍另一种环，即多项式环，它是通信编码、密码等方面的重要理论基础。

记系数为整数环中的元素的多项式全体组成的集合为 $R[X]$，可表示为

$$R[X] = \{f(x) = a_m x^m + a_{m-1} x^{m-1} + \cdots + a_1 x + a_0 \,|\, a_i \in \mathbb{Z}, i = 1, 2, \cdots, m, \cdots\}$$

其中，$x$ 仅代表一个符号，并记 $x^0 = 1$。在 $R[X]$ 中，定义加法运算，即对于

$$\forall f(x) = \sum_{i=0}^{m} a_i x^i \in R[X], \quad \forall g(x) = \sum_{i=0}^{m} b_i x^i \in R[X]$$

定义加法为

$$f(x) + g(x) = (a_m + b_m)x^m + (a_{m-1} + b_{m-1})x^{m-1} + \cdots + (a_1 + b_1)x + (a_0 + b_0) \triangleq (f + g)(x)$$

在加法运算规则下，它存在零元 0 和负元。

同样的，在 $R[X]$ 中定义乘法运算，对于

$$\forall f(x) = \sum_{i=0}^{m} a_i x^i \in R[X], \quad \forall g(x) = \sum_{i=0}^{n} b_i x^i \in R[X]$$

定义乘法为

$$f(x) \cdot g(x) = (\sum_{i=0}^{m} a_i x^i)(\sum_{j=0}^{n} b_j x^j)$$
$$= (a_m b_n)x^{m+n} + (a_m b_{n-1} + a_{m-1} b_n)x^{m+n-1} + \cdots + a_0 b_0 \triangleq (f \cdot g)(x)$$

在定义的乘法运算中，相乘后的一般项 $x^l$ 的系数应该为 $\sum_{i+j=l} a_i b_j$。此外，相乘后的单位元为

1，而且在乘法条件下，满足结合律和交换律。

可以逐一验证，$R[X]$ 在规定的运算法则下构成一个具有单位元的交换环。又因为 $R[X]$ 上没有零因子，所以它是一个整环。

设 $g(x) = \sum_{i=0}^{m} b_i x^i \in R[X]$，且 $b_m \neq 0$，则称 $g(x)$ 是 $m$ 次的多项式，记为 $\deg(g) = m$，类似两个整数之间的整除关系，在 $R[X]$ 中也存在两个多项式之间的整除关系，设 $f(x) \in R[X]$，$g(x) \in R[X]$，若存在 $q(x) \in R[X]$，有 $f(x) = g(x)q(x)$ 成立，则称 $g(x)$ 整除 $f(x)$，或 $f(x)$ 被 $g(x)$ 整除，并且称 $g(x)$ 是 $f(x)$ 的因式，$f(x)$ 是 $g(x)$ 的倍式，记作 $g(x)|f(x)$，否则，称 $g(x)$ 不整除 $f(x)$。

设 $f(x) \in R[X]$，如果只有1和它本身是它的因式，则 $f(x)$ 称为不可约多项式，这里需要说明，是否是不可约多项式与它的系数有关，在 $R[X]$ 中，系数都需要是整数环中的元素。

在多项式环 $R[X]$ 中，也有欧几里得除法，具体介绍如下。

**命题：** 设 $f(x) \in R[X]$，$g(x) \in R[X]$，且 $g(x) \neq 0$，则存在唯一的 $q(x) \in R[X]$ 和 $r(x) \in R[X]$，有 $f(x) = g(x)q(x) + r(x)$ 且 $\deg r(x) \leqslant \deg g(x)$，其中 $R[X]$ 为多项式环。

这个命题的存在性可以对 $f(x)$ 的次数采用数学归纳法进行证明，这里简要证明它的唯一性。

假设有 $q_1(x) \in R[X]$ 和 $r_1(x) \in R[X]$，它也满足 $f(x) = g(x)q_1(x) + r_1(x)$，从而有 $g(x)q(x) + r(x) = g(x)q_1(x) + r_1(x)$，进而有 $g(x)(q(x) - q_1(x)) = r_1(x) - r(x)$，若 $q(x) - q_1(x) \neq 0$，则 $\deg(g(x)(q(x) - q_1(x))) \geqslant \deg g(x)$，而已知 $\deg(r_1(x) - r(x)) < \deg g(x)$，由此，上式成立的条件仅是 $q(x) - q_1(x) = 0$，进一步，就有 $r_1(x) - r(x) = 0$，这样唯一性得到证明。其中，$r(x)$ 称为余式。两个多项式总可以由欧几里得除法进行辗转相除。

对于 $R[X]$ 中的任意两个多项式 $f(x)$ 和 $g(x)$，也可以考虑它们之间的最大公因式和最小公倍式。

设 $d(x) \in R[X]$，且满足以下两个条件时，称其为关于 $f(x)$ 和 $g(x)$ 的最大公因式，记作 $(f(x), g(x)) = d(x)$。

（1）$d(x)\big|g(x)$，$d(x)\big|f(x)$。

（2）若有其他的任意 $c(x) \in R[X]$，当 $c(x)\big|f(x)$，$c(x)\big|g(x)$ 成立时，就有 $c(x)\big|d(x)$。

若 $(f(x), g(x)) = 1$，则称 $f(x)$ 和 $g(x)$ 互素。

设 $K(x) \in R[X]$，当它满足以下两个条件时，称为 $f(x)$ 和 $g(x)$ 的最小公倍式。

（1）$f(x)\big|K(x)$ 和 $g(x)\big|K(x)$。

（2）若另有 $L(x) \in R[X]$，有 $f(x)\big|L(x)$ 和 $g(x)\big|L(x)$，则有 $K(x)\big|L(x)$。

与整数的情形相似，两个多项式之间的最大公因式也可以通过辗转相除的方式得到，具体地，设 $f(x) \in K[x]$，$g(x) \in K[x]$，则 $(f(x), g(x)) = r_i(x)$，而 $r_i(x)$ 就是两者通过辗转相除得到的最后一个非零多项式。反过来，通过辗转相除得到最后一个非零多项式后，再逐一把中间的变量替换掉，就可以得到最大公因式与 $f(x)$，$g(x)$ 之间的定量关系式

$$s(x)f(x) + t(x)g(x) = (f(x), g(x))$$

其中，$s(x)$ 和 $t(x)$ 是两个 $K[x]$ 中的多项式。

与整数环中的同余关系相似，在 $R[X]$ 中也可以来讨论给定的两个多项式之间是否是同余关系的问题。

设在 $R[X]$ 中给定多项式 $m(x)$，$\deg m(x) > 0$，则两个多项式 $f(x)$ 和 $g(x)$ 关于 $m(x)$ 同余的充要条件为 $m(x)\big|(f(x) - g(x))$，可记为 $f(x) \equiv g(x)(\bmod m(x))$，否则，当 $m(x)$ 不整除 $(f(x) - g(x))$ 时，则称多项式 $f(x)$ 和 $g(x)$ 关于 $m(x)$ 不同余。

设 $f(x) \in R[X]$，对于给定的 $m(x) \in R[X]$，$\deg m(x) > 0$，则根据 $f(x) = q(x)m(x) + r(x)$，$\deg r(x) < \deg m(x)$，可以得到 $m(x) \big| (f(x) - r(x))$，故 $f(x)$ 与 $m(x)$ 同余，因此称 $r(x)$ 为 $f(x)$ 关于 $m(x)$ 的最小余式，记为 $f(x)(\operatorname{mod} m(x))$。

进一步，对于 $m(x) \in R[X]$，$\deg m(x) > 0$，则构造的集合

$$\Phi = \{ f(x) \big| m(x) \big| f(x), f(x) \in R[X] \}$$

是非空集，且它构成 $R[X]$ 的一个理想，这是因为对于 $\forall g(x) \in R[X]$，$\forall f(x) \in \Phi$，有 $g(x) \cdot f(x) \in \Phi$，由此可得到商环 $R[X] / \Phi$，而 $R[X] / \Phi$ 上的加法运算为

$$f(x) + g(x) = (f + g)(x)(\operatorname{mod} m(x))$$

对应的乘法运算为

$$f(x) \cdot g(x) = (f \cdot g)(x)(\operatorname{mod} m(x))$$

以上结论成立，都是以多项式环中的系数是整数环为前提条件的。

## 7.5　域

域是一种特殊的环，理解域的特性可从环的特性等方面着手，这样易于进行比较分析，这一节介绍域这种抽象的代数结构。

### 7.5.1　域的定义及构造

域也是一种重要的代数结构，在非空集合上定义加法运算和乘法运算，对加法运算来说，它构成一个交换群；对乘法运算来说，除去零点，它也构成交换群，即它有单位元，且非零元都有逆元，而且它的元素在乘法法则下满足交换律。

相较于环结构，域的要求更高，集中体现在两点，一是针对乘法运算，非零元都有逆元；二是在乘法运算下满足交换律。所以，域可看成一种特殊的环。

域是存在的，最常见的有有理数域 $Q$，它可以写成 $Q = \{ p / q \big| p \in \mathbb{Z}, q \in \mathbb{Z} / \{0\} \}$，在 $Q$ 上定义加法为

$$\frac{q_1}{p_1} + \frac{q_2}{p_2} = \frac{q_1 p_2 + p_1 q_2}{p_1 p_2}, \quad p_1, p_2, q_1, q_2 \in \mathbb{Z}, \quad p_1 \neq 0, \quad p_2 \neq 0$$

定义乘法为

$$\frac{q_1}{p_1} \cdot \frac{q_2}{p_2} = \frac{q_1 q_2}{p_1 p_2}, \quad p_1, p_2, q_1, q_2 \in \mathbb{Z}, \quad p_1 \neq 0, \quad p_2 \neq 0$$

则可以验证，$Q$ 对于加法，构成一个交换群，而且它有零元为 $0$，单位元为 $1$，对于任意非零元 $\dfrac{b}{a}$，则有它的逆元为 $\dfrac{a}{b}$，且任意两个元进行乘法运算，都满足交换律，因此，对于非

零元，其构成乘法的交换群。所以它构成一个数域，称为有理数域。

一般地，可以用分式域来抽象地归纳。

设 $B$ 是个整环，$B^* = B / \{0\}$，则作集合 $\pi = B \times B^*$，在 $\pi$ 上定义某种关系，根据这种关系，把 $\pi = B \times B^*$ 中的元素进行分类，满足这种关系的可以称为同类，而这种关系就是一种满足自反性、对称性和传递性等要求的等价关系，同类的元素称为等价类。

由此，记 $\dfrac{a}{b} = C_{(a,b)} = \{(e,f) | (e,f) R_{\text{equal}}(a,b), (e,f) \in \pi\}$，这里 $C_{(a,b)}$ 表示与 $(a,b)$ 等价类的元素集合，$R_{\text{equal}}$ 表示确定的等价关系，相当于对 $\pi$ 进行分类，分类的标准由 $R_{\text{equal}}$ 来确定。以每一类为一个元素，则得到相应的商集 $\pi / R_{\text{equal}}$，因为它的元素都是 $C_{(a,b)}$ 类型的，所以 $\pi / R_{\text{equal}}$ 非空，对 $\pi / R_{\text{equal}}$ 中元素之间定义加法运算为

$$\frac{a}{b} + \frac{d}{c} \triangleq \frac{ac + bd}{bc}$$

乘法运算为

$$\frac{a}{b} \cdot \frac{c}{d} \triangleq \frac{ac}{bd}$$

那么，对 $\pi / R_{\text{equal}}$ 来说，它关于加法构成一个加法群，在加法运算法则下，有零元 $\dfrac{0}{b}$，任意元 $\dfrac{a}{b}$ 有负元 $-\dfrac{a}{b}$，同样的，在乘法运算法则下，它有单位元 $\dfrac{b}{b}$，在非零元的前提下，其任意元 $\dfrac{a}{b}$ 有逆元 $\dfrac{b}{a}$。由于 $\dfrac{a}{b} \cdot \dfrac{c}{d} \triangleq \dfrac{ac}{bd} = \dfrac{ca}{db} = \dfrac{c}{d} \cdot \dfrac{a}{b}$，则 $\pi / R_{\text{equal}}$ 构成一个交换群，由此得到，$\pi / R_{\text{equal}}$ 构成一个域，这样的域称作分式域。

分析分式域的构造过程，不难发现，在 $\pi$ 中对应的 $B$ 是整环，也就是 $B$ 必须没有零因子，这实际上是判定交换环是否存在分式域的一个充要条件。

设一个素数 $p$，则整数可以根据模 $p$ 进行分类，得到商集为 $\mathbb{Z} / p\mathbb{Z}$，它构成整环，由此可以生成分式域 $\mathbf{F}_p$，也可记作 $GF(p)$，称作 $\mathbb{Z} / p\mathbb{Z}$ 的 $p$ – 元域，特别地，当 $p = 2$ 时，它就是伽罗瓦域；当 $p \neq 2$ 时，它就是一种推广的伽罗瓦域。

还有一种称作多项式分式域，记为 $\Lambda(X)$。

$$\Lambda(X) = \{\frac{g(x)}{f(x)} | g(x) \in K[X], f(x) \in K[X], f(x) \neq 0\}$$

其中 $K$ 是一个域，在 $K$ 中定义了一个多项式环 $K[X]$，它是整环。

关于如何构成域，还有如下的命题。

**命题：** 设 $R$ 是一个有单位元 $e$ 的交换环，且 $e$ 不等于 $0$，如果 $I$ 是 $R$ 的理想，则商环 $R / I$ 构成一个域。

如前所述，在商环 $R / I$ 中引进加法运算和乘法运算，在加法运算法则下，它构成一个

交换群；在乘法运算法则下，它满足交换律，且有单位元，以及其中的每一个非零元都有逆元。由此，$R/I$ 为一个域。

对于一个有单位元 $e \neq 0$ 的交换环 $R$，则它构成域等价于以下每一个条件成立。

（1）$R$ 没有真理想。

（2）$\{0\}$ 是 $R$ 的真理想。

（3）每一个非零环同态 $R \to R'$ 是单同态。

假设两个整数 $m$ 和 $n$，关于整数 $r(r>1)$ 同余，那么对于 $\forall g(x) = \sum\limits_{i=0}^{k} a_i x^i \in R[X]$，就有

$$g(x^n) \equiv g(x^m)(\bmod(x^r - 1))$$

这是因为，当 $m \equiv n(\bmod r)$ 时，$m = rq + n$，进而能得到 $(x^r - 1)\big|(g(x^m) - g(x^n))$，进一步，可以得到如下结论。

有系数为域 $K$ 中的元素的多项式环 $K[X]$ 中的不可约多项式 $p(x)$，则商环 $K[X]/(p(x))$ 对同余后规定的加法与乘法运算来说，构成一个域的结构。

此外，在不同的域之间也可以建构同态映射，因为域是一种特殊的环，所以域之间的同态或同构实际上包含在环之间的同态和同构之中，环之间的同态和同构的性质只要不涉及域特有的条件约束，那么，其在域结构中同样是成立的。

## 7.5.2 扩域的概念及性质

域也有子域的概念。设一个域为 $F$，存在它的一个子集 $K \subset F$，而 $K$ 也构成域，则称 $K$ 是 $F$ 的子域，$F$ 是 $K$ 的扩域，若以 $K$ 为基准来看 $F$，则 $F$ 就成了关于域 $K$ 的扩张，这一点非常重要，它是在满足域的具体要求的前提下，有效地扩张了域的规模，成为构造新的域结构的一种途径，展现了代数结构具有的构造性特质。

设在域 $F$ 中有一个子集 $X$，包含 $X$ 的域 $F$ 的所有子域 $M_i$，$i \in I$ 的交集 $\bigcap\limits_{i \in I} M_i$ 仍旧是包含 $X$ 的子域，则 $\bigcap\limits_{i \in I} M_i$ 称为由 $X$ 生成的子域，记作 $\bigcap\limits_{i \in I} M_i = K(X)$。如果 $F$ 是 $K$ 的扩域，以及 $X \subset F$，则由 $K \cup X$ 生成的子域，叫作 $X$ 在 $K$ 上生成的子域，记为 $K(X)$；如果 $X = \{x_1, x_2, \cdots, x_n\}$，则 $F$ 的子域 $K(X)$ 记为 $K(x_1, x_2, \cdots, x_n)$；若 $X = \{x\}$，则 $K(X)$ 记为 $K(x)$，称作 $K$ 的单扩张。

同样的方式，把包含 $X$ 的域 $F$ 的所有子环 $M_i$，$i \in I$ 的交集记为 $\bigcap\limits_{i \in I} M_i$，则它构成包含 $X$ 的子环，由此，$\bigcap\limits_{i \in I} M_i$ 称作由 $X$ 生成的子环；同样还可定义子环 $K[X]$，此时的 $K[X]$ 是一个整环。

因为 $F$ 是 $K$ 的扩域，所以 $K$ 中的单位元也是 $F$ 中的单位元，$F$ 可看成 $K$ 上的线性空间，由此可以用 $[F:K]$ 表示 $F$ 在 $K$ 上的线性空间的维数，若 $[F:K]$ 是有限的，则称 $F$ 是 $K$

上的有限扩张；若$[F:K]$的值为无穷大，则称$F$是$K$上的无限扩张。

关于域扩张后的维数之间的关系，有如下的命题。

**命题 1**：设$M$是一个域，且$K$是$M$的扩域，而$F$是$K$的扩域，则有

$$[F:M]=[F:K][K:M]$$

这个命题实质上说明了这样一个事实，即当$K$是$M$的扩域，$F$是$K$的扩域时，$F$也是$M$的扩域，因此，$F$在$M$上的线性空间的维数$[F:M]$，可以用$F$在域$K$上的线性空间的维数和$K$在域$M$上的线性空间的维数的乘积来表示。若设$\{\alpha_i\}_{i\in I}$是$K$在$M$上的基底，$\{\beta_j\}_{j\in J}$是$F$在$K$上的基底，则$F$在$M$上的基底为$\{\alpha_i\beta_j\}_{i\in I,j\in J}$，这里$I$和$J$为计数的集合，它们可以是有限集，也可以是无限集，设$I$中的计数为$n$，$J$中的计数为$m$，则$\{\alpha_i\beta_j\}_{i\in I,j\in J}$的个数为$nm$。下面给出具体的证明。

证明：记$F$上一个任意元为$a$，因为$F$在域$K$上的基底为$\{\beta_j\}_{j\in J}$，所以$a=\sum_{j\in J}b_j\beta_j$，其中$b_j\in K,j\in J$，而对于$b_j\in K$，它也可以由域$M$上的基底$\{\alpha_i\}_{i\in I}$表示，$b_j=\sum_{i\in I}c_{ij}\alpha_i$，则得到$a=\sum_{j\in J}\sum_{i\in I}c_{ij}\alpha_i\beta_j=\sum_{i\in I,j\in J}c_{ij}\alpha_i\beta_j$。$\{\alpha_i\beta_j\}_{i\in I,j\in J}$实际上就是$F$在域$M$上的基底，这是因为，若存在$d_{ij}\in M$，有$\sum_{i\in I,j\in J}d_{ij}\alpha_i\beta_j=0$，则可得到$\sum_{i\in I,j\in J}d_{ij}\alpha_i\beta_j=0=\sum_{j\in J}(\sum_{i\in I}d_{ij}\alpha_i)\beta_j$，而$\{\beta_j\}_{j\in J}$是$F$在$K$上的基底，上式成立的充要条件为$\sum_{i\in I}d_{ij}\alpha_i=0$，又已知$\{\alpha_i\}_{i\in I}$是$K$在$M$上的基底，则上式成立的充要条件为$d_{ij}=0$，$i\in I$，$j\in J$，则得到$\{\alpha_i\beta_j\}_{i\in I,j\in J}$是一组线性无关的基底，且它们的维数的关系满足$[F:M]=[F:K][K:M]$，

命题得到证明。

**例**：数域$Q(\sqrt{3})$是$Q$的扩张，且$[Q(\sqrt{3}):Q]=2$，说明$Q(\sqrt{3})$在$Q$上的线性空间的维数为2。

与扩域相关的还有代数数、超越数等概念。

设$F$是$K$上的一个扩域，元素$v$是$F$中的一个元，若存在一个非零多项式$f(x)\in K[x]$，满足$f(v)=0$，则称$F$中的元素$v$为$K$上的代数数。若$F$中的元素都是$K$上的代数数，则称$F$是$K$上的代数扩张。若$v\in K$，则$f(x)=x-v\in K[x]$，由此存在$f(v)=0$，则$v$是$K$上的代数数。

如果对于任意的非零多项式$f(x)\in K[x]$，都不能做到$f(v)=0$，那么称$F$中的元素$v$为$K$上的超越数。若$F$中至少有一个元素是$K$上的超越数，则称$F$是$K$上的超越扩张。

在这些基本概念的基础上，引进关于扩域$F$在$K$上的代数数$v$的不可约多项式的概念。对于扩域$F$在$K$上的代数数$v$，若存在唯一的$K$上的首项系数为1的不可约多项式$f(x)$，且满足$f(v)=0$，则这个首项系数为1的不可约多项式称为$v$的不可约多项式，或者定义多项式。这是因为$v\in F$是$K$上的代数数，就有非零多项式集合$\{f_i|f_i(v)=0,i=1,2,\cdots\}$，它是

非空的，故一定能找到一个次数最小的首一多项式，这个多项式是不可约的，构成关于 $v$ 的不可约多项式。而 $v$ 在 $K$ 上的次数就是 $\deg f$，$v$ 的极小多项式的其他的根叫作 $v$ 的共轭根。

设 $F$ 是域 $K$ 的扩域，$v$ 和 $v_1, v_2, \cdots, v_l$ 是 $F$ 中的 $l+1$ 个元，若有集合 $X \subset F$，则关于子环的结论有如下几条。

（1）子环 $K[v] = \{f(v) \mid f \in K[x]\}$。

（2）子环 $K[v_1, v_2, \cdots, v_l]$ 的形 $K[v_1, v_2, \cdots, v_l] = \{f(v_1, v_2, \cdots, v_l) \mid f \in K[x_1, x_2, \cdots, x_l]\}$。

（3）对应 $X \subset F$ 的子环 $K[X]$ 可表示为

$$K[X] = \{f(v_1, v_2, \cdots, v_l) \mid l \in \mathbb{N}, v_1, v_2, \cdots, v_l \in X \subset F, f \in K[x_1, x_2, \cdots, x_l]\}$$

关于子域的结论有如下几条。

（1）子域 $K(v)$ 可表示为 $K(v) = \{\dfrac{f(v)}{g(v)} \mid f \in K[x], g \in K[x], g(v) \neq 0\}$。

（2）子域 $K(v_1, v_2, \cdots, v_l)$ 可表示为

$$K(v_1, v_2, \cdots, v_l) = \{\frac{f(v_1, v_2, \cdots, v_l)}{g(v_1, v_2, \cdots, v_l)} \mid g, f \in K[x_1, x_2, \cdots, x_l], g(v_1, v_2, \cdots, v_l) \neq 0\}$$

设在 $X$ 中的元为 $u_1, u_2, \cdots, u_n$，则对应的子域 $K(u_1, u_2, \cdots, u_n)$ 可表示为

$$K(u_1, u_2, \cdots, u_n) = \{\frac{f(u_1, u_2, \cdots, u_n)}{g(u_1, u_2, \cdots, u_n)} \mid n \in \mathbb{N}, g, f \in K[x_1, x_2, \cdots, x_n], g(u_1, u_2, \cdots, u_n) \neq 0\}$$

扩域 $F$ 中的元素是 $K$ 的代数数或超越数的相关性质，有如下的一些结论。

**定理1**：$F$ 是 $K$ 的扩域，$v \in F$ 是 $K$ 上的代数数，那么有结论如下。

（1）$K[v] = K(v)$，且 $K(v) \cong K[v]/(f)$，其中 $f \in K[x]$，且满足 $f(v) = 0$ 及 $\deg f = n$ 的唯一首项系数为1的不可约多项式。

（2）$1, v, v^2, \cdots, v^{n-1}$ 构成 $K$ 上向量空间 $K(v)$ 的基底，也就是说，向量空间 $K(v)$ 为 $n$ 维。

证明：（1）因为 $v \in F$ 是 $K$ 上的代数数，所以不妨设 $v$ 的不可约多项式为 $f(x)$。

因为 $K(v) = \{\dfrac{f(v)}{g(v)} \mid f \in K[x], g \in K[x], g(v) \neq 0\}$，而 $K[v] = \{f(v) \mid f \in K[x]\}$，对于任意的 $\dfrac{m(v)}{g(v)} \in K(v)$，$g(v) \neq 0$，就有 $g(x)$ 与 $f(x)$ 互素，所以存在 $s(x) \in K[x]$，$t(x) \in K[x]$，有 $s(x)g(x) + t(x)f(x) = (f(x), g(x)) = 1$，因为 $v \in F$ 是 $K$ 上的代数数，有 $f(v) = 0$，从而有 $s(v)g(v) + t(v)f(v) = (f(x), g(x)) = 1 = s(v)g(v)$，由此，则得到 $\dfrac{m(v)}{g(v)} = \dfrac{s(v)m(v)}{s(v)g(v)} = s(v)m(v) \in K[v]$，进而有 $K(v) \subset K[v]$。

由于 $K(v) = \{\dfrac{f(v)}{g(v)} \mid f \in K[x], g \in K[x], g(v) \neq 0\}$，特别地，取 $g(v) = 1$，则有 $K(v) \supset K[v]$，从而得到 $K[v] = K(v)$。

建构环同态映射 $T:K[x] \to K[v]$，根据环同态映射可以得到相关环之间的同构映射的特性，有 $K[x]/\ker T \cong K[v]$，而 $\ker T = (f) = \{v | f(v) = 0, \deg f = n, a_n = 1\}$，从而得到 $K[x]/(f) \cong K[v]$，又已知 $K[v] = K(v)$，则最终有 $K[x]/(f) \cong K(v)$。

（2）对于 $\forall m(x) \in K[x]$，则有 $m(x) = q(x)f(x) + r(x)$，$\deg r(x) < \deg f(x)$，故根据 $v$ 是域 $K$ 上的代数数，有 $f(v) = 0$，可得到 $m(v) = q(v)f(v) + r(v) = r(v)$，而 $f(x)$ 是满足 $f(v) = 0$ 的次数最小的多项式，则用 $1, v, v^2, \cdots, v^{n-1}$ 可建构任意一个 $r(x)$ 的线性表示，进而用 $1, v, v^2, \cdots, v^{n-1}$ 可线性表示任意 $m(x) \in K[x]$，所以它成为向量空间 $K(v)$ 上的一个基底，由此得到向量空间的维数为 $n$。

以上是当扩域中的元为代数数时的相关性质，当相关的元是超越数时，则有如下的结论。

**定理 2：** 假设 $u$ 是域 $K$ 上的某一个扩域中的元，$v$ 是域 $W$ 上的某一个扩域中的元，而域 $K$ 与域 $W$ 同构，当 $u$ 和 $v$ 分别为各自域上的超越元，或分别为各自的不可约多项式的根时，则关于 $u$ 和 $v$ 分别建构的扩域也同构，且 $u$ 的同构像为 $v$。

证明：这需要构造性地找到相关的同构映射，设原来的同构映射为 $\tau$，设 $g(x) \in K[x]$，它表示为 $g(x) = \sum_{i=0}^{m} b_i a^i$，则 $\tau(g(x)) = \tau(\sum_{i=0}^{m} b_i x^i) = \sum_{i=0}^{m} \tau(b_i) x^i$，考虑到 $\tau$ 是由 $K$ 到 $W$ 的同构映射，故得到 $\tau(b_i) \in W$，$i = 1, 2, \cdots, m$，则 $\tau(g(x)) \in W[x]$。

接下来建构从 $K(u)$ 到 $W(v)$ 的映射 $\sigma$，满足

$$\sigma : \frac{h(u)}{g(u)} \to \frac{\tau h(u)}{\tau g(u)}$$

这个映射不仅是同构的，而且满足 $\sigma(u) = v$。

实际上，域在同构的意义下可以看作同一个域，由此只要是同性质的元，它们之间就可以建构同构映射。

进一步，若把两个同构的域看作同一个域 $K$，并在域 $K$ 上建构两个不同的扩张，对于不同的扩域中的元 $u$ 和 $v$，要使它们成为同一个不可约多项式的根，则需要满足的充要条件为 $K(v) \cong K(u)$ 和把 $u$ 同构映射成 $v$。

关于单扩域的相关性质，有如下的结论。

**命题 2：** $K$ 是一个域，多项式 $f \in K[x]$ 且满足 $\deg f = n$，则存在 $K$ 的单扩域 $F$，满足 $v \in F$ 是 $K$ 上的代数数，且 $F = K(v)$。同时 $[K(v) : K] \leq n$，当且仅当 $f$ 为 $v$ 在 $K$ 上的不可约多项式时，有 $[K(v) : K] = n$。

证明：$f \in K[x]$ 为不可约多项式，则构成的商环 $K[x]/(f)$ 对于定义的加法

$$p(x) + q(x) = (p+q)(x)(\bmod f(x))$$

及乘法

$$p(x)q(x) = (pq)(x)(\bmod f(x))$$

构成一个域，实际上，对于任意的 $q(x) \in K[x]$ 为非零元，因为 $f(x)$ 不可约，所以有 $(q(x), f(x)) = 1$，则存在 $s(x)$，$t(x) \in K[x]$，有 $s(x)q(x) + t(x)f(x) = 1$，进而有 $s(x)q(x) \equiv 1(\bmod f(x))$，则 $q(x)$ 有可逆元，进而构成的商环称为域。

考虑从 $K[x]$ 到 $K[x]/(f)$ 的自然同态 $\pi : q(x) \mapsto (q(x)(\bmod f(x)))$，则 $\pi|_K$ 是 $K$ 到 $\pi(K)$ 的同构，且 $F$ 是 $\pi|_K$ 的扩域，对 $x \in \pi|_K$，令 $v = \pi(x)$，则 $F = K(v)$ 和 $f(v) = 0$ 都成立，得到 $v$ 是 $K$ 域的代数数。

当 $v$ 是 $K$ 域的代数数时，由定理 1 可得 $[K(v):K] \leq n$，当且仅当 $f$ 为 $v$ 在 $K$ 上的不可约多项式时，才有 $[K(v):K] = n$。

设域 $F$ 是域 $K$ 的一个扩域，$f \in K[x]$ 是一个 $\deg f \geq 1$ 的多项式，若 $f$ 在 $K[x]$ 中可分解，且 $F = K(v_1, v_2, \cdots, v_n)$，以及 $v_1, v_2, \cdots, v_n$ 是 $f$ 在 $F$ 中的根，则称 $F$ 为多项式 $f$ 在域 $K$ 上的分裂域。

关于分裂域的相关性质，有如下的结论。

**定理 3：** 设有域 $K$，以及 $f \in K[x]$ 为 $\deg f = n \geq 1$，则存在 $f$ 在域 $K$ 上的一个分裂域 $F$，满足 $[F:K] \leq n!$。

这个结论可用数学归纳法对 $\deg f = n$ 进行具体证明，实际上，当 $\deg f = n = 1$ 时，由题设可知，$f$ 是一个一次多项式，则它可表示为 $f = x - v$，由此可得到域 $K$ 的扩域 $K(v)$，而若 $F$ 在 $K$ 上可分，则有 $F = K$。若 $\deg f = n > 1$，且 $f$ 在 $K$ 上不可分解，则可在 $K[x]$ 上进行具体分解，设 $q(x) \in K[x]$ 是关于 $f$ 的次数大于 1 的不可约的因式，存在域 $K$ 的简单扩域 $K(v)$，且 $v$ 是 $q(x)$ 的根，满足 $n \geq \deg f > [K(v):K] = \deg q(x) > 1$。在域 $K(v)$ 上，构建一个环 $K(v)[x]$，则 $f$ 可在 $K(v)[x]$ 上分解为 $f(x) = (x - v)g(x)$，其中 $\deg g(x) = n - 1$，则由数学归纳法中的假设可得到，存在一个关于 $g(x)$ 的在 $K(v)$ 上的分裂域 $F$，$F$ 在域 $K$ 上的次数为 $[F:K] = [F:K(v)][K(v):K] \leq n(n-1)! = n!$。

此外，对于域 $F$，若每一个非常数的多项式 $f \in F[x]$ 在 $F$ 中可分解，则它等价于 $f \in F[x]$ 在域 $F$ 中有根，也等价于每一个 $F[x]$ 中的不可约多项式的次数为 1。满足这些等价条件的域称为代数闭包。

设有域 $K$ 的两个不同的扩域 $F$ 和 $M$，它们之间也可以存在相应的关系，若有一个非零同态映射 $\tau : F \to M$，在域 $K$ 上，有 $M \supset \tau(K) = K \subset F$，则 $\tau$ 称为 $K$ – 同态；特别地，当 $F = M$ 时，$\tau$ 为自同构，且又满足 $K$ – 同态，那么就有 $F \supset \tau(K) = K \subset F$，这时 $\tau$ 称为 $K$ – 自同构。因为 $F$ 的所有 $K$ – 自同构所组成的集合，在通常的算子乘法意义下，满足结合律，并存在单位元（恒等 $K$ – 自同构）和逆元，所有 $K$ – 自同构组成的集合构成一个群结构，称为扩域 $F$ 在域 $K$ 上的伽罗瓦群（Galois Group），一般记为 $\mathrm{Aut}_K F$。

关于 $\mathrm{Aut}_K F$ 的相关结论如下。

（1）设 $F$ 是域 $K$ 的扩域，且 $f \in K[x]$，若 $v \in F$ 为 $f$ 的根，则对于 $\tau \in \mathrm{Aut}_K F$，有 $\tau(v)$ 也是 $f$ 的根。

（2）设 $F$ 是域 $K$ 的扩域，域 $M$ 是中间域，同时 $B$ 是 $\mathrm{Aut}_K F$ 的子群，而 $\tau \in B \subset \mathrm{Aut}_K F$，则有 $M' = \{u \in F \mid \tau(u) = u, \tau \in B\}$ 是扩域 $F$ 的中间域；同时有 $B' = \{\varsigma \in \mathrm{Aut}_K F \mid \varsigma(u) = u, u \in M\} = \mathrm{Aut}_M F$ 是 $\mathrm{Aut}_K F$ 的子群。

当 $\mathrm{Aut}_K F$ 的不变域是 $K$ 时，在域 $K$ 上的扩域 $F$ 称为 $K$–Galois 扩张，进而有 Galois 理论的基本定理。

**定理 4**：当 $F$ 是域 $K$ 的有限维 Galois 扩张时，则在所有中间扩域组成的集合 $\{M_i \mid i \in I\}$（其中 $I$ 为指标集合）到 Galois 群 $\mathrm{Aut}_K F$ 的所有子群组成的集合 $\{\mathrm{Aut}_{M_i} F \mid M_i \subset F, i \in I\}$ 之间一定存在一个一一对应的映射，且满足两个中间域的相关维数等于对应子群的指标；$F$ 是每一个中间域 $M_i$ 上的 Galois 域，但 $M_i$ 是 $K$ 上的 Galois 域的充要条件为对应的子群 $\mathrm{Aut}_{M_i} F$ 是 $\mathrm{Aut}_K F$ 的正规子群。

设域 $K$ 的扩域为 $F$，$a_1, a_2, \cdots, a_n$ 为扩域 $F$ 中的元素，若存在一个非零多项式 $f(x_1, x_2, \cdots, x_n) \in K[x_1, x_2, \cdots, x_n]$，有 $f(a_1, a_2, \cdots, a_n) = 0$，则称 $a_1, a_2, \cdots, a_n$ 在域 $K$ 上代数相关；反之，则称代数无关。

对于一个有限扩域 $F$，它与原来的域 $K$ 之间的关系可归纳为 $F$ 是域 $K$ 的代数扩张，或者存在代数无关的元 $a_1, a_2, \cdots, a_n$，使得 $F$ 是域 $K(a_1, a_2, \cdots, a_n)$ 的代数扩张。这是因为，$F$ 在域 $K$ 的有限生成元若在 $K$ 上代数相关，则 $F$ 是域 $K$ 的代数扩张；若 $F$ 在域 $K$ 的有限生成元若在 $K$ 上代数无关，先不妨设 $b_1 \in F$，且找不到一个非零多项式 $g(x) \in K[x]$，满足 $g(b_1) = 0$，由此，用 $K(b_1)$ 代替 $K$，再重复上面的过程，若有限生成元在 $K(b_1)$ 上代数相关，则 $F$ 在域 $K(b_1)$ 上构成代数扩张，若有限元在域 $K(b_1)$ 上代数无关，则再采用同样的方法，设有代数无关的元 $b_2 \in F$，而 $b_1$ 和 $b_2$ 代数无关，在域 $K(b_1, b_2)$ 上考虑，如此有限步进行下去，就可以得到结论。

## 7.5.3 有限域及其构造

有限域理论是域的相关理论中的重要组成部分，因为它既具有域的结构，其元素的个数（或代表元）又有限，易于构造和设计，所以以其相关理论在信号处理中的模式识别、代数编码，信息安全中的密码设计等方面能够发挥重要的作用。有限域也被称为 Galois 域。

记有限域为 $F_n$，其中 $n$ 表示元素的个数，而该有限域的特征为素数 $p$，则 $F_n$ 包含相应的素域 $F_p = \mathbb{Z}/p\mathbb{Z}$，且 $F_n$ 的个数 $n = p^m$，其中 $m = [F_n : F_p]$。

因为 $F_n$ 的特征为 $p$，所以可以把它作为 $F_p = \mathbb{Z}/p\mathbb{Z}$ 上的向量空间，由于 $m = [F_n : F_p]$，则在该向量空间上存在 $m$ 个元 $a_1, a_2, \cdots, a_m$ 构成一组基，$F_n$ 中的每一个元都可以唯一地被这组基表示。设 $\forall v \in F$，则有 $v = \sum\limits_{i=1}^{m} k_i a_i \in F$，$k_i \in \mathbb{Z}/p\mathbb{Z}$，根据这个形式，不难发现，$F_n$ 中的元素个数可表示为

$$P_p^1 \cdot P_p^2 \cdot \cdots \cdot P_p^1 = \prod_{i=1}^{m} p = p^m$$

关于有限域，有结论如下。

设 $p$ 是一个素数，$m \in \mathbb{N}$，则多项式 $f(x) = x^{p^m} - x \in \mathbb{Z}_p[x]$ 在 $\mathbb{Z}_p$ 上的分裂域 $F$ 是一个元素个数为 $p^m$ 的有限域，而且在同构的意义下，元素个数为 $p^m$ 的分裂域同构于 $F$。

实际上，对于多项式 $f(x) = x^{p^m} - x \in \mathbb{Z}_p[x]$，有 $\mathrm{def} f(x) = p^m$，故在 $F$ 上有 $p^m$ 个根，而 $f'(x) = p^m x^{p^m-1} - 1$，它在 $F$ 上没有根，由此得到，$f(x) = x^{p^m} - x \in \mathbb{Z}_p[x]$ 在 $F$ 上没有重根，所以 $f(x)$ 在 $F$ 上有 $p^m$ 个不同的根，由此得到 $F$ 是一个元素个数为 $p^m$ 的分裂域。下面证明 $F$ 是一个域，可以根据域的定义一一验证。对于元素个数为 $p^m$ 的有限域 $F$，一般记作 $F_{p^m}$。

有限域 $F_{p^m}$ 是它的素子域的单扩域，若它的子域为 $K$，而 $K$ 的个数为 $p^n$，则有 $n \mid m$，而且这个子域是唯一的，进一步，若该有限域有两个子域 $K_1$ 和 $K_2$，且 $|K_1| = p^s$，$|K_2| = p^t$，则有 $K_1 \subseteq K_2 \Leftrightarrow s \mid t$。

$F_n$ 为拥有 $n$ 个元的有限域，记 $F_n^* = F_n - \{0\}$，即 $F_n^*$ 是有限域中除去零元后的一个集合，故其元素个数为 $n-1$，而 $F_n^*$ 构成一个 $n-1$ 元的循环群，进一步，$\forall a \in F_n^*$，则 $a$ 的阶一定能整除 $n-1$，这是因为，$F_n^*$ 在乘法运算法则下，构成一个循环群，而元 $a$ 的阶一定是 $n-1$ 的因数，若记 $H$ 为由 $a$ 生成的循环群，则有 $H \subseteq F_n^*$，故 $H$ 的阶是 $F_n^*$ 的因素，所以 $a$ 的阶一定能整除 $n-1$。特别地，当 $H = F_n^*$ 时，$a$ 的阶就是 $n-1$，此时 $a$ 就成为 $F_n^*$ 的生成元，此时有 $a^{n-1} = e$，并把 $a$ 称为有限域 $F_n$ 的生成元，而有限域 $F$ 可以具体表示为 $F = \{a^0 = e, a, a^2, \cdots, a^{n-2}, 0\}$。

每一个有限域都存在生成元，生成元的 $k$ 次还是生成元的充要条件是 $(k, (n-1)) = 1$，进一步可以算出 $F_n$ 的生成元的个数为 $\varphi(n-1)$。

元素个数为 $n = p^m$ 的有限域 $F_n$，因为其元素实际上就是 $f(x) = x^n - x$ 这个多项式对应的方程 $f(x) = x^n - x = 0$ 的所有解的集合，所以 $F_n$ 可看成多项式 $f(x) = x^n - x$ 在 $F_p$ 上的包含 $n$ 元的分裂域。

此外，若元素个数为 $n = p^m$ 的有限域 $F_n$，存在从 $F_n$ 到自身的一个映射 $\tau: a \mapsto a^p$，则该映射 $\tau$ 是一个自同构，而这个映射下的不动元是素域 $F_p$ 中的元。实际上，对于 $\forall a \in F_n$ 和 $\forall b \in F_n$，都有 $\tau(a+b) = (a+b)^p = a^p + b^p = \tau(a) + \tau(b)$ 和 $\tau(ab) = (ab)^p = a^p b^p = \tau(a)\tau(b)$，故定义的映射是 $F_n$ 上的自同态。此外，由于 $t^i(a) = a^{p^i}$，$i = 1, 2, \cdots, m$，所以 $\tau^i$ 的不动元是方程 $x^{p^i} - x = 0$ 的根，而 $\tau(a) = a^p$ 对应的 $\tau$ 的不动元为 $x^p - x = 0$ 的根，它是素域 $F_p$ 上的元素。

特别地，当 $i = m$ 时，有 $\tau^m(a) = a^{p^m} = a^n = a$，则 $\tau^m = I$ 为恒等映射，而根据这个恒等式可得到 $\tau^m = I = \tau\tau^{m-1}$，故有 $\tau^{-1} = \tau^{m-1}$。

在介绍了有限域的一些性质以后，再来介绍有限域的扩张和构造。实际上，对于一个素域 $F_p$，其中 $p$ 为素数，它可以进行多次扩张，具体的扩张步骤可以归纳如下。

第一步，确定素数 $p$ 及素域 $F_p$ 和多项式环 $F_p[x]$。

第二步，取 $p(x) \in F_p[x]$，且 $p(x)$ 为 $F_p[x]$ 上的 $d$ 次首一不可约多项式，在商环 $F_p[x]/(p(x))$ 上定义加法运算

$$f(x) + g(x) = (f+g)(x)(\mathrm{mod}\ p(x))$$

以及乘法运算

$$f(x)g(x) = (fg)(x)(\mathrm{mod}\ p(x))$$

则可以验证 $F_p[x]/(p(x))$ 在这两种运算规则下，构成一个域。

第三步，$F_p[x]/(p(x))$ 就是 $F_p$ 上的 $d$ 次扩张，记为 $F_{p^d}$ 或 $GF(p^d)$。

**例**：设素数 $p = 2$ 和素域 $F_2$，且 $F_2[x]$ 上的首一不可约多项式为 $x^4 + x + 1$，则得到一个在 $F_2$ 上的 4 次扩张域 $F_2[x]/(x^4 + x + 1) = F_{2^4}$。

在给定素数 $p$ 和相应的素域 $F_p$ 后，对于整数 $m$ 和 $n$，则可以得到有限域 $F_{p^n}$ 和 $F_{p^m}$，当 $m|n$ 时，$F_{p^m}$ 是 $F_{p^n}$ 的子域。

结合有限域在素域上的扩张与对应多项式环上的相应方程的根之间的关系，可以得到如下的结论。

结论：对任意 $n = p^m$，多项式 $x^n - x$ 可在 $F_n[x]$ 中分解成首一不可约多项式的乘积，且每一个多项式的次数为 $d|m$。进一步，若 $m$ 为素数，则 $F_n[x]$ 中有 $\dfrac{p^m - p}{m}$ 个不同的次数为 $m$ 的首一不可约多项式的乘积。在 $F_p[x]$ 上，$\dfrac{x^m - x}{x - 1}$ 形式的多项式也可以分解为一些不可约多项式的乘积。

# 7.6 模

在抽象的代数结构中，还有一种类似向量空间的结构，那就是模，模可以看作是环上的向量空间，交换群和环本身也可看作特殊的模。

## 7.6.1 模的定义及子模、商模

模有类似数域上的向量空间的定义，具体叙述如下。

**定义**：设 $R$ 是一个环，集合 $B$ 上定义了加法运算后构成一个交换群，记集合 $\Phi = R \times B$，

其元素被记作 $(r,b)$，并作由 $\Phi$ 到 $B$ 的一个映射 $\tau : R \times B \to B$，满足 $\tau : (r,b) \to r \cdot b$，并使其对于 $\forall r \in R$，$\forall k \in R$，$\forall b \in B$，$\forall c \in B$，都有

$$r \cdot (b+c) = rb + rc$$

$$(r+k) \cdot b = r \cdot b + k \cdot b$$

$$r \cdot (k \cdot c) = (r \cdot k) \cdot c$$

则称 $B$ 是一个左 $R-$ 模；若 $R$ 是含有单位元 $e$ 的环，而且对于 $\forall b \in B$，都有 $e \cdot b = b$，则称 $B$ 是一个幺 $R-$ 模。模中定义的这种运算称为纯量乘法。

类似左模的定义，还可以给出右模的定义，设 $R$ 为一个环，集合 $B$ 上定义了加法运算后构成一个交换群，记集合 $\Theta = B \times R$，其元素记作 $(b,r)$，并建构由 $\Theta$ 到 $B$ 的一个映射 $\tau : B \times R \to B$，满足 $\tau : (r,b) \to b \cdot r$，并使其对于 $\forall r \in R$，$\forall k \in R$，$\forall b \in B$，$\forall c \in B$，都有

$$(b+c) \cdot r = br + cr$$

$$c \cdot (r+k) = c \cdot r + c \cdot k$$

$$(c \cdot r) \cdot k = c \cdot (r \cdot k)$$

则称 $B$ 是一个右 $R-$ 模。

无论是右 $R-$ 模，还是左 $R-$ 模，都有零元 $0_B$，这是因为对于 $\forall r \in R$，$b \in B$，有 $(0_R + 0_R) \cdot b = 0_R \cdot b + 0_R \cdot b = 0_R \cdot b$，所以有 $0_R \cdot b = 0_B$。此外，模还满足 $(-r) \cdot b = r \cdot (-b) = -r \cdot b$，以及 $n(r \cdot b) = n(r \cdot b)$。而若 $R$ 有单位元 $e$，则有 $(-e) \cdot b = -b$。

与其他的代数结构相同，模也有子模和商模的概念。

**子模的定义**：设 $R$ 是一个环，$B$ 是一个左（右）$R-$ 模，若存在一个非空集合 $D \subset B$，它在定义的纯量乘积运算下，也构成一个左（右）$R-$ 模，则 $D$ 称为 $B$ 的子模。对于一个模的子集是否是子模的判别方法，除了定义，还有一个充要条件，即对于 $\forall d$，$d' \in D$，都有 $d - d' \in D$；对于 $\forall r \in R$，$d \in D$，都有 $rd \in D$。

在子模中还有关于某一个子集生成的子模的概念。设 $B$ 为一个 $R-$ 模，$S$ 是 $B$ 的一个子集，$B$ 的所有包含 $S$ 的子模的交集还是 $B$ 的子模，称作由 $S$ 生成的子模，记作 $(S)$，若 $S$ 由有限个元素 $s_1, \cdots, s_k$ 组成，则 $(S) = (s_1, \cdots, s_k)$；若 $B$ 由有限个元素生成，则称 $B$ 是有限生成的，仅由一个元素生成的模，称为循环摸。

**商模的定义**：设 $B$ 是一个 $R-$ 模，$D$ 是 $B$ 的子模，在加法商群 $B/D = \{b+D \mid b \in B\}$ 上定义如下的纯量乘积，即

$$R \times B/D \to B/D$$

$$(r, b+D) \mapsto rb + D$$

则得到的 $B/D$ 构成一个 $R-$ 模，称作 $B$ 关于子模 $D$ 的商模。一个与商模有关的结论如下。

**命题**：设 $B$ 是 $R-$ 模，$D$ 是 $B$ 的子模，另有 $D_1$ 也是 $B$ 的子模，且满足 $D_1 \supseteq D$，则在商

模 $B/D$ 与 $B/D_1$ 之间满足 $B/D \supseteq B/D_1$。反之，若已知 $M$ 是 $B/D$ 的子模，则一定存在 $B$ 的子模 $D_2$，满足 $B/D_2 = M$ 且有 $D_2 \supseteq D$。

### 7.6.2　模的同态与自由模

为了研究模的结构和模之间的关系，在模之间可建立同态映射。它实际上是向量空间的线性变换的推广。

**定义**：设 $A$，$B$ 为两个关于环 $R$ 的模，在 $A$，$B$ 之间建立一个映射 $f$，对于 $\forall a \in A$，$\forall c \in A$，以及 $\forall r \in R$，满足

$$f(a+c) = f(a) + f(c)$$

$$f(ra) = rf(a)$$

则称映射 $f$ 是一个从 $A$ 到 $B$ 的同态，若 $f$ 是单映射，则称之为单同态；若 $f$ 是满的，则称为满同态；进一步，若 $f$ 是既单又满的，则称 $f$ 是一个同构。此外，若 $B = A$，则称 $f$ 为自同态。而对应于 $f$，有两个重要的集合，一个是 $\{a \in A | f(a) = 0\} \triangleq \ker(f)$，它是 $A$ 的子模；另一个为 $\{f(a) | a \in A\} \triangleq \mathrm{Im}(f)\}$，它是 $B$ 的子模。若 $D$ 是 $A$ 的子模，则 $A/D$ 是商模，而令 $\tau: A \to A/D$，对于 $\forall a \in A$，有 $\tau(a) = a + D$，则该映射是一个满的模同态，称为自然同态。

**定理（模同态基本定理）**：设 $f$ 是一个由模 $A$ 到模 $B$ 的满同态，则存在由 $A/\ker(f)$ 到 $B$ 之间的同构映射，满足 $A/\ker(f) \cong B$。

它的证明可由群之间的关系直接得到。

在模的结构中，还需要说明自由模的概念，接下来介绍线性无关的概念。

假设在环 $R$ 中存在单位元，$B$ 是在 $R$ 上的模，若有 $n$ 个元 $b_1, b_2, \cdots, b_n \in B$，以及对于任意的 $r_1, r_2, \cdots, r_n \in R$，当 $r_1 b_1 + r_2 b_2 + \cdots + r_n b_n = 0$ 时，必定有 $r_1 = r_2 = \cdots = r_n = 0$，则称 $R-$ 模 $B$ 中的元 $b_1, b_2, \cdots, b_n$ 是线性无关的，若 $b_1, b_2, \cdots, b_n$ 线性无关，且 $B = (b_1, b_2, \cdots, b_n)$，则这 $n$ 个元 $b_1, b_2, \cdots, b_n$ 称作 $B = (b_1, b_2, \cdots, b_n)$ 中的一组基。

具有基的模称作自由模，它实质上就是一个推广的向量空间。

模的更深入的相关内容，可以参见所列参考文献中的相关资料。

## 思考题

（1）分析群的结构。

（2）分析循环群的特性。

（3）理解有限生成交换群的直和与直积的概念。

（4）分析置换群的特性。

（5）了解环的结构，分析域与环之间的共性与差异。

（6）理解"理想"的概念。

（7）了解域的扩张的概念。

（8）了解有限域的概念。

（9）分析模的结构。

（10）理解伽罗瓦群的概念。

# 第8章

## 椭圆曲线概述

椭圆曲线被认为是在某一个域上由三次不定方程所定义的一种曲线，它具有很多优美和漂亮的数学性质，在数学、计算机科学等领域中有广泛而深入的应用，如著名的 Andrew Wiles 利用椭圆曲线的理论解决了长期悬而未决的 Fermat 猜想（费马大定理）。椭圆曲线理论也是公钥密码体制及认证技术的重要理论基础，并由此产生了 ECC 及 HECC 等密码体制。本章对椭圆曲线进行简要介绍。

### 8.1 椭圆曲线的基本概念

设一个非空的点集合 $E$

$$E = \{(x, y) \mid y^2 + a_1xy + a_3y = x^3 + a_2x^2 + a_4x + a_6\} \cup \{O\}$$

其中，$y^2 + a_1xy + a_3y = x^3 + a_2x^2 + a_4x + a_6$ 为定义在域 $K$ 中的 Weierstrass 方程，$a_1, a_2, a_3, a_4, a_6 \in K$。此外，$O$ 为无穷远点，$\{O\}$ 为这一点构成的集合。

$E$ 是椭圆曲线，它还应满足 Weierstrass 方程的判别式 $\Delta \neq 0$，$\Delta$ 的定义为 $\Delta = -b_2^2 b_8 - 8b_4^3 - 27b_6^2 + 9b_2b_4b_6$，其中的系数需要满足如下的关系式，即

$$\begin{cases} b_2 = a_1^2 + 4a_2 \\ b_4 = a_1a_3 + 2a_4 \\ b_6 = a_3^2 + 4a_6 \\ b_8 = a_1^2 a_6 - a_1a_3a_4 + 4a_2a_6 + a_2a_3^2 - a_4^2 \end{cases}$$

在系数变换的条件下，集合 $E$ 可改写为

$$E = \{(x, y) \mid (2y + a_1x + a_3)^2 = 4x^3 + b_2x^2 + 2b_4x + b_6\} \cup \{O\}$$

椭圆曲线中有一个称作 $j$ – 不变量的 $j(E)$，具体表达式为 $j(E) = \dfrac{(b_2^2 - 24b_4)^3}{\Delta}$。

在域 $K$ 中研究的椭圆曲线，对域 $K$ 的特征有一定的要求。域 $K$ 的特征指存在一个最小的正整数 $c$，若对于 $\forall a \in K$，都有 $ca = 0$，则称域 $K$ 的特征为 $c$；若不存在这样的正整数

$c$，则称它的特征为 $0$。一般情况下，要求域 $K$ 的特征不为 $2$ 和 $3$，此时，Weierstrass 方程可写成

$$y^2 = x^3 + a_4 x + a_6$$

相应地，$\Delta = -16(4a_4^3 + 27a_6^2),\ j = 1728\dfrac{4a_4^3}{\Delta}$。

此外，当域 $K$ 的特征为 $2$ 时，确定椭圆曲线的 Weierstrass 方程根据 $j(E)$ 是否为 $0$，可写作

$$\begin{cases} y^2 + xy = x^3 + a_2 x^2 + a_6 & j(E) = \dfrac{1}{a_6} \neq 0,\ \Delta = a_6 \\[2mm] y^2 + a_3 y = x^3 + a_4 x + a_6 & j(E) = 0,\ \Delta = a_3^4 \end{cases}$$

当域 $K$ 的特征为 $3$ 时，相应的 Weierstrass 方程根据 $j(E)$ 是否为 $0$，可写作

$$\begin{cases} y^2 = x^3 + a_2 x^2 + a_6 & j(E) = \dfrac{-a_2^3}{a_6} \neq 0,\ \Delta = -a_2^3 a_6 \\[2mm] y^2 + a_3 y = x^3 + a_4 x + a_6 & j(E) = 0,\ \Delta = a_4^3 \end{cases}$$

## 8.2 椭圆曲线上的运算规则

椭圆曲线 $E$ 上的元素是一个个具体的点，这样的点可记作 $P(x_p, y_p)$，在这些点之间定义某种运算，从而建构相关的代数结构。这里，点之间的运算规则是这样规定的，设 $P$ 和 $Q$ 是 $E$ 上的两个点，即 $P(x_P, y_P)$ 与 $Q(x_Q, y_Q)$ 满足 $E$（它们也有可能重合，此时有 $(x_P, y_P) = (x_Q, y_Q)$），$L$ 为过点 $P$ 与点 $Q$ 的直线，$R$ 是直线 $L$ 与曲线 $E$ 相交的第三点，表示为 $(x_R, y_R)$，由 $R$ 点与 $O$ 点可决定直线 $L'$，进而可得到直线 $L'$ 与 $E$ 相交的第三点，规定该点是点 $P$ 与点 $Q$ 通过 $\oplus$ 运算得到的，记作 $P \oplus Q$，这样，就得到直线 $L'$ 与 $E$ 相交的第三点为 $P \oplus Q$。显然，这一点确实是由点 $P$ 与点 $Q$ 决定的。此外，当点 $P$ 与点 $Q$ 重合时，此时的直线 $L$ 就是过 $P$ 点的切线，对应的第三点可记作 $P \oplus P$。

通过在椭圆曲线 $E$ 上规定的运算规则，不难发现，在该运算规则下 $E$ 上的元素（点）之间具有如下的一些性质。

（1）若 $L$ 与 $E$ 的交点为 $P$、$Q$ 和 $R$，则有 $(P \oplus Q) \oplus R = O$。

（2）若无穷远点 $O \in E$，满足 $\forall P \in E$，有 $O \oplus P = P$，则 $O$ 可称为在 $\oplus$ 运算规则下的单位元。

（3）对于 $\forall P \in E$，若 $\exists Q \in E$，有 $Q \oplus P = O$ 成立，则记 $Q = -P$ 为它的逆元。

（4）对于 $\forall P \in E$，$\forall Q \in E$，$\forall R \in E$，有 $(P \oplus Q) \oplus R = P \oplus (Q \oplus R)$，即在 $E$ 上的元素（点）满足结合律。

（5）对于 $\forall P \in E$，$\forall Q \in E$ 满足 $P \oplus Q = Q \oplus P$，即在 $E$ 上的元素（点）满足交换律。

在非空集合 $E$ 上定义的 $\oplus$ 运算，由性质（1）～（4）可得，对应的 $(E, \oplus)$ 构成群的结构，其中，$E$ 中的无穷远点 $O$ 构成群的单位元，对应的 $-P$ 为元 $P$ 的逆元。再加上性质（5），则 $(E, \oplus)$ 就称为交换群，或称为 Abel 群。

进一步，由椭圆曲线 $E$ 的具体表达式，进行运算 $\oplus$ 得到的点，其表示可以通过如下的计算等方式具体求得。若 $E$ 表示为

$$E = \{(x, y) \mid y^2 + a_1 xy + a_3 y = x^3 + a_2 x^2 + a_4 x + a_6\} \bigcup \{O\}$$

设 $P = (x_P, y_P)$，$Q = (x_Q, y_Q)$ 为曲线上的两个点，那么点 $P$ 由 $\oplus$ 运算得到的 $-P$ 点可表示为

$$-P = (x_P, -y_P - a_1 x_P - a_3)$$

由 $\oplus$ 运算得到的 $R(R = P \oplus Q)$ 点的具体表示为

$$R = (x_R, y_R) = (s^2 + a_1 s - a_2 - x_P - x_Q, s(x_P - x_R) - a_1 x_R - y_P - a_3)$$

其中 $s$ 为斜率，满足

$$\begin{cases} s = \dfrac{y_Q - y_P}{x_Q - x_P} & x_Q \neq x_P \\ s = \dfrac{3 x_P^2 + 2 a_2 x_P + a_4 - a_1 y_P}{2 y_P + a_1 x_P + a_3} & x_Q = x_P \end{cases}$$

此时应该满足 $R = P \oplus Q \neq O$。

这些点的具体表示可以通过推导获得，实际上，椭圆曲线 $E$ 上的点（$O$ 除外）等同于方程

$$F(x, y) = y^2 + a_1 xy + a_3 y - x^3 + a_2 x^2 + a_4 x + a_6 = 0$$

确定的点。由于过 $P(x_P, y_P)$ 点和 $O$ 点的直线 $L$ 可表示为 $x - x_P = 0$，将其代入上式可得

$$F(x, y) = F(x_P, y) = 0$$

故可以得到关于 $y$ 的二次方程

$$y^2 + a_1 x_P y + a_3 y = x_P^3 + a_2 x_P^2 + a_4 x_P + a_6$$

而设 $y$ 的两个根分别为 $y_1$ 和 $y_2$，则有

$$(y - y_1)(y - y_2) = y^2 - (y_1 + y_2) y + y_1 y_2 = 0$$

比较这两个关于 $y$ 的二次方程的一次项的系数，则得到

$$y = -y_P - a_1 x - a_3$$

由此，得到

$$-P = (x_P, -y_P - a_1 x_P - a_3)$$

同样的道理，考虑过 $P$ 点和 $Q$ 点的直线 $L$，当 $x_P \neq x_Q$ 时，它的斜率为

$$s = \frac{y_Q - y_P}{x_Q - x_P}$$

当 $x_P = x_Q$ 时，其斜率为

$$s = \frac{3x_P^2 + 2a_2 x_P + a_4 - a_1 y_P}{2y_P + a_1 x_P + a_3}$$

由此，$L$ 用点斜式可表示为

$$y = sx + k$$

把它代入 $F(x, y) = 0$ 得到

$$F(x, sx + k) = -x^3 + (s^2 + a_1 s - a_2)x^2 + (2sk + a_1 k - a_4)x + k^2 - a_6 = 0$$

由于 $P$、$Q$、$R = (P \oplus Q)$ 三点都满足上式，因此对应的 $x$ 应有三个解，分别为 $x_P$、$x_Q$、$x_R$，由此上式也可以表述为

$$F(x, sx + k) = d(x - x_P)(x - x_Q)(x - x_R) = 0$$

通过系数比较，可得到 $d = -1$，以及

$$(x_P + x_Q + x_R) = s^2 + a_1 s - a_2$$

由此得到

$$x_R = s^2 + a_1 s - a_2 - x_P - x_Q$$

由于 $P$ 点也过直线 $L$，因此满足

$$y_P = sx_P + k$$

由此得到

$$k = y_P - sx_P$$

进而，由于 $R$ 点也在 $L$ 上，因此可得 $y_R$ 值为

$$y_R = = s(x_P - x_R) - a_1 x_R - y_P - a_3$$

若在上式中选用 $Q$ 点的表达式，则相应的 $R = (P \oplus Q)$ 的具体表达式就会有所不同，但具体的推导过程还是相似甚至相同的。

## 8.3　不同域上的椭圆曲线介绍

椭圆曲线定义在何种域上是一个重要的先决条件，这里简要地介绍几种不同域上的椭圆曲线。

椭圆曲线定义在素域 $F_p$ 上，这里 $p > 3$，此时由于素域 $F_p$ 的特征不为 2 和 3，故确定椭圆曲线的 Weierstrass 方程可写为

$$y^2 = x^3 + a_4 x + a_6$$

此时判别式 $\Delta = -16(4a_4^3 + 27a_6^2) \neq 0$。

设点 $P(x_P, y_P)$ 和点 $Q(x_P, y_P)$ 是曲线上的两个点，$O$ 为无穷远点。

在 $F_p$ 上规定椭圆曲线的运算规则 $\oplus$ 满足：

（1）$O \oplus P = P \oplus O$。

（2）$-P$ 点可表示为 $(x_P, -y_P)$。

（3）若有 $R$ 点，满足 $R = P + Q \neq O$，则 $R = (x_R, y_R)$ 有

$$R = (x_R, y_R) = (s^2 - x_P - x_Q, s(x_P - x_R) - y_P)$$

其中 $s$ 为斜率，满足

$$\begin{cases} s = \dfrac{y_Q - y_P}{x_Q - x_P} & x_Q \neq x_P \\[3mm] s = \dfrac{3x_P^2 + a_4}{2y_P} & x_Q = x_P \end{cases}$$

当域为 $F_{2^n}$，其中 $n \geq 1$ 时，设域 $F_{2^n}$ 上的椭圆曲线为 $E$，满足 $j(E) \neq 0$，此时由于域 $F_{2^n}$ 的特征为 2，确定椭圆曲线 $E$ 的 Weierstrass 方程可写为

$$y^2 + xy = x^3 + a_2 x^2 + a_6$$

设点 $P(x_P, y_P)$ 和点 $Q(x_P, y_P)$ 是椭圆曲线上的两个点，$O$ 为无穷远点。

在 $F_{2^n}$ 上规定椭圆曲线上的点的运算规则 $\oplus$ 满足：

（1）$O \oplus P = P \oplus O$。

（2）$-P$ 点可表示为 $(x_P, x_P + y_P)$。

（3）若有 $R$ 点，满足 $R = P + Q \neq O$，则 $R = (x_R, y_R)$ 有

$$R = (x_R, y_R) = (s^2 + s + x_P + x_Q + a_2, s(x_P + x_R) + y_P + x_R)$$

其中 $s$ 为斜率，满足

$$\begin{cases} s = \dfrac{y_Q + y_P}{x_Q + x_P} & x_Q \neq x_P \\[3mm] s = \dfrac{x_P^2 + y_P}{x_P} & x_Q = x_P \end{cases}$$

当域为 $F_{3^n}$，其中 $n \geq 1$ 时，设域 $F_{3^n}$ 上的椭圆曲线为 $E$，满足 $j(E) \neq 0$，此时由于域 $F_{2^n}$ 的特征为 3，确定椭圆曲线 $E$ 的 Weierstrass 方程可写为

$$y^2 = x^3 + a_2 x^2 + a_6$$

在 $F_{3^n}$ 上规定椭圆曲线上的点的运算规则 $\oplus$ 满足：

（1）$O \oplus P = P \oplus O$。

（2）$-P$ 点可表示为 $(x_P, -y_P)$。

（3）若有 $R$ 点，满足 $R = P + Q \neq O$，则 $R = (x_R, y_R)$ 有

$$R = (x_R, y_R) = (s^2 - x_P - x_Q - a_2, s(x_P - x_R) - y_P)$$

其中 $s$ 满足

$$
\begin{cases}
s = \dfrac{y_Q - y_P}{x_Q - x_P} & x_Q \neq x_P \\[3mm]
s = \dfrac{3x_P^2 + 2a_2 x_P}{2y_P} & x_Q = x_P
\end{cases}
$$

更具体地，当域为实数域 $\mathbb{R}$ 时，由于 $\mathbb{R}$ 的特征不是 2 和 3，所以确定 $\mathbb{R}$ 上的椭圆曲线的 Weierstrass 方程可写为

$$y^2 = x^3 + a_4 x + a_6$$

其中 $\Delta = -16(4a_4^3 + 27a_6^2) \neq 0$，可规定椭圆曲线上的点的运算规则 $\oplus$ 满足：

（1）$O \oplus P = P \oplus O$。

（2）$-P$ 点可表示为 $(x_P, -y_P)$。

（3）若有 $R$ 点，满足 $R = P + Q \neq O$，则 $R = (x_R, y_R)$ 有

$$R = (x_R, y_R) = (s^2 - x_P - x_Q, s(x_P - x_R) - y_P)$$

其中 $s$ 满足

$$
\begin{cases}
s = \dfrac{y_Q - y_P}{x_Q - x_P} & x_Q \neq x_P \\[3mm]
s = \dfrac{3x_P^2 + a_4}{2y_P} & x_Q = x_P
\end{cases}
$$

需要强调的是，若确定的椭圆曲线 $E$ 的 Weierstrass 方程定义在伽罗瓦域 $GF(p^n)$（有限域）上，则对应的椭圆曲线 $E$ 可记作 $E(GF(p^n))$。此时当 $p > 3$ 时，对应的 Weierstrass 方程可写为

$$y^2 = x^3 + a_4 x + a_6$$

记满足有限域条件下的椭圆曲线上的点的个数为 $\#(E(F_{p^n}))$，易得

$$\#(E(F_{p^n})) \leqslant 2p^n + 1$$

这是容易计算的，因为对于椭圆曲线上任意一点 $P(x_P, y_P)$，$x_P \in F(p^n)$，$x_P$ 最多为 $P^n$ 个，一个 $x_P$ 至多对应两个 $y_P$，所以不同的 $P(x_P, y_P)$ 至多有 $2p^n$ 个，再加上无穷远点 $O$，则对应点的个数至多有 $2p^n + 1$ 个。

关于定义在有限域 $GF(p^n)$ 上的椭圆曲线的点数，有一个称为 Hasse 定理的结论，即椭圆曲线在有限域 $F(p^n)$ 上的点数 $\#E(F(p^n))$ 满足

$$\left| \#(E(F_{p^n})) - p^n - 1 \right| \leqslant 2\sqrt{p^n}$$

其中，$p > 3$，$n > 1$，$p$ 为素数。

显然，Hasse 定理更精准地给出了在有限域上的椭圆曲线的点数的估值。

# 8.4 椭圆曲线上的离散对数问题

椭圆曲线上的离散对数问题的实质就是把离散对数难解问题的数的相关问题放在椭圆等曲线上考虑，与之相对应的，还有基于其他曲线的离散对数难解问题，如现今也有很多论述的超椭圆曲线（Hyper Elliptic Curve）上的离散对数难解问题等，大致可用如下的文字描述。

椭圆曲线离散对数问题的实质是把相关的元的运算规定在由域上的 Weierstrass 方程定义的椭圆曲线上，具体地说，就是在已知素数 $p$ 及 $GF(p)$ 的椭圆曲线群

$$E(GF(p)) = \{(x,y) \in GF(p) \times GF(p) \big| y^2 = x^3 + ax + b, a \in GF(p), b \in GF(p)\} \cup \{O\}$$

及点 $P = (x,y)$ 的阶是一个大素数的基础上，有如下问题。

给定 $s \in \mathbb{N}$，且 $s < p$，以及 $P = (x,y)$，计算点 $sP = Q = (x_s, y_s)$ 很容易实现。反过来，在点 $Q$ 已知的条件下，由 $sP = Q = (x_s, y_s)$ 求 $s$ 值非常困难。

所以上述函数也是一个单向陷门函数，利用难解问题，可设计出诸如 ECC 等性能卓越的密码体制。

# 8.5 基于椭圆曲线离散对数难解问题的密码体制简介

椭圆曲线密码体制作为公钥密码体制的一种，以 $E(GF(p))$ 上的离散对数问题理论为依据。已有的密码体制有 Diffie-Hellman 密钥交换和 ElGamal 密码体制，它们可作为椭圆曲线密码体制的代表，具有示范性的意义。

Diffie-Hellman 密钥交换的过程大致如下。

首先，选择素数 $p$ 并确定 $E(GF(p))$，取 $E(GF(p))$ 的一个生成元 $G(x_1, y_1)$，要求该生成元的阶是一个非常大的素数。所谓 $G(x_1, y_1)$ 的阶，实际上就是满足 $nG(x_1, y_1) = O$ 的最小正整数 $n$，因为 $E(GF(p))$ 和 $G(x_1, y_1)$ 是事先确定的，所以正整数 $n$ 可以公开。

其次，实现甲乙双方的密钥交换流程。

甲选择一个小于 $n$ 的整数 $n_a$ 作为私钥，再根据 $P_a = n_a G(x_1, y_1)$，$P_a \in E(GF(p))$，得到 $P_a$，将其作为公钥。

同样的，乙也选择一个小于 $n$ 的整数 $n_b$ 作为私钥，并根据 $P_b = n_b G(x_1, y_1)$，$P_b \in E(GF(p))$，得到 $P_b$，将其作为公钥。

甲求出 $K_1 = n_a P_b$，$P_b \in E(GF(p))$，乙求出 $K_2 = n_b P_a$，$P_a \in E(GF(p))$，可把 $K_1$，$K_2$ 作为甲乙双方共同的私钥，这是因为

$$K_1 = n_a P_b = n_a(n_b G(x_1, y_1)) = n_b(n_a G(x_1, y_1)) = n_b P_a = K_2$$

其中，$P_a \in E(GF(p))$，$P_b \in E(GF(p))$。

在未知私钥 $n_a$ 的前提下，由 $P_a = n_a G(x_1, y_1)$，$P_a \in E(GF(p))$ 求 $n_a$，就是椭圆曲线离散对数问题；同理，在未知私钥 $n_b$ 的条件下，由 $P_b = n_b G(x_1, y_1)$，$P_b \in E(GF(p))$ 求 $n_b$，也是椭圆曲线离散对数问题，因为它们是难解的，所以安全性就得到保证。

ElGamal 密码体系的大致过程如下。

密钥生成的过程为，首先选择一个素数 $p$ 及两个小于该素数的随机数 $g$ 和 $x$，令 $y \equiv g^x (\bmod p)$，由此得到 $y$，然后以 $(y, g, p)$ 为公钥，$x$ 为私钥。

设明文为 $M$，则相应的加密过程（Encryption）为，首先选择一个数 $k$，满足 $(k, p-1) = 1$，然后计算 $C_1 \equiv g^k (\bmod p)$ 和 $C_2 \equiv y^k M (\bmod p)$，得到密文 $C = (C_1, C_2)$。

ElGamal 算法的解密过程的核心是通过 $M \equiv \dfrac{C_2}{C_1^x} (\bmod p)$ 得到明文，因为

$$\frac{C_2}{C_1^x}(\bmod p) \equiv \frac{y^k M}{g^{kx}}(\bmod p) \equiv \frac{y^k M}{(g^x)^k}(\bmod p) \equiv M(\bmod p)$$

所以通过这样的过程能够对密文进行解密（Decryption），得到明文。

分析以上过程不难发现，在加密过程中随机数 $k$ 是由信息发送方生成的，但信息接收方能够根据收到的密文，通过 $C_1 \equiv g^k (\bmod p)$ 这样的运算得到 $k$，由此再做解密运算，在解密时首先需要用到私钥 $x$，然后顺利解密。

在椭圆曲线上实现 ElGamal 密码体制，需要选择一个椭圆曲线 $E(GF(p))$，并把明文与 $E(GF(p))$ 上的点建立对应关系，这样明文就成了 $E(GF(p))$ 上的点 $P_m$，对明文的处理就转化为对 $E(GF(p))$ 上的点 $P_m$ 的处理，加/解密过程就转化成在规定了 $\oplus$ 运算法则的交换群中的运算，它的具体过程如下。

首先，取 $E(GF(p))$ 上的一个生成元 $G$，把 $E(GF(p))$ 和 $G$ 作为公开的参数。然后，信息接收方根据 $P_b = n_b G(x, y)$，将 $P_b$ 作为公钥，$n_b$ 作为密钥。信息发送方选取一个正整数 $k$，并根据公钥 $P_b$ 对明文 $P_m$ 做如下的加密运算：

$$C_m = (C_1, C_2) = (kG(x, y), P_m + kP_b)$$
$$C_1 = kG(x, y)$$
$$C_2 = P_m + kP_b$$

解密过程就是计算 $C_2 - n_b C_1$ 的过程，因为

$$C_2 - n_b C_1 = P_m + kP_b - n_b kG(x, y)$$
$$= P_m + kn_b G(x, y) - n_b kG(x, y) = P_m$$

非法用户因为没有私钥 $n_b$ ，所以不能解密，另外若想由 $C_m$ 得到 $P_m$ ，则必须知道整数 $k$ ，而 $k$ 要知道，就需要椭圆曲线 $E(GF(p))$ 上的点 $G$、$kG$ ，这是椭圆曲线上的离散对数难解问题。因此椭圆曲线上的 ElGamal 密码体制的安全性能是得到保证的。

因为椭圆曲线上的密码体制安全性高、密钥量较小、密码设计者可发挥的空间大，所以它是一种优秀的公钥密码体制。

还要说明，一是因为椭圆曲线理论具有广泛的应用性，它在很多领域中有非常出彩的应用，解决了许多长期悬而未决的问题，所以借助特殊曲线的相关理论来解决问题，成为一种另辟蹊径的重要方法；二是随着椭圆曲线的推广，已经有了超椭圆曲线理论及以超椭圆曲线上的离散对数问题为基础的密码体制（HECC，Hyper Elliptical Curve Cryptosystem），它指明了椭圆曲线密码体制（ECC，Elliptical Curve Cryptosystem）理论发展的新方向。

## 思考题

（1）理解不同域上的椭圆曲线的特性。

（2）分析有限域上的椭圆曲线上的点的代数结构。

（3）分析椭圆曲线上的离散对数难解问题。

（4）分析 ECC 体制，并试着了解 HECC 体制。

（5）分析一般的离散对数难解问题与椭圆曲线上的难解问题的异同点。

# 第9章

## 信息安全技术的主要发展趋势和格理论基础

### 9.1　信息安全技术发展趋势概论

近年来，信息安全技术的发展势头迅猛，不仅在理论层面上，新的密码体制等相继出现，更在具体应用层面上，在信息安全的应用领域不断拓展的同时，相应的应用方式和应用程度不断深化。尤其在安全形势相对严峻的当下，信息安全早已不是单纯的网络等某一个具体领域中的具体问题，而是成为整个安全方略和安全体系的重要组成部分，且在国家层面上的安全体系中所占的比重也越来越大，通过信息安全技术的全方位创新，来筑牢整个安全体系中的根基，这成为构建完备的安全方略的一种重要选择。所以，关注信息安全的发展趋势，把握、甚至是引领信息安全的发展方向，成为一个基础性的重要课题。

信息安全的主要发展方向，可从相应的密码学的国际著名会议的论文中获得端倪，具体的如 CRYPTO 会议、EUROCRYPT 会议、ASIACRYPT 会议、TCC（Theory of Cryptography）会议，公钥制密码学的 PKC（Public Key Cryptography）会议、应用密码学的 ESORICS 会议，以及专注于快速加密的 FSE 会议和专注于物理安全的 ACSAC 会议，等等。实际上，这些不同的会议，分别专注于密码学等信息安全的不同发展方向，它们的创新性方向就成为信息安全不同的发展方向和发展趋势的具体指引。

此外，还需特别指出，在信息安全领域中，以应用为主导的发展可谓是方兴未艾，在应用的具体领域扩展的同时，以应用中的安全性为主要目标的要求也不断提高，在很多时候表现为密码体制等的复杂度加深，这同样反映在有关的信息安全的顶级会议上，具体如应用密码学中的 Security and Privacy 和 USENIX Security 等会议。

信息安全技术的理论体系的确立，因为其发端于具体的通信领域，所以大多是在通信模式的观照下来研究加密算法、认证技术等具体的信息安全技术的。虽然，随着计算机通信等网络技术和信息存储等的发展，有关信息安全应用的范围不断拓展，但防伪造和防窃听仍旧是信息安全的主要目标和任务。通过借助通信模式来分析信息安全的机理，仍旧是一种重要的方法。在此基础上，如果把信息安全中的加密和认证技术，看成一种特殊的信号处理，那么结合通信模式，信息安全的处理就可以归结为两种具体模型，以及这两种模型的综合运用。

一种处理方法是针对给出的信息流$\{x_n\}$的，在对它做信号$T$处理后，使得信息流变成$\{y_n\}$，且满足

$$y_n = T(x_n)$$

接下来在传输环节，在信道中传输的信息流已不再是$\{x_n\}$，而是$\{y_n\}$代替了原来的信息流，在接收处获得$\{y_n\}$后，对其做逆处理，即

$$T^{-1}(y_n) = T^{-1}(T(x_n)) = T^{-1}T(x_n) = x_n$$

从而最终得到信息流$\{x_n\}$，在这个过程中，由于作为传输的$\{y_n\}$可确保不被窃听，因此可以实现信息安全。

另一种模型对传输的信息流进行了必要的保护，虽然传输的信息流仍旧是$\{x_n\}$，但是因为对其外加了保护，所以得以确保这个信息流$\{x_n\}$不被窃听和不被破坏等，实现$\{x_n\}$的信息安全目标。它与前一种的方式虽然不同，但起到了同样的作用，达到了同样的目的。

这些是基于加密与解密范畴下的安全，在基于认证的情况下，也可通过类似的方法进行必要的分类处理，从而从本质上了解信息安全需要实现的目标、需要采取的方法和应该遵循的规律。

信息安全越来越成为一个相对活跃的科学技术门类，如今，它的应用范围不断扩大，几乎到了"致广大，致精微"的地步。在这里，仅采用举例等方式，就主要的发展方向给出一些介绍，希望从这挂一漏万的介绍中彝测信息安全发展趋势的奥秘。

一是在公约体制下，通常以数学中的难解问题作为密码体制设计的理论依据，除了传统的三个难解问题，新的难解问题的出现，也可将其称为新的密码体制的理论基础，从而孕育新的密码学，如以"格"的难解问题为理论依据的格密码学（Lattice Based Cryptography）被看作同态加密的基础，且业已成为一个研究热点，堪称这方面的代表；其他较典型的发展方向还有身份基加密（Identity-Based Encryption）、属性基加密（Attribute-Based Encryption）等，其中在属性基加密方面，还包括密文属性隐藏加密（Cipher-Text Attribute Hiding Encryption）的密码体制，它们统称为函数加密（Functional Encryption）。除此外，对多种公钥体制进行必要的混合，形成复合型的加密体制，也是一种重要的发展方向。

二是在单钥制方面，比较有代表性的发展方向是出现单钥制的可搜索加密（Searchable Encryption）的密码体制，它实际上是可搜索加密的一种具体类型。因为单钥制便于密钥管理，具体的密钥复杂度可以适当控制，而密码体制的复杂度可以用被搜索的密钥集合来具体支撑，所以，它可有效提升密码体制的安全性能。

此外，随着信息安全技术应用范围的不断拓展，借助了其他的理论来构建密码体制等安全体系，进而实现信息安全的方法也得到了较长足的发展，而且有与相应的数学基础进行逐步综合化、复合化的倾向。例如，借助生物技术，根据生物特性的独特性，如借助声纹特性、指纹特性和虹膜特性，以及基因特性等来进行身份认证等，由此形成加密算法和认证技术的具体体制，这也不失为一种具体的方向。此外，还有借助某些物理的特性，形成相对独特的加密体制，如近来似乎很热门的以量子纠缠为理论依据的量子加密体制，若其可以实现，则可算作这方面的一个代表，但如何利用不确定的量子纠缠对来传递密钥或密码，使之成为安全的密钥传递信道或者形成安全的信道，实现信息在这样的信道中的安全通信，应该需要进一步的理论论证和实践的支撑。

近年来，信息安全技术在许多方面有了长足的进步，在这里不能廓清所有，进行具体分析，只能有选择地给出一些较详细的说明。因此，这里主要选择了格密码体制所需要的基本的数学知识作为代表，进行分析，其他提到的信息安全的发展方向，有兴趣的读者可查阅相关针对性的文献资料。

## 9.2 格理论基础

### 9.2.1 基本概念

从本质上来看，格是线性向量组构成的一个满足特定条件的集合，在这个集合中定义相关的运算后，它就成为一种代数结构。

在线性代数的相关观点的观照下，格（Lattice）有如下的定义。

**定义 1**：设 $x_1, x_2, \cdots, x_n$ 为 $\mathbb{R}^n$ 中的一组线性无关的向量组，则由该向量组所构成的格表示为

$$L = \left\{ x \,\middle|\, x = \sum_{i=1}^{n} a_i x_i, a_i \in \mathbb{Z} \right\}$$

不难发现，格是由向量空间 $\mathbb{R}^n$ 中一组向量的整数系数所构成的向量，因为 $x_1, x_2, \cdots, x_n$ 线性无关，所以它们构成一组基，由此，组成格的向量可表示为

$$x = \sum_{i=1}^{n} a_i x_i \triangleq (a_1, a_2, \cdots, a_n), \ \ a_i \in \mathbb{Z}$$

特别地，在平面空间中，如果给定 $(0,1)$ 和 $(1,0)$ 向量组，那么格 $L$ 为

$$L = \{ x \,|\, x = (m,n), m, n \in \mathbb{Z} \}$$

这些用 $(m,n)$ 表示的元素，对应于平面坐标系，就是如图 9.1 所示的纵横交错线的交点。

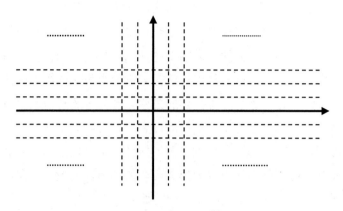

图 9.1 平面向量空间中的格元素的图形表示

相应地，在三维空间中，也可进行类似的表示。

特别地，在一维的情况下格中的元素就是整数，因此有 $L = \mathbb{Z}$。

进一步，任何可以生成格的线性无关向量组，都可以称为格的基，而组成格的基的线性无关向量的个数，称为格的维度（Degree）。因为可以互相表示的线性无关向量组具有相同的个数，所以由格的基组成的向量个数是确定的。

格作为向量空间的一个子集，可以对它定义运算，在通常意义下，因为整数在加法的运算法则下是封闭的（也就是整数的加减运算后仍旧是整数），所以在格中定义加法和减法，即：

在 $n$ 维的格 $L$ 中，任意元素 $\boldsymbol{x}_1 = (a_1, a_2, \cdots, a_n) \in L, \boldsymbol{x}_2 = (b_1, b_2, \cdots, b_n) \in L$，则定义加法和减法，即

$$\boldsymbol{x}_1 + \boldsymbol{x}_2 = (a_1, a_2, \cdots, a_n) + (b_1, b_2, \cdots, b_n) = (a_1 + b_1, a_2 + b_2, \cdots, a_n + b_n)$$

$$\boldsymbol{x}_1 - \boldsymbol{x}_2 = (a_1, a_2, \cdots, a_n) - (b_1, b_2, \cdots, b_n) = (a_1 - b_1, a_2 - b_2, \cdots, a_n - b_n)$$

它也有单位元 $\boldsymbol{0} = (0, 0, \cdots, 0)$ 和逆元，即对任意的 $\boldsymbol{x} = (a_1, a_2, \cdots, a_n) \in L$，$a_i \in \mathbb{Z}$，有 $\boldsymbol{y} = -\boldsymbol{x} = (-a_1, -a_2, \cdots, -a_n) \in L$，$a_i \in \mathbb{Z}$，满足

$$\boldsymbol{x} + \boldsymbol{y} = \boldsymbol{0}$$

在定义的运算条件下，它构成一个具体的代数结构。

**定义 2**：若 $\mathbb{R}^m$ 中的一个子集 $L$ 在加法和减法下是封闭的，则 $L$ 是一个加法子群。与此同时，若它又满足对于 $\forall \boldsymbol{x} \in L$，$\exists \varepsilon > 0$，总有

$$L \bigcap \left\{ \boldsymbol{y} \in \mathbb{R}^m \mid \| y - x \| < \varepsilon \right\} = \{\boldsymbol{x}\}$$

则称 $L$ 为离散加法子群。

这一点也很好理解，因为格作为向量，它的分量都是整数，整数是离散的，所以在整数的邻域内，也就是当确定邻域范围的正数小于 1 时，则该邻域内为整数的点有且仅有这个格元素。

至于格的性质，则可从一般性的加法群的性质中得到概括。

### 9.2.2　格元素的生成及相关概念

格元素可用基的整数倍的线性组合来具体构成，因此，基的确定是前提，根据基就可以生成具体的格元素，那么在基确定的前提下，如何来生成具体的格元素呢？通常有三种方法。

一是通过交换基向量的次序获得新的格元素；二是取相反向量，也就是若原来的格向量为 $a=(x_1,x_2,\cdots,x_n),(x_i \in \mathbb{Z},1 \leqslant i \leqslant n)$，则新向量为 $b=-a=(-x_1,-x_2,\cdots,-x_n)$，$(x_i \in \mathbb{Z},1 \leqslant i \leqslant n)$，根据格的定义，容易证明新向量也是一个格元素；三是通过一个向量与另一个向量的整数倍求和的方式构成新的格元素。这三种方法可以各自独立地完成格元素的生成，但也可以综合地使用这些方法来生成新的格元素。但需要注意的是：在使用第三种方法生成格元素时，不可以直接乘某一向量的倍数，因为这样做会改变格点的密度，所以得到的格与原来的格就不等价了。

由格的基引申出一个称为格的基本区域的新概念，这个概念的直观理解是一个有限的区域，它可用如下的定义进行具体描述。

**定义 1（格的基本区域）**：设 $L$ 是个维度为 $n$ 的格，且 $a_1,a_2,\cdots,a_n$ 是 $L$ 的一个基，则称

$$\Gamma(a_1,a_2,\cdots,a_n)=\sum_{i=1}^{n} t_i a_i, 0 \leqslant t_i < 1$$

为对应于这个基的基本区域。

在三维空间中，设格的基为 $(0,0,1),(0,1,0),(0,0,1)$，那么三维空间下的格的基本区域具体如图 9.2 所示。

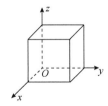

图 9.2　三维空间下的格的基本区域图示

根据格的基本区域，可得到格的行列式的定义。

**定义 2（格的行列式）**：格的行列式 $\det(L)$ 的值为格的基本区域的体积，假定 $A$ 是以格的基为列向量组成的矩阵（Matrix），那么

$$\det(L)=\sqrt{A^{\mathrm{T}}A}$$

其中，$A^{\mathrm{T}}$ 为以格的基为列向量组成的矩阵的转置。

## 9.3　格理论中的难解问题

对格的关注，起源于开普勒对于格的关于容器中堆放等半径的小球所能达到的最大密度的猜想，他关注在给定某个几何平面或空间中，以单位长度为基础的规整几何体（二维时为正方形，三维时为立方体）如何能够堆积得最多，或如何以最少的数量将其覆盖，以此为发轫，人们系统地研究了一般几何体的格堆积与覆盖的相关问题，由此形成了格理论，而在给定的几何体中确定最大格堆积密度和最小格覆盖密度成为格理论中的核心内容，由此演化出格理论中的难解问题。

通常，用堆积半径定量地描述堆积密度，用覆盖半径定量地描述覆盖密度。其中，堆积半径被描述为对于 $n$ 维的格，以格点为球心，以 $r$ 为半径作 $n$ 维的球，则能使得球两两不相交的最大的半径称为堆积半径。同样的，覆盖半径被描述为对于 $n$ 维的格，以格点为球心，以 $r$ 为半径作 $n$ 维的球，能覆盖整个空间的最小的半径称作覆盖半径。显然对堆积半径来说，求它的值是一个求最大值的过程，而对覆盖半径来说，则是一个求最小值的过程。

在具体介绍格难解问题之前，先给出一个称为逐次最小长度的概念。

**定义（逐次最小长度）**：以原点为球心，包含了 $i$ 个线性无关格向量的最小球半径，被称为第 $i$ 个逐次最小长度 $\lambda_i$，具体表示为

$$\lambda_i = \inf\left\{r \mid \dim((\mathrm{span}(L \cap \mathbf{B}_n(r)))) \geq i\right\}, i = 1, 2, 3, \cdots, n.$$

格作为线性空间中的一种特殊向量的集合，它的距离的定义及计算方法与一般向量相同。由此，就有逐次最小长度问题（SMP，Successive Minima Problem），它的具体描述如下。

给定一个秩为 $n$ 的格 $L$，寻找 $n$ 个线性无关的向量 $a_i(1 < i \leq n)$，满足

$$\lambda_i(L) = \|a_i\|, i = 1, 2, \cdots, n$$

进一步，还有最短向量问题（SVP，Shortest Vector Problem）的具体描述。

给定格 $L$，存在一个非零格向量 $a$，对任意非零格向量 $b \in L$，恒有 $\|a\| \leq \|b\|$。

这个 $a$ 被称为格 $L$ 集合中具有最短距离的一个格向量，它证明了格集合中的最短距离向量的存在性，但并没有强调唯一性，在有的时候这样的最短距离的格元素很可能并不唯一。

相关的，还有 $\gamma$-近似最短向量问题（$\gamma$-SVP），其具体描述如下。

存在一个非零格向量 $a$ 和 $\gamma > 0$，对任意非零的格向量 $b \in L$，恒有 $\|a\| \leq \gamma\|b\|$。

此外，还有最短线性无关向量问题（SIVP，Shortest Independent Vector Problem），具体描述如下。

给定一个秩为 $n$ 的格 $L$，找到 $n$ 个线性无关的格向量格 $a_i(1 < i \leq n)$，使之满足

$$\lambda_i(L) \geq \|a_i\|, i = 1, 2, \cdots, n$$

此外，还有如下几类问题。

**唯一最短向量问题**（u-SVP-$\gamma$，Unique Shortest Vector Problem）：给定格 $L$，满足

$$\lambda_2(L) \geq \gamma\lambda_1(L)$$

找出格的最短向量。

**最近向量问题**（CVP，Closest Vector Problem）：若给定一个格 $L$ 和目标向量 $a \in \mathbb{R}^n$，找一个非零向量 $b$，对任意非零向量 $v \in L$，都能满足

$$\|b - a\| \leq \|v - a\|$$

则向量 $b$ 是关于格 $L$ 中目标向量 $a$ 的最近向量。

**有界距离解码问题**（BDD-$\gamma$，Bounded Distance Decoding）：若给定一个格 $L$ 和目标向量 $a$ 满足 $dist(a, L) < \gamma\lambda_1(L)$，找一个非零的格向量 $b$，对任意非零向量 $v \in L$，都有

$$\|b - a\| \leq \|v - a\|$$

则称这样的问题为有界距离解码问题。

此外，还有一类问题被称为判定版本 $\gamma$-近似最短向量问题（GapSVP-$\gamma$），它被描述为，给定格 $L$ 和一个有理数 $r$，如果 $\lambda_1(L) \leq r$，则返回"是"；如果 $\lambda_1(L) > r$，则返回"否"；其他的情况则随机返回"是"或"否"。

格具有一系列的难解问题，除以上所列出的难解问题外，还可以根据需求进行具体构造。分析这里列出的难解问题，不难发现，它们实际上都可归结为格中的堆积密度和覆盖密度的求解，也就是堆积半径和覆盖半径的求解，它们构成格理论中的难解问题，成为计算复杂性理论的重要内容。随着对这些问题的深入研究，业已发现，很多难解问题是 NP 困难的，因此借助这些难解问题进行必要的密码体制的构建或密码分析，成为密码学等信息安全中的一种重要方向，且被普遍认为这类的密码体制具有抗量子攻击的性能。

有关格理论的发展过程中，除 Kepler、Gauss 外，Minkowski、Hermite、Levenstein 等人也贡献了很多，作为例子，这里罗列几个结论。

Hermite 的结论：任意一个 $n$ 维的格的最短向量的长度小于 $\gamma_n \det(L)$，其中 $\gamma_n$ 为 Hermite 常数。

Minkowski 的结论：对于 $n$ 维的格，它的 Hermite 常数满足

$$\frac{n}{2\pi e} \leq \gamma_n \leq \frac{2n}{\pi e}$$

Levenstein 等人在 20 世纪 70 年代末，对 Minkowski 的结论进行了改进，使得 $\gamma_n$ 满足

$$\frac{n}{2\pi e} \leq \gamma_n \leq \frac{1.744n}{2\pi e}$$

这是一个相对显著的改进，所以具有里程碑的意义。

针对难解问题的求解方法，涉及具体的算法（Algorithm）问题，基本的有两类，一是

精确算法，二是近似算法。通常，精确算法可以证明找到了最短的向量，而近似算法则只能给出长度小于某个界的菲利昂短向量，因为求最短向量的问题是 NP 困难的，所以在高维格的条件下，需要精确算法和近似算法的综合运用。

在近似算法方面，针对求解近似 SVP 问题的方法，最著名的是由 H.Lenstra，A.Lenstra 和 Lovasz 在 1982 年提出的算法，借用这三位数学家的名字的首字母 "L"，将这算法称为 LLL 算法。采用该算法，能够在解多项式所需时间内，输出近似因子为 $((1+\varepsilon)\sqrt{\frac{4}{3}})^{\frac{(n-1)}{2}}$ 的短向量，其中 $\varepsilon$ 是一个正的常数。该算法在不断地演进之中，尤其利用分块约化的方法，使其计算复杂度有所降低，其中比较好的结果有，Schnorr 把对 $k$ 维的最短向量的求解复杂度降低到 $O((6k^2)^{\frac{n}{k}})$，到目前为止，最好的结果是把输出因子近似到 $((1+\varepsilon)\gamma_k)^{\frac{(n-k)}{k-1}}$ （这里的 $\gamma_k$ 为 Hermite 常数，特别地，当 $n$ 为奇数，且 $k=\frac{n+1}{2}$ 时，这个输出因子就近似到 $(1+\varepsilon)\gamma_k$）。近似算法的具体实现还有很多，可参见相关文献。

在精确算法方面，大致有确定性算法和随机算法两类，其中被研究的最多的是枚举法，它通过对格的基进行 QR 分解，通过 Gram-Schmidt 正交化，形成上三角矩阵，在此基础上，列举所有欧氏范数长度小于某个界值的向量。这里利用了正交变换 $T$ 的范数为 $\|T\|=1$ 的特性。而在随机算法方面，有随机筛选法和启发式算法等，其中具有创拓意蕴的有 Ajtai 等提出的 AKS 筛选法和 Nguyen 等提出的随机启发式筛选法等。这方面的具体内容在这里不做介绍，有兴趣的可参阅有关文献。

## 9.4　格密码简介

格理论在密码等方面的应用，主要体现在两个方面，一是利用格的相关理论，进行密码分析；二是借助格理论，进行新密码体制的建构。它们成为了信息安全的重要发展方向，近年来，相应的成果不断涌现。

在格密码体制构造方面，迄今，主要有通过陷门函数的构造来设计密码的体制的，如 Ajtai 通过构造一类随机格，根据求解这个格中的短向量的难度不低于求解最坏情况的近似最短向量的难度的结论，进而给出格中困难问题的 worst-case 和 average-case 的归约证明，使之形成具体的密码体制，这方面较典型的有基于模线性方程组的小整数解问题（SIS，The Small Integer Solution Problem）的密码体制和基于 LWE 难解问题（Learning With Errors Problem）的密码体制等。由于 LWE 难解问题的困难性可以归约到格的 SVP 和 SIVP 问题，因此它在密码学中有广泛的应用。这里简要介绍基于 LWE 难解问题的密码体制。

首先，LWE 难解问题被描述为给定正整数 $m$ 和 $n$，$q=q(n)>2$，输入矩阵 $A\in\mathbb{Z}_q^{m\times n}$ 和向量 $v\in\mathbb{Z}_q^n$，误差 $e\in\mathbb{Z}_q^m$ 服从 $\mathbb{Z}_q^m$ 上的概率分布 $\chi^m$，那么有如下的定义。

（1）求解满足 $v = As + e$ 的向量 $s \in \mathbb{Z}_q^n$ 是搜索版本（Search Edition）的 LWE 难解问题。

（2）判定向量 $v$ 是由 $As + e$ 的向量计算得到的值（$s \in \mathbb{Z}_q^n$），$v$ 均匀取自 $\mathbb{Z}_q^m$，构成判定版本（Decision Edition）的 LWE 难解问题。

从定义描述来看，它实际上定义了判定版本的 LWE 难解问题和搜索版本的 LWE 难解问题，由此可得到，判定版本的 LME 难解问题就是在 $\mathbb{Z}_q^m$ 中求均匀分布随机选择的 $v$，而搜索版本的 LME 难解问题则是在 $\mathbb{Z}_q^n$ 中恢复 $s$。

LWE 难解问题的提出，对基于格理论的密码学有很大的推动作用，其中相对著名的有 Peikert 的工作，他在保持近似因子不变的前提下，当 $q \geq 2^{o(n)}$ 时，给出了 GapSVP 到 LWE 难解的一个归约，以及 Brakerski 等人的工作，他们证明了在多项式模 $q$ 下的 LWE 难解问题的经典困难性及以此为发轫催生出的同态加密体制和可搜索加密体制等。

将格理论作为密码分析的工具对密码体制的安全性进行的分析，也是格密码理论中的一个重要组成部分，它的理论基础是很多并非基于格理论的密码体制的安全性能分析，可以归约到求解格的难解问题，因此可借助求解格的难解问题的方法来处理它们，从而提供了更多的方法。这方面最著名的是 Lagarias 将背包问题归约为找格中的短向量问题，并通过 LLL 算法求解，从而破解了密度小于 0.6463 的背包体制，在此基础上，进而通过构造不同的背包格结构，解决了密度小于 0.9408 的背包体制。其他如在一定条件下，把 RSA 密码体制转化为求解格中的困难问题，实现了对 RSA 密码体制的破解，以及破解签名算法标准 DSA 等。

总之，随着格理论的不断丰富，它在密码学等信息安全领域中的应用将越来越深入和广泛，在此基础上，更成为引领其发展的一个重要方向。

## 思考题

（1）结合文献，了解信息安全的主要发展方向。

（2）从代数结构的角度分析格的本质。

（3）梳理格理论中的相关难解问题。

（4）选择感兴趣的内容，找一篇相关文献进行阅读，写一些心得体会。

# 参考文献

[1] 唐忠明. 抽象代数基础[M]. 北京：高等教育出版社，2006.

[2] 北京大学数学力学系几何与代数教研室代数小组. 高等代数[M]. 北京：高等教育出版社，1986.

[3] 杨波. 现代密码学[M]. 北京：清华大学出版社，2004.

[4] Gérald Tenenbaum，Michel Mendès France. 素数论[M]. 姚家燕，译. 北京：清华大学出版社，2007.

[5] 张焕炯. 电子银行中客户身份认证技术的研究[J]. 信息安全与通信保密，2010(09)：78-80.

[6] 张焕炯. 通信系统安全[M]. 北京：国防工业出版社，2012.

[7] Andreas Enge. 椭圆曲线及其在密码学中的应用——导引[M]. 吴铤，董军武，王明强，译. 北京：国防工业出版社，2007.

[8] 潘承洞，潘承彪. 初等数论[M]. 2版. 北京：北京大学出版社，2003.

[9] 王小云，刘明洁. 格密码学研究[J]. 密码学报，2014，1(01):13-27.